典型湖泊水环境污染与水文模拟研究

李卫平 著

中国水利水电出版社
www.waterpub.com.cn

内 容 提 要

本书以内蒙古典型湖泊为研究对象,系统研究了最具代表性的草原湖泊呼伦湖及灌区湖泊乌梁素海的水环境污染特征并进行了流域的水文特征模拟。从湖泊水体和沉积物生源要素的生物地球化学循环作为切入点,系统分析了典型湖泊的水污染状况,并研究了不同模型在湖泊水体中的应用。

全书理论与实践相结合,运用了环境领域较新的研究方法与技术,内容丰富,图文并茂,可供湖泊学、生物地球化学、环境化学、环境工程等专业的研究人员、大专院校师生以及环境管理、水利管理等部门的管理人员参考。

图书在版编目(CIP)数据

典型湖泊水环境污染与水文模拟研究 / 李卫平著
. -- 北京 : 中国水利水电出版社,2015.12
ISBN 978-7-5170-3970-9

Ⅰ.①典… Ⅱ.①李… Ⅲ.①湖泊污染-水文模拟-研究 Ⅳ.①X524

中国版本图书馆CIP数据核字(2015)第313301号

书　　名	**典型湖泊水环境污染与水文模拟研究**	
作　　者	李卫平　著	
出版发行	中国水利水电出版社	
	(北京市海淀区玉渊潭南路1号D座　100038)	
	网址:www. waterpub. com. cn	
	E-mail:sales@waterpub. com. cn	
	电话:(010)68367658(发行部)	
经　　售	北京科水图书销售中心(零售)	
	电话:(010)88383994、63202643、68545874	
	全国各地新华书店和相关出版物销售网点	
排　　版	中国水利水电出版社微机排版中心	
印　　刷	北京瑞斯通印务发展有限公司	
规　　格	184mm×260mm　16开本　13.25印张　314千字	
版　　次	2015年12月第1版　2015年12月第1次印刷	
印　　数	0001—1000册	
定　　价	**68.00元**	

　　湖泊是重要的国土资源，具有调节河川径流、发展灌溉、提供工业和饮用的水源、繁衍水生生物、沟通航运、改善区域生态环境以及开发矿产等多种功能，在国民经济的发展中发挥着重要作用。同时，湖泊及其流域是人类赖以生存的重要场所，湖泊本身对全球变化响应敏感，在人与自然这一复杂的巨大系统中，湖泊是地球表层系统各圈层相互作用的连接点，是陆地水圈的重要组成部分，与生物圈、大气圈、岩石圈等关系密切，具有调节区域气候、记录区域环境变化、维持区域生态系统平衡和繁衍生物多样性的特殊功能。

　　由于一直以来人们对湖泊资源缺少系统性的认识，环境保护意识薄弱，大量工业废水、农业余水及生活污水排入湖泊水体中，导致湖泊水质严重恶化，富营养化程度日益加剧，湖泊生态系统的稳定性遭到严重破坏。因此，对湖泊进行长期的、系列的水文观测、利用合适的水环境模型对湖泊流域进行水文特征的模拟与预测，对有效治理湖泊水环境污染尤为重要。

　　本书以内蒙古典型湖泊为研究对象，重点介绍了最具代表性的草原湖泊——呼伦湖及灌区湖泊——乌梁素海的水环境污染特征及其流域的水文特征模拟。第1章概括地论述了内蒙古典型湖泊的现状、特点及研究进展；第2章详细介绍了湖泊水体生源要素的生物地球化学循环过程，包括水体中营养盐的分布特征、浮游生物生态种群的结构特征、环境因素对藻类生长的影响及湖泊水体污染的评价方法等内容；第3章系统地研究了低温及冰封条件下湖泊营养盐的分布规律及冰生长过程中污染物的迁移机理；第4章介绍了内蒙古典型湖泊沉积物生源要素的地球化学循环；第5章阐述了典型湖泊沉积物重金属的分布特征及污染现状评价；第6章重点介绍了不同模型在湖泊水体研究中的应用，包括水平衡模型在湖泊水量平衡分析中的应用和 HydroGeoSphere 模型在湖泊地表水和地下水耦合中的应用，并简单介绍了利用均生函数模型对未来气候下湖泊流域的水文特征预测方法。

　　本书由内蒙古科技大学李卫平设计并执笔。其中于玲红参与了第1章和第

6 章的编写工作；杨文焕参与了第 2 章和第 3 章的编写工作；陈阿辉参与了第 4 章和第 5 章的编写工作。同时，感谢任娟慧、王晓云、原浩和杜方圆为本书的编写付出的辛勤劳动。

深深感谢我的导师李畅游教授，在我攻读硕士和博士期间，在他的指导下，开始了在内蒙古东西部 4000km 跨度上研究河湖湿地，并建立乌梁素海和呼伦湖湿地生态长期定位研究站，期间进行了大量的现场采样和踏勘以及实验室数据分析，为本书的出版奠定了坚实的基础。

特别感谢中国水利水电出版社张秀娟编辑在本书出版方面提出的宝贵意见。

本书由国家自然科学基金（41263010、51469026）、内蒙古科技计划项目 2015，包头市黄河湿地生态系统国家定位观测研究站等项目联合资助。

由于作者水平有限，本书难免存在不足之处，诚恳希望广大读者批评指正，提出宝贵意见。

作者

2015 年 9 月

目 录

第1章

绪　论

1.1　中国湖泊概况和湖泊中的主要物质及其作用

1.1.1　中国湖泊的现状及特征

　　水是生命之源，是人类所需多种资源中最为重要的自然资源。我国水资源总量为 2.8 万亿 m³，占世界水资源总量的 6%，是仅次于巴西、俄罗斯和加拿大的世界水资源大国。但从人均水资源占有量来看，我国又是水资源贫乏国，人均占有量仅为 2300m³，是世界人均占有量的 25%，在世界上位于 121 位。同时由于我国水资源空间分布不均，时间分配不同、年际变化大，以及水资源的严重污染，导致水资源可利用率低下，使我国成为世界 13 个人均水资源最为贫乏的国家之一。

表 1.1　　　　　　　　　　　　　我国湖泊面积统计表

湖泊类型	面积级别/km²	数量/个	总面积/km²
特大型湖泊	>1000.0	14	34618.40
大型湖泊	500.0~1000.0	17	11230.80
中型湖泊	100.0~500.0	108	22415.33
小型湖泊	10.0~100.0	517	16992.40
	1.0~10.0	2086	5762.70

　　我国湖泊数量众多，分布广泛，其中面积在 1km² 以上的湖泊有 2742 个，湖泊面积达 91019.63km²（表 1.1），总蓄水量约 7100 亿 m³，约占全国陆地总面积的 0.8%，拥有水库 8.6 万多座，总库容量达到 4130 亿 m³ 以上。中国的湖泊流域是人口最为密集、经济和文化最为发达的地带之一，湖泊和水库的水资源总量达 6380 亿 m³，是地下水可开采量的 2.2 倍，是我国最重要的淡水资源之一，占中国城镇饮用水水源的 50% 以上。全国粮食产量的 1/3~1/4 来自于湖泊流域，工业总产值达到了全国的 30% 以上，是中国国民经济持续发展和国家稳定的重要保证。因此，湖泊环境的保护在我国占有十分重要的地位。

　　根据湖泊的自然环境、区域分异和水资源特征，可以将我国湖泊分为东北平原与山地区、蒙新高原区、青藏高原区、东部平原区和云贵高原区五大湖区。这五大湖区包括了全国 99.8% 的湖泊，由于各湖区的地理位置、气候特征和水文地质条件等的差异致使各湖区湖泊水资源具有明显的区域性特征。湖泊水资源在社会经济可持续发展和生态环境系统保护中占有重要地位，因此湖泊被称为是大自然的肾脏。近年来，随着我国经济的迅速发展和城市化进程的加快，以及人们对环境保护的意识淡薄，以牺牲环境为代价肆意掠夺财富的行为泛滥，我国湖泊水资源问题日益突出，主要表现在：①湖泊水资源的短缺，造成湖泊面积萎缩、水量不断减少，许多湖泊甚至干涸；②湖泊水资源污染严重，以湖泊富营

养化和 藻类水华最为典型；③在强降水背景下湖区洪涝灾害突出；④在人与自然相互作用影响下，对湖泊生态系统产生了巨大的影响。

1.1.2 浮游生物在湖泊中的作用

浮游生物泛指生活在水中而缺乏有效移动能力的漂流生物，其中分为浮游动物和浮游植物。浮游生物体型细小，大多数用肉眼看不见，悬浮在水层中且游动能力很差，主要受水流支配而移动。浮游生物是水域中其他生物生产力的基础，是淡水生态系统的重要组成部分，在水域的食物链中处于重要的地位。

1.1.2.1 浮游植物

在生态学中，浮游植物（phytoplankton）通常指浮游藻类，包括所有以浮游方式生活于水中的微小植物。它同花草树木一样具有叶绿素，但没有真正意义上的根、茎、叶，而整个藻体都有吸收营养、进行光合作用的功能，可将无机物转变为有机物以供其他次级消费者利用。例如，可将 CO_2 转变为葡萄糖等。

浮游植物不仅是水生态系统的初级生产者，也是整个水生态系统中物质循环和能量流动的重要基础，同时，还能够迅速响应水体的营养状态变化。在环境监测中，有些浮游植物可直接作为指示生物，与传统的理化条件相比，其生物量、密度、种类组成和多样性能够更加准确地反映出水体的营养水平。

1. 浮游藻类的分类

根据色素和植物体的形态构造，可将淡水浮游植物分为 11 个门类，分别是蓝、绿藻、硅藻、裸藻、隐藻、甲藻、黄藻、金藻、红藻、轮藻、褐藻。表 1.2 主要介绍常见的八个门类。

表 1.2　　　　　　　　藻的门类及其特点和常见种类

门 类	特 点	常 见 种 类
蓝藻门	喜高温、有机物含量高的静水	铜绿微囊藻
绿藻门	分布广泛、多呈草绿色	四尾栅藻
硅藻门	适应能力强、春秋两季生长旺盛	膨大桥弯藻
隐藻门	个体小、喜有机物丰富的水体	红胞藻
裸藻门	有鞭毛、多呈绿色、喜有机物质丰富的小型静水体	绿裸藻
金藻门	有鞭毛、多呈金黄褐色、喜清洁的贫营养型水体	钟罩藻
黄藻门	呈黄绿色、喜半流动的清洁水体	黄丝藻
甲藻门	有鞭毛、多呈黄绿色或黄褐色的球形或椭圆形	利马原甲藻

2. 浮游藻类的特征

浮游藻类个体大小一般在 $2 \sim 200 \mu m$，种类繁多，含叶绿素，营自养生活，植物体没有真正的根、茎、叶的分化，生殖细胞为单细胞的低等植物。浮游藻类是水体中重要的有机物质制造者，在整个水生态系统中有非常重要的作用，是生态系统中不可缺少的一个环节。

浮游藻类具有以下一些共同特征：水体生活、能进行光合作用、具有简单的植物体结构，但是没有维管系统及生殖器官，缺乏保护层。

浮游藻类生长需要光照和适宜的温度，生长的 pH 值范围为 4～10，其最适 pH 值为 6～9，大多数浮游藻类是中温性的。赵仕藩认为水体中含氮 0.2～0.3mg/L、磷酸盐 0.05 ～0.1mg/L、水温为 12～20℃、水的浑浊度小于 50～80NTU 时，光照较好的条件下最适 宜浮游藻类生长。

3. 浮游藻类的功能

在水生态系统中，浮游藻类是食物链的开端，也是初级生产者；还是无机环境和有机 环境的承接者，在能量转化和物质循环等方面扮演着重要角色。

（1）提供饵料。藻类是鱼类和浮游动物等生物的直接饵料。藻类中含有丰富的维生 素、蛋白质等多种营养物质，可以作为蛋白源、维生素源等直接添加进食品中，如众所周 知的螺旋藻片。

（2）供氧。藻体中的叶绿素会进行光合作用，一方面向水体释放氧气，是水体中氧气 的主要来源之一；另一方面，可将大气中的 CO_2 转化为有机碳，促进整个生物圈的碳 循环。

（3）物质转化。藻类是自养型微生物，在水体中以新陈代谢的方式吸收无机营养物， 同时将其转化为自身物质。有些藻类能够吸收利用水体中的小分子有机物，另有一些藻类 会分泌某些特定的物质（如酶类），以此促进有机物的消耗或分解。

浮游藻类不仅可以促进水体中的物质循环和能量转化，同时，对水体污染和净化也具 有指示作用，因此研究其在水生态系统中的作用有着重要的意义。

4. 浮游藻类在湖泊营养型评价中的应用

由于水体生态环境的变化会直接影响藻类的生长量及其群落结构，因此，藻类被广泛 应用于湖泊和水质的营养型评价中。

在湖泊营养型评价中，藻类的种群结构和污染指示种是极其重要的参数，特别是在某 一特定的环境（营养）条件下大量生存的藻类。即环境条件和水体的营养状况，在一定程 度上可以通过污染指示藻类的种类和数量来直接反映。通常将水体划分为寡营养型、中营 养型、富营养型、超富营养型四种类型。

（1）寡营养型。该种类型水体透明度高，水色清澈基本见底，溶解氧饱和，有机物含 量低，藻类多样性指数高。该水体中的常见藻类多为喜清水的藻种。常见的有：丝状黄丝 藻、北方羽纹藻、微星鼓藻等。

（2）中营养型。该种类型水体的透明度较高，营养盐含量适中，溶氧含量变化较大， 藻类种类丰富。这类水体的主要藻类群种是中污型藻类，相关的指示藻类有膨大桥弯藻、 集星藻和美丽团藻等。

（3）富营养型。该种类型水体可根据有机物浓度的差别分为以下两种：

1）富营养型（α-ms）。其特点为耗氧量高、有机物浓度超高，主要绿藻指示种类有 普通小球藻、粗刺藻等；相关的蓝藻指示种类有水华鱼腥藻、阿氏项圈藻、水华束丝 藻等。

2）中-富营养型（β-α-ms）。其特点是有机物浓度较高，但表观状态却略优于 α-ms 型 水体，主要指示种有硅藻中的菱形藻、小舟形藻、星杆藻等，绿藻中的狭形纤维藻和镰形 纤维藻等，以及蓝藻中的细湖泊鞘丝藻和巨颤藻等。

（4）超富营养型。该种类型水体受污染程度十分严重，根据其严重程度可将其分为厌氧重污型（α-ps）和富营养重污型（β-ps）。

1）α-ps 型。其水体透明度小，水色混浊，呈黑褐色，藻类基本绝迹，仅极少数耐污的藻类（蓝藻门个别席藻）与污染颗粒结合形成黑褐色胶团浮于水面，主要聚集在污水入口。除表层含不足 1mg/L 的溶解氧外，其余全部缺氧，指示生物主要是闪囊菌、螺菌等裂殖菌类。

2）β-ps 型。其水体距离污水口 200~500m 处，其水体表观状态略优于 α-ps 型水体，耗氧强烈，底层多有腐生性纤毛类微型动物。溶解氧只存在于水体表面几厘米处，此处常有大量裸藻聚集，藻种单一，主要的指示藻类有弱细颤藻、螺旋鞘丝藻、坑形席藻等。

需要说明的是：某些藻类可能会存在于多种水体中。例如，适应性很强的小球藻、栅藻等微型单细胞藻类，它们均能够在多种类型的水体中生存。因此，在使用藻类污染指示种评价湖泊水体营养类型时，需辅助参考其他评价方法来提高其评价的准确性。

1.1.2.2 浮游动物

浮游动物是一类经常在水中浮游，本身不能制造有机物的异养型无脊椎动物和脊索动物幼体的总称，是在水中营浮游性生活的动物类群。它们或者完全没有游泳能力，或者游泳能力微弱，不能做远距离的移动，也不足以抵拒水的流动力。

1. 浮游动物的种类

浮游动物的种类极多，从低等的微小原生动物、腔肠动物、栉水母、轮虫、甲壳动物、腹足动物等，到高等的尾索动物，几乎每一类都有永久性的代表，其中以种类繁多、数量极大、分布又广的桡足类最为突出。此外，也包括阶段性浮游动物，如底栖动物的浮游幼虫和游泳动物（如鱼类）的幼仔、稚鱼等。浮游动物在水层中的分布也较广，无论是在淡水还是海水的浅层和深层，都有典型的代表。

2. 浮游动物的特征

浮游动物身体较为微小，种类组成极为复杂，在养殖业和生态系统研究中占有重要地位。

3. 浮游动物的功能

浮游动物是经济水产动物，是中上层水域中鱼类和其他经济动物的重要饵料，对渔业的发展具有重要意义。由于很多种浮游动物的分布与气候有关，因此，也可用作暖流、寒流的指示动物。许多种浮游动物是鱼、贝类的重要饵料来源，有的种类如毛虾、海蜇可作为人的食物。此外，还有不少种类可作为水污染的指示生物。如在富营养化水体中，裸腹溞（Moina）、剑水蚤（Cyclops）、臂尾轮虫（Brachionus）等种类一般形成优势种群。有些种类，如梨形四膜虫（Tetrahymena phriformis）、大型溞（Daphnia magna）等在毒性毒理试验中用来作为实验动物。

1.1.3 沉积物在湖泊系统中的作用

沉积物是湖泊生态系统的重要组成部分，是由于土壤冲刷、大气沉降、河岸或河底侵蚀等因素积累在水体底部而形成的。沉积物中常含有对人类或环境健康有毒或有危险物质的土壤、沙、有机物或者矿物。它是大型水生植物生长固定的基质，是底栖生物繁衍生活的场所，是水体环境营养盐和重金属的重要蓄积库，作为环境物质的重要宿体，时刻与湖水进行着能量和物质交换。

沉积物中的营养物质通过生物和水流的迁移作用产生再循环，这在很大程度上影响着水体富营养化的进程。湖泊沉积物是一种污染物的载体，它在一定条件下，通过吸附、络合、絮凝、沉降作用使水体中悬浮的或以其他形态存在的黏土矿物颗粒、有机质、水合氧化物以及重金属等污染物质进入沉积物，从而减轻污染物质对水体的污染，沉积物通过接纳大量污染物的方式缓解水体的富营养化进程。但是，沉积物中这些有机的、无机的污染物质又处于吸附与解析的动态平衡状态，当环境条件改变时，湖泊沉积物作为营养物质积累的重要场所，又会发生间歇性的再生作用。当外部污染源减少或受控的情况下，被吸附在沉积物中的污染物质通过解析、溶解、生物分解等作用被重新释放到水体，补充湖水中的营养盐，重新建立沉积物与水界面之间的平衡。沉积物内源释放将在相当长的时间内对水体的高营养浓度起主要作用，从而延迟或制约湖泊的治理效果，对水体造成二次污染，形成湖泊营养盐的内源负荷。

由于沉积物在湖泊内源负荷形成机制中的重要地位，沉积物营养物质的特征、赋存形态是研究水体富营养化的主要因素，沉积物对于上覆水体营养元素的"汇""源"效应在整个湖泊系统中物质的生物、物理和化学循环过程中扮演着重要的角色，对湖泊生态系统营养物质浓度的控制也起着重要作用。

1.1.4 湖泊重金属污染的生态危害

沉积物中的污染物主要是重金属、有机有毒等的化学物质。事实上，沉积物中的有机碳、氮、磷等养分物质含量过高时也会导致水体生态环境的严重恶化，从而对环境健康构成严重威胁，从这种意义上来说也应当视为污染物。

沉积物污染会严重损坏水体生态系统的健康。沉积物受污染后，首要危害的目标是水生生物。沉积物中大量有机质的矿化可以导致水生生物缺氧，同时缺氧导致的还原条件可以引起硫化氢、元素硫、氨离子等有毒元素的释放。这些简单有毒物质可以限制沉积物中微生物的种类和数量。底栖生物的缺乏又反过来导致沉积物混合作用的减弱以及氧的扩散。湖泊中毒性藻类的演替包含一个时期，即这些毒性藻类生活在还原的沉积物中，积蓄养分，从而导致后来的大规模藻类暴发。富营养化条件下，水生生态系统的多样性急剧下降，藻类等浮游植物群落成为优势物种，加剧水质恶化及生态系统退化。

沉积物中营养元素的赋存、迁移、转化等过程，控制着水生生态系统的初级生产力水平。经过长期研究，人们逐渐认识到，湖泊富营养化的发生主要是水体"超负荷"的氮、磷等营养元素引起湖泊水生生态系统初级生产力的异常发展所致。然而，很多时候即使对湖泊污染输入源进行严格控制，湖泊（水库）的富营养化趋势并未得到完全抑制，因为沉积物中的污染物"再释放"仍然可以向水体提供足够的营养盐以维持水体的营养水平，甚至可以造成水生态环境的突发恶性化事件。研究发现，杭州西湖内源污染负荷已经达到外来污染负荷的 41%；安徽巢湖内源污染负荷是外来负荷的 21%；在滇池中，底泥中积累的氮是外源年输入量的 7.8 倍，积累的磷是外源年输入量的 15.6 倍。

1.2 典型湖泊的现状及特点

内蒙古湖泊分布构成一个北东-南西向的湖群带，主要分布在年降水量 200～400mm

的呼伦贝尔高原、西辽河平原、锡林郭勒高原、乌兰察布高原和丘陵区、河套平原和鄂尔多斯高原等广大地区。它们所处位置远离海洋，降水少，气候干旱，水蚀作用微弱。乌拉山、狼山北侧的巴彦淖尔高原以及贺兰山西侧的阿拉善等地区，由于地处干旱和荒漠的气候带，气候极度干燥，年平均降水量均小于 200mm，阿拉善高原在 50mm 以下，这些地区不但水蚀作用非常微弱，而且河网极少，仅个别地区干旱景观的内陆湖泊零星分布，大部分地区出现大面积的无湖区。此外，在降水较多、河网较发育的嫩江右岸、西辽河上游等少数地区，由于水蚀作用相对强烈，河网较多，因而湖泊分布极少。

内蒙古湖泊的主要特点是湖泊面积小、湖水浅及湖泊盐化污染严重。湖泊水质处于淡水湖与微咸水湖之间，面临的主要问题是富营养化严重，如居延海、乌梁素海、哈素海、岱海、黄旗海、达里诺尔湖、科尔沁沼泽地区、呼伦湖等近年来都受到了不同程度的富营养化污染。内蒙古地区由于气候干燥，年降水量少，水面蒸发大，且地表径流小，使得其境内湖泊面积较小，多数在几平方公里，或更小，湖泊水深平均在 0.4～1.1m 之间。比较特殊的湖泊属于季节性湖泊，降雨量大，湖泊面积大，反之较小，甚至会出现干涸。境内只有少数湖泊的水面面积和水深较大。

内蒙古典型湖泊——呼伦湖、乌梁素海、查干诺尔湖、达来诺尔湖及岱海，它们对于内蒙古自治区的生态、经济、文化、人文等发挥着不可估量的贡献，且最具代表性。本书选取了富营养化程度及污染状况较为严重的草原湖泊呼伦湖及灌区湖泊乌梁素海作为重点研究对象，研究了其水环境污染现状，并采用合适的模型对湖泊流域的水文特征进行了模拟与预测，可为内蒙古典型湖泊的污染治理提供理论依据。

1.2.1 呼伦湖——草原湖泊

呼伦湖也称呼伦池、达赉湖，是中国第五大湖，也是内蒙古第一大湖，位于呼伦贝尔草原西部新巴尔虎左旗、新巴尔虎右旗和满洲里市之间（图 1.1 所示），东经 117°00′10″～117°41′40″，北纬 48°30′40″～49°20′40″，湖面呈不规则斜长方形，长轴为西南至东北方向，长度为 93km，最大宽度为 41km，平均宽度为 32km，周长 447km，湖水面积 2339km²，湖泊区域面积为 7680km²，平均水深 5.7m，最大水深 10m，总储水量 138.5 亿 m³。呼伦湖原属额尔古纳水系的一部分，由于湖泊变迁及受人类经济活动的影响，逐渐与额尔古纳河"断交"，形成独立的内陆水系，即呼伦湖水系。

图 1.1 呼伦湖地理位置图

呼伦湖地处于呼伦贝尔的西部高纬度半干旱草原地带，属中温带大陆性气候，气候特点是：冬季严寒漫长，春季干旱多大风，夏季温凉短促，秋季降温急剧，霜冻早。呼伦湖地区多年平均气温 -0.5℃，极端最低气温 -42.7℃，极端最高气温 40.1℃，不小于 10℃积温 1880～2270℃，无霜期 105～120d，多年平均年降水量 275mm，蒸发量 1550mm。夏季相对湿度 65%～75%，秋季相对湿度在 58%～66% 之间，多年平均风速 4.0m/s，风能密度大于 130W/m²，是呼伦贝尔市风能资源较丰富的地区，历年平均湖封冻期 180d，最大冻层厚度 1.30m。

呼伦湖水系主要有呼伦湖、哈拉哈河、贝尔湖、新开河、乌尔逊河、克鲁伦河、达兰鄂罗木河。呼伦湖的补给水源主要有克鲁伦河、乌尔逊河、湖面降水、周边集水面积径流和地下水。其泄水经新开河排入额尔古纳河。克鲁伦河发源于蒙古国肯特山麓，流域面积9.2万 km^2（90%的面积在蒙古国），河长1070km，其中中国境内206km，多年平均年入湖径流量 5.34 亿 m^3。乌尔逊河是接贝尔湖和呼伦湖的通道，河长223km，区间流域面积10528 km^2，多年平均年入湖径流量 7.12 亿 m^3，呼伦湖地区多年平均降水年补给量约 6.3 亿 m^3。湖周边集水面积约5000 m^2，径流补给和地下水补给量约 3.9 亿 m^3。呼伦湖多年平均年补给总量约为22.7 亿 m^3。呼伦湖平均年蒸发水量为210.10 亿 m^3。多年平均年泄水量约1 亿 m^3。呼伦湖周围地质为沉积土壤，分布有黏土、亚黏土，土质胶结性良好，不易透水，渗漏损失不大。呼伦湖的多年平均蒸发量、用水量和泄水量的年内总计22.6亿 m^3，与补给量基本平衡。但逢枯水年份特别是较长的枯水周期，来水远远小于耗水，致使湖水位大幅度下降，盐碱大量积累，湖水 pH 值升高，水质恶化。

受水系变化的影响，呼伦湖的水质不断出现淡水和微咸水（水化学上也称半咸水）互相转化的现象。目前呼伦湖水外流机会很少，所以是微咸水湖，由于所含盐分甚低，仍适合淡水鱼类生长。据统计，湖区共有鱼类 33 种；浮游植物 8 门 21 目 38 科，共 187 种属；浮游动物 59 种；野生植物 74 科 292 属 653 种，占呼伦贝尔市野生植物总数的48.3%；鸟类 17 目 40 科 241 种，其中，属国家一级保护鸟类 5 种，二级保护鸟类 14 种，占重点保护鸟类的 19.6%。

呼伦湖属富营养型湖泊，主要经济鱼类有鲤鱼、鲫鱼、红鳍、蒙古红、餐鲦、鲶鱼六种，年产量达万吨以上。此外，湖中还盛产秀丽白虾。秀丽白虾又称秀丽长臂虾，是呼伦湖中唯一的经济虾类，具有生长快、食性广、繁殖力强、营养价值高等特点，是高蛋白、低脂肪生物。鲜虾所含粗蛋白比同水域鱼类高许多，年产量在 2000t 左右。

呼伦湖水域宽广，沼泽湿地连绵，草原辽阔，食饵丰富，鸟类栖息环境佳良，是我国东部内陆鸟类迁徙的重要通道。春秋两季，南来北往的候鸟种类繁多。主要有鹤、鸥、天鹅、雁、鸭、鹭等，其中不少属珍稀禽类，是一个硕大的鸟类博物馆。从 20 世纪 80 年代初开始，每年都有许多国内外专家学者来此考察。

1.2.2 乌梁素海——灌区湖泊

乌梁素海位于我国内蒙古自治区巴彦淖尔市乌拉特前旗境内（图 1.2），介于北纬40°36′~41°03′，东经108°43′~108°57′之间，是全球同纬度地区内最大的湖泊，也是中国的第八大淡水湖泊。根据 2005 年 TM 卫星遥感图像显示，乌梁素海现有水域面积285.38 km^2，其中芦苇区面积为 118.97 km^2，明水区面积为 111.13 km^2，明水区中85.7 km^2 为沉水植物密集区，其余为沼泽区。湖泊呈南北长、东西窄的狭长形态（图1.4），南北长 35~40km，东西宽 5~10km，湖岸线长 130km，蓄水 2.5 亿~3.0 亿 m^3，湖面平均高程约为 1018.5m。湖水深度多数区域在 0.5~2.5m 之间，最深能达到 4m，多年平均水深为 0.7m，2005—2006 年水域的平均水深有所增加，2005 年平均水深为1.20m，2006 年平均水深为 1.31m。湖泊所在地区四季更替明显，气温变化差异大，多年平均气温为 7.3℃，全年日照时数为 3185.5h。湖泊流域内降雨少而蒸发大，多年平均降雨量为 224mm，蒸发量为 1502mm。全年无霜期为 152d，湖水于每年 11 月初结冰，直到次年3月末到4月初开始融化，冰封期约为5个月。

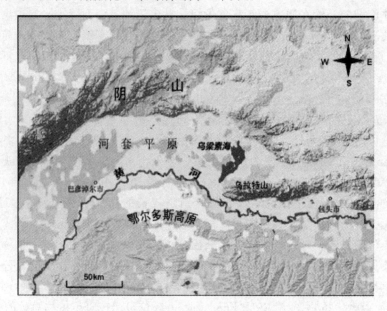

图1.2 乌梁素海地理位置

图1.3 巴彦淖尔市河套灌区灌排系统

乌梁素海是内蒙古河套灌区排灌水系的重要组成部分，处于黄河河套平原末端，是当地农田退水、工业废水和生活污水的唯一承泄渠道，是河套农业灌区目前 $6900km^2$ （长远 $7300km^2$）农田灌溉退水的唯一受纳水体和排水通道。灌区农田排水经扬水站汇入乌梁素海，其排水经过西山嘴镇（乌拉特前旗的旗政府所在地）后排入黄河（图1.3），它对灌区排水和控制土地盐碱化起着关键作用，同时对周边地区环境和气候的影响也起着不可估量的作用。习惯上以西山嘴镇为界，将黄河北部平原分为三部分，镇东为三湖河平原以及前套平原，以西为后套平原（图1.2），乌梁素海位于后套平原的最东端，形成于19世纪中期，是由于黄河在大洪水后改道而形成的，黄河改道后，一个大的转弯被单独留了下来，也就是所谓的"U"型湖。

乌梁素海位于我国北方的干旱半干旱地区内，属于内流区的蒙新高原湖区，这些地区太阳辐射强、降雨稀少、蒸发强烈、干湿期差异大，并且经常出现大风和多风天气，蒸发和风力对湖泊水环境会产生一定的影响，因此应该在摸清湖泊流域的水文气象条件特性的基础上，对干旱半干旱地区湖泊水环境问题进行研究，才能掌握其特殊性，以提出适合干旱区湖泊污染控制与治理的方案。

乌梁素海补给水源主要是农田退水，其次为工业废水和生活污水，每年汇入乌梁素海大量的污染物质加速了乌梁素海水环境的恶化和湖泊的沼泽化，导致乌梁素海成为世界上沼泽化发展速度很快的湖泊之一。

乌梁素海是当地重要的芦苇生产基地。大型水生植物共 6 科 6 属 11 种，均属世界广布种，以芦苇和龙须眼子菜、穗花狐尾藻为优势种。水中沉水植物、挺水植物、浮水植物遍布全湖，生长繁茂。芦苇面积约占湖面的 1/2，主要分布在湖的中部、西岸和北部。目前芦苇产量每年约 $1 \times 10^5 t$，是当地造纸厂的主要原料基地。芦苇外围生长着少量香蒲，面积不大。芦苇区以外的明水域下，基本布满了沉水植物，鲜草产量可达 $12 kg/m^2$。沉水植物的优势种为篦齿眼子菜，其次是金鱼藻和轮藻属。浮游植物总生物量显示了高度富营养化湖泊特有的生物量高的特征，数量很多的浮游植物是藻类，特别是硅藻属。

乌梁素海是内蒙古自治区主要的淡水渔业基地。湖内鱼类 4 目 7 科 21 种，以鲤鱼、鲫鱼为主要经济鱼类。但由于水深、湖泊面积的变化，以及水体富营养化的影响，逐年鱼产量有很大的波动。自从 1960 年以来，乌梁素海的鱼产量在 300～3600t/a 范围内变化，1960—1974 年，乌梁素海鱼产量大幅度下降。相对 20 世纪 60 年代早期，70 年代末期到 90 年代之间，鱼产量逐渐从低等水平增加到中等水平。2000—2001 年禁渔后，2002 年鱼产量达到了 60 年代初最高产量。但是，2003 年鱼产量下降到最大产量的一半，2004—2006 年鱼产量主要以小型的鲫鱼为主。

乌梁素海是横跨欧亚大陆鸟类栖息和迁移的重要场所。乌梁素海处处蒲苇丛生，水草丰富，得天独厚的湿地环境为鸟类提供了丰富的食物来源和良好的栖息地。现记载鸟类 16 目 45 科 103 属 118 种，其中候鸟 67 种，留鸟 30 种，包括国家一级保护鸟类 5 种，黑鹳 (Cicona nigra)、玉带海雕 (Haliaeetus leucoryphys)、白尾海雕 (Haliaeetus albiilla)、大鸨 (Otis tarda)、遗鸥 (Larus rlictus Lonnberg)；二级保护鸟类 2 种，有斑嘴鹈鹕 (Pelecanuphilip pensis Gmelin) 和疣鼻天鹅 (Cygnus clotr)。

1.2.3 查干诺尔湖——沙地湖泊

查干诺尔湖位于内蒙古自治区锡林郭勒盟阿巴嘎旗境内，阿巴嘎旗政府所在地南 75km 处。介于北纬 43°22′～43°29′，东经 114°45′～115°03′ (图 1.4)。属中温带半干旱大陆性气候，具有干旱、风大、寒冷的气候特征。属巴音河流域内陆河闭流体系，是锡林郭

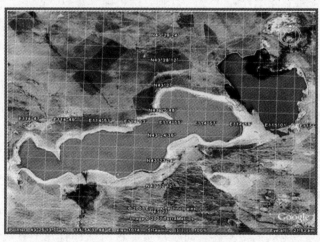

图 1.4 查干诺尔湖卫星图

勒盟地区重要的水产基地。查干诺尔湖属于我国北方干旱寒冷地区典型的草原湖泊,湖泊东西长 22km,南北宽 5km,平均水深 2.5m,平均年降雨量为 245mm,平均年蒸发量为 1956.9mm,相当于降雨量的 8 倍。因此,湖泊具有明显的干旱区湖泊的盐碱化特性。

湖泊水质情况为:pH 值平均为 8.5,最低为 8.0,出现在入水口处及 3 月份冰下,最高 pH 值为 8.8,出现在 7、9、10 月;总碱度平均为 9.06mol/L,最低 5.52mol/L,出现在 10 月入水口处,最高 16.1mol/L,出现在 3 月冰下;氯离子平均为 3.21mol/L,变化范围 1.10～5.52mol/L;硫酸根平均为 1.79mol/L,变化范围 0.80～2.64mol/L;总硬度平均为 15.5Å,变化范围 10.3～27.6Å;钙离子平均为 1.39mol/L,变化范围 0.72～3.20mol/L;镁离子平均为 4.03mol/L,变化范围 2.72～6.96mol/L;钾钠离子和的平均值为 8.66mol/L,变化范围 3.42～13.6mol/L;总含盐量平均为 1022.8mg/L,变化范围 556.7～1731mg/L;湖水盐度变化幅度较大,最高值已超出淡水范围,出现在 3 月,这是由于锡林郭勒盟气候寒冷,冬季冰层厚,结冰的湖水盐碱析出所致;溶解氧平均为 7.82mg/L,最高 12.2mg/L,出现在夏季,最低 2.94mg/L,出现在 3 月冰下。冬季要清理积雪,防止缺氧;有机物耗氧量平均为 31mg/L,变化范围 24.0～39.8mg/L;磷酸盐磷平均为 0.096mg/L,湖中有效磷是充足的;有效氮平均为 0.291mg/L,最高 0.468mg/L,出现在 3 月冰下,此时浮游植物最少;最低为 0,出现在 9 月,此时湖中浮游植物量达到最高峰。

查干诺尔湖泊由东西湖组成,两湖之间由自然形成的黏土坝分割,西湖最大水面积 77.33km^2,为咸水湖,而且由于补给不足已经成为季节性盐碱干湖,水质盐碱化已无生物生存的环境,大量的盐碱粉尘在大风的挟带下经常会形成盐碱尘暴。这些盐碱粉尘还被大风搬到了京津及东亚地区;东湖稳定水面积 28.67km^2,平均水深 2m,为淡水湖,蓄水量 5734 万 m^3。查干诺尔湖的湖水来源于浑善达克沙地,主要由八音河补给,流域面积 73404km^2。八音河属内陆河流域呼日查干诺尔水系,为阴山以北的内陆河水系。八音河流域主要由高格斯泰、灰腾河两条支流在阿巴嘎旗南部巴彦德力格尔苏木所在地东北 5km 大黑山处汇合形成八音河,注入查干诺尔形成闭流体系。东湖碧波荡漾,盛产鲤鱼、白鱼、草鱼等鱼类,并栖生有天鹅、鹳、水鸭、斑头雁、灰鹤、白鹭、鸥等多种水禽,不少是国家级保护品种和珍禽。东湖周边芦苇高达 4m 以上。但是,由于近年来的连续干旱及人类活动和全球气候变化等多种原因的影响,湖泊水质恶化严重,湖泊面积不断萎缩,15 年前的湖水面积达 237km^2,水深 4～5m;至 1998 年湖面缩减到 109.93km^2,其中西湖 76km^2,东湖 33km^2,至 2001 年,由于东湖承包给个人,堵死泄水闸,造成西湖干涸,并且造成湖周围几百平方公里范围内的生态环境不断恶化,草场严重退化。

1.2.4　达来诺尔湖——沙地湖泊

达来诺尔湖属于内蒙古高原干旱区的封闭性湖泊,位于内蒙古赤峰市克什克腾旗西部,介于东经 116°29′～116°45′,北纬 43°13′～43°23′,湖面面积约 228km^2,湖面海拔 1226～1228m,平均深度 6.7m,最大深度 13m,储水量约 16 亿 m^3(图 1.5)。

目前已查明的鸟类有 16 目 36 科共 160 种。其中,有 23 种属于国家重点保护鸟类。这里是世界上丹顶鹤繁殖区的最西界,同时每年春秋两季都有几十万只大天鹅在此集群,景色极为壮观。属于国家重点保护的珍稀鸟类有丹顶鹤、白枕鹤、蓑羽鹤、大天鹅及小天

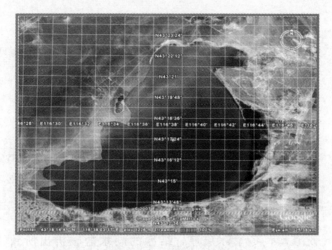

图 1.5 达来诺尔卫星图

鹅、白琵鹭等六种。属于国家一级保护鸟类的有白鹤、黑鹳、丹顶鹤、大鸨、玉带海鸥、遗鸥等六种国家二级保护鸟类的有大天鹅、白枕鹤、蓑羽鹤、灰鹤、黄嘴白鹭、白琵鹭等22种。此外，达来诺尔湖盛产鲫鱼和瓦氏雅罗鱼，年均产鱼 50 万 kg，远销国内 20 多个省（自治区、直辖市）。

达来诺尔湖泊地区属于中温型大陆性气候，具有高原寒暑剧变特点，年平均气温为 1～2℃；年降水量 350～400mm，集中在夏季（6—8 月），雨热同季，降水分布不均；年蒸发量为 1300mm；无霜期为 60～80d；气候干燥，日照时间长，太阳辐射强，年日照时数 2700～2900h，日照百分率为 62％～65％。

已有研究结果表明，2000—2003 年，达来诺尔湖泊的水域面积处于稳定的波动状态，2003 年 8 月后湖泊面积明显缩小，2005 年 7 月面积达到最小。同时湖泊周围的沼泽范围发生很大波动，湖泊的萎缩为沼泽的发育提供了良好的水分条件，使一些水生、湿生植物得到充分的养分，大面积生长，形成沼泽。达来诺尔湖泊水面的退缩可能与近年来气温升高，降水减少有关，同时人为的活动也是使湖面减小的主要原因。由于长期不合理利用，目前 70％的草原严重退化，不仅影响到草原畜牧业的发展，也影响到保护区内草原生态系统服务功能的发挥。湖水逐年萎缩，矿化度逐渐提高，水平衡失调。除气候原因外，与上游截贡格尔河水浇灌草原很可能有关，湖群周围的自然环境因过牧、车辆辗压正发生着退化、沙化，草高和单位面积内草种的减少则更明显，环境的改变影响了鱼群繁殖，也破坏了候鸟的栖息环境。

内蒙古自治区环境状况公报显示，从 2000 年以来，达来诺尔湖水质连续数年为劣 Ⅴ 类，污染程度较重。污染指标中 pH 值、生化需氧量和高锰酸盐指数均超过 Ⅴ 类标准。此外，湖水含盐量缓慢升高。达来诺尔湖地处干旱半干旱的高平原地区，年降水量不足 400mm，年蒸发量却大于 1300mm。同所有高原内陆湖泊一样，由于蒸发量大于补给量，达来诺尔湖正经历着漫长的由“淡水-半咸水-咸水-盐湖”的演变过程。据监测，1975—1998 年 24 年间达来诺尔湖的含盐量增加了 8.6％，钠、钾离子分别增加了 13.3％、6.7％，总碱度增加了 11.1％，在特别干旱的年份，pH 值达到 9.76，已接近鱼类养殖时水质要求的上限。

1.2.5　岱海——旱区湖泊

岱海（北纬 $40°29'27''\sim40°37'6''$、东经 $112°33'31''\sim112°46'40''$）（图1.6）是内蒙古高原中西部干旱半干旱区典型的地堑式深水藻型湖泊，位处温带半干旱区向干旱区的过渡带，是西伯利亚干冷气团南下与热带海洋湿暖气团北上交锋的敏感地带，为气候变化的敏感反应区。

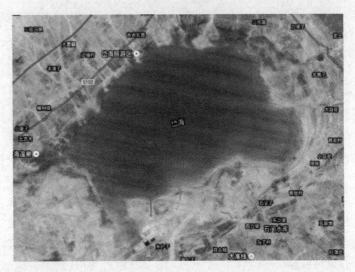

图1.6　岱海卫星图

湖区位于内蒙古凉城县境内，现有水域面积约 $80.72km^2$，湖面高程 1223m，最大水深 16.05m，平均水深 7.41m。湖区平均气温 5.1℃，年降雨量 427mm，年蒸发量 1938mm。湖中有藻类共 89 属，其中绿藻门 28 属、硅藻门 21 属、蓝藻门 16 属、裸藻门 16 属、甲藻门、隐藻门、黄藻门、金藻门各 2 属；有浮游动物共 29 种，其中原生动物 1 种，轮虫 14 种，枝角类 9 种，桡足类 5 种，湖区西北岸和南岸浅水区有小面积的芦苇分布。

岱海补给水源来自大气降水以及弓坝河、五号河、步量河、天成河、目花河等间歇性河流。农业是湖泊流域内的主要生产活动，农田面源污染是湖泊的主要污染源。流域内工业企业数量少、规模小，多数分布于凉城县城关镇周围，所排放的工业废水经弓坝河直接入湖。近年来因气候干旱，湖泊水位逐年下降、水面不断缩小，湖水咸化程度逐渐增高，富营养化加剧，使流域内环境问题日益突出，成为我国全球变化研究中备受重视的地区。

1.3　湖泊的研究进展

1.3.1　水质评价与生态系统健康研究进展

水环境质量评价就是通过一定的数理方法和其他手段，对水环境的优劣进行定量描述的过程。通过水环境质量评价，弄清区域水环境质量变化发展的规律，为区域水环境功能区划及水环境容量的推算提供科学依据。国内外对水质评价的研究工作源于20世纪60年代，尽管用于水质评价的数学模型很多，但最为常用的主要评价方法有以下几种：

（1）污染指数法。它是最早用于环境质量评价的一种方法，到目前为止，该方法在环境评价中仍广泛应用。该类方法很简单，它的特点在于以水质污染参数的实际浓度和其相应的评价标准浓度的比值作为基本单元，然后利用初等数学运算得出一个综合指标，并以此指数进行分级评价。

（2）分级评分法。该方法适合较粗略的大范围的统一水质评价，但它克服了污染指数法中以水质污染参数的实际浓度和其相应的评价标准浓度的比值来划分水质级别的不合理性。分级评分法是根据划分的水质分级标准，用各污染因子实测值与各等级标准值比较，得出各污染因子得分，最后采用一定的数学方法综合各污染因子得分值，根据总分值确定水质综合评价级别。

（3）数理统计法。该方法可以描述污染物某种浓度的出现概率，以此来揭示出现概率与污染强度之间的关系，能够较完整地反映污染物质的时空变化规律。

（4）模糊数学法。自 1965 年美国控制论专家 L. A. Zadeh 提出模糊集合的概念以来，模糊数学得到了前所未有的发展，同时被广泛运用于生产实践中，依据水质污染程度、水质类别、分类界限等问题存在的模糊现象和模糊性，使用"隶属度"的概念来反映客观存在的水质级别界限的模糊性。

（5）灰色系统法。灰色理论是由我国学者邓聚龙教授在研究系统控制的不确定元中首先提出的，他所提出的灰色系统的概念和研究思想已经逐步应用到社会、经济、工程等各个领域中，众多学者将灰色系统思想与本学科研究内容结合进一步开拓其应用领域。所谓灰色系统即是指部分信息已知、部分信息未知或未确知的系统，是一种信息并不完全的系统。灰色评价法也是"加权平均型"的综合评价法，信息利用率和精度都较高。在灰色聚类法基础上，有人提出了灰色关联度法和灰色模式识别模型。这些评价方法一般只考虑水质的平均状况以及极值情况，而对水质的不确定性所带来的最不利情况的影响分析较少，很多评价过程未作风险性评价，概率统计的方法能够考虑随机不确定性的影响，却忽略了随机不确定性中隐含的灰色不确定性。

生态系统健康评价研究是一个比较新的领域，众多学者根据自己的研究提出了许多方法，也有学者认为目前广泛应用在水资源和水环境领域的评价方法在生态系统健康评价中也可借鉴。模糊综合评价法是由实测各评价因子指标对各等级标准的隶属度集，形成隶属度矩阵，再把评价因子的权重集与隶属度矩阵相乘，得到模糊积，获得一个综合评判集，表明评价目标各级标准的隶属程度，反映了评价项目的模糊性。根据隶属度确定的方法，又有模糊聚类法、模糊贴近度法、模糊距离法等。灰色评价法是计算评价指标各因子的实际值与各等级标准的关联度，然后根据关联度大小确定实际值的级别。灰色系统理论进行综合评价的方法主要有灰色聚类法、灰色关联评价法、灰色贴近度分析法、灰色决策评价法等。物元分析法的基本思路是：根据各评价等级标准建立经典域物元矩阵，根据各评价因子的实际值建立节域物元矩阵，然后建立各评价指标对评价等级的关联函数，最后根据其值大小确定评价项目所属的级别。模糊综合评价法、灰色评价法和物元分析法都是将各评价因子对各类别的归属度矩阵与因子权重集相乘，得到一个评判向量，以向量中值最大值对应类别作为评价项目所属类别。

1.3.2 湖泊水体浮游动植物研究进展

国际经济合作与发展组织（OECD）对湖泊富营养化的定义是：水体中由于营养盐（主要是氮、磷）的增加而引起藻类的快速繁殖，从而导致水体溶解氧下降、水质恶化、鱼类及其他水生生物死亡的现象。一般认为，水体形成富营养化的条件是：水体中氮含量大于 $0.2\sim0.3$mg/L，磷含量大于 0.01mg/L，生化需氧量大于 10mg/L。浮游藻类在淡水水体中过度聚集的现象称为水华，在海洋中大量出现称为赤潮。丹麦著名生态学家 Jorgensen 指出浮游藻类是水体富营养化的主体，藻类的生长是富营养化的关键过程，它的生长速度直接影响水质状态。

湖泊水体呈富营养化状态时，主要表现为浮游藻类大量繁殖，生物量增加明显，水华发生的频率增加，持续的时间较长；浮游藻类的种类向多样性发展，富营养型种类增多，清水型物种减少。当水体富营养化状况有所改善时，浮游藻类的群落结构也会随之发生相应的变化，表现为浮游藻类的数量减少，生物多样性指数及物种丰富度增加，发生水华的频率降低。湖泊的富营养化与浮游藻类群落也密切相关，其结构特征及优势种的变化趋势可以预测水体富营养化的程度。Carmichael 等研究认为，浮游藻类优势种群中，蓝藻比例的升高是湖泊人为富营养化发展的一个标志。湖泊富营养化初期，星杆藻等藻类为优势种，再进一步富营养化时，绿藻和蓝藻大量出现。

我国湖泊富营养化现象非常普遍，研究表明，我国目前有 66% 以上的湖泊、水库处于富营养化的水平，其中重富营养和超富营养的占 22%。根据国家环保部 2009 年调查资料显示，在监测营养状态的 26 个湖泊、水库中，处于富营养状态的占 46.2%。根据 2006 年中国环境状况公报表明，在 27 个国控重点湖（库）中，除兴凯湖满足 Ⅱ 类水质之外，洱海、昆明湖满足 Ⅲ 类水质，镜波湖为 Ⅳ 类水质，其余湖泊均为 Ⅴ 类以上水质。其中，太湖和滇池为劣 Ⅴ 类，主要污染指标为总氮和总磷。与湖泊相比，水库水质普遍较好，富营养化程度较轻。太湖、巢湖、滇池等大型淡水湖泊都出现过大规模水华的报道，且频繁发生蓝藻水华，已处于重度富营养化。太湖 20 世纪 60 年代平均氮含量为 0.05mg/L，到 90 年代平均氮浓度上升至 2.31mg/L，增加了 46 倍。滇池 90% 的水域被水葫芦覆盖，水体已发黑发臭。可见我国湖泊、水库的富营养化已成为一个非常重要的环境问题。

水体富营养化评价是评估水体富营养化发展过程中某一阶段的营养状况，主要目的是通过调查水体富营养化的代表性指标，判断水体的营养程度，了解其富营养化进程、预测其发展趋势，为水质管理及富营养化防治提供依据。影响富营养化状态的主要因子包括物理、化学、生物等环境要素，进行全面、综合的评价才能客观地反映出水体的富营养化程度。浮游藻类评价水体富营养化的评价方法有多样性生物指数法、指示生物法。指示生物法又包括污水系统生物法、优势种群法、生物指数法和现存量法。

1.3.3 湖泊冰封期污染物分布特征及规律的研究现状

目前，水体富营养化污染日益严重，国内外的学者对此也开展了大量的研究，但是这些研究主要是集中在非冰封条件下进行的，而对于湖泊低温及冰封条件下营养盐分布规律的研究较为薄弱。同时，冰封条件下的氮、磷和重金属的研究仅限于底泥和水体中，而对于水体和冰体中营养元素的存在形式及对于富营养化潜在影响的研究较少。

1.3.3.1 湖冰的物理化学性质

1. 湖泊的结冰过程

湖泊的结冰过程通常是指从水体内出现冰晶到最终形成冰盖的过程。湖泊的结冰过程是一个从敞开水域到部分甚至全水域为冰覆盖的过程。湖泊结冰的条件是水体被冷却,水温小于等于0℃,此条件的产生主要来自于水体的失热。

湖泊总是先在表层达到过冷状态。这时,如果风平浪静,湖面就能迅速结冰,有时一夜之间形成封冻全湖的冰壳。湖面结冰,首先是在水面上形成很小的片状冰晶。片状冰晶多平卧水面,在生长过程中呈星形或树枝形,因为这种形状有利于散发结晶时释放出来的潜热。平卧水面的冰片生长得最迅速,它的边缘温度梯度最大,因而向四面八方迅递扩张,这就减少了其他直立或斜立水面的生长中的冰片进一步生长的机会。从结晶的观点来看,平卧水面的冰片,基面与水面平行,它的主晶轴与水面垂直。由于上述原因,主晶轴与水面垂直的冰片比其他冰晶处于有利的地位,因而不断淘汰其他冰晶,占有主导地位。这种冰晶呈柱状彼此平行,就像成捆的蜡烛一样,因此也称为蜡烛冰。蜡烛冰是湖冰的特点,也是一切静水结冰的共同特点。

湖面冰盖按其构造可分为四种,即结晶透明冰盖、粒状浮冰冰盖、夹层冰盖和饼状冰盖。结晶透明冰盖基本上由蜡烛冰组成;粒状冰盖是碎冰块冻结成的,色白而不透明;夹层冰盖成因比较复杂,各个冰层有本身的特点,记录着夹层冰盖在整个冰冻时期的演变历史;饼状冰盖是由冰饼组成的,微风推动破碎的薄冰,在波浪作用下形成铁饼大小的冰饼,进一步冻结就形成饼状冰盖。

2. 影响湖水结冰的因素

结冰过程是一种固-液相变过程,已经得到学者的广泛关注。结冰过程主要可以分为两个阶段:一是冰核的形成阶段,湖水达到过冷状态时,此时会形成自发长大的冰核,结冰过程开始;二是新相生长阶段,此时冰核长大成为冰晶。湖水的结冰过程受诸多因素影响,如溶液的初温、结冰温度、溶液浓度和结晶时间等。此外,水流状态、晶体表面几何特性、表面积等物理特性、外加作用力等也会对水结冰也有一定的影响。

(1)温度。温度决定冷却速率,从而影响单位冰体积内的晶核数量、冰晶结构和冰晶粒径。温度过低时,溶液需较大的面积来释放潜热,此时大部分冰晶呈枝状结构生长,并会不断产生新的分枝,分枝末端的缝隙很容易俘获杂质,从而影响污染物在冰-水之间的分配。因此,过低的冷冻温度难以保证冰晶的质量。但是,如冷冻温度不够低,溶液因达不到过冷状态而无法结晶。因此,冷冻温度必须低于冰的成核温度。各种溶液都存在着与之相对应的有效冷冻温度范围和最佳冷冻温度范围。

(2)溶液初温。哈尔滨工业大学的于涛和马军两位研究者通过对空间站尿液的冷冻实验分析表明,对尿液进行预冷不仅可以缩短结冰时间,而且能够提高冰晶的纯度,但是预冷温度不宜太低,否则会因结晶速度过快反而降低冰晶的纯度。

(3)溶液浓度。在相同的温度条件下,高浓度的溶液中潜在较多的晶核,晶核之间相互碰撞的频率和能量增多,二次成核的几率增加,冰晶生长速度加快,固-液界面的稳定性降低,冰晶的纯度下降。

(4)结冰时间。在溶液结冰初期,新生颗粒冰晶尚未来得及捕获更多杂质,冰晶较纯；溶液内生成薄片状枝晶后，不稳定的冰晶形态将会导致冰晶纯度的降低；随着冷冻时间的增加，层状冰会承担更多的杂质，减少了杂质被悬浮冰捕获的机会，冰晶内杂质含量与溶液浓度成正比关系。

3. 湖冰的融化

冰晶的融化机理虽然仍是一个尚未解决的问题，但随着人们认识的提高和科学技术的发展，冰晶的融化过程愈来愈为世界各国地区所重视，在近 40 年来取得了重大进展，它的研究内容包括了基本理论及其应用。比较有代表性的是 Knight 的研究，他指出冰晶的融化主要取决于晶体的初始类型，他将冰晶融化概括为两种基本方式：①形状类似硬杆的冰晶，融化水趋向于聚束成一个或几个水滴，且为最小表面积；②在平板状冰晶上，融化水形成全部覆盖在板上的光滑圆面。

1.3.3.2　湖冰生消过程的研究现状

1. 湖冰生消过程的研究现状

湖冰的物理特性及其与全球气候变化的关系是目前湖冰研究的热点，并且取得了一定的成果。早在 1891 年，Stefan 就得出了以下冰生长的计算模式（国内学者称之为斯蒂芬公式）

$$\frac{\mathrm{d}H_i}{\mathrm{d}t} = -\frac{k_i}{H_i\rho_i L_i}(T_0 - T_f) \tag{1.1}$$

式中：H_i 为冰厚度；k_i 为冰的热传导系数；ρ_i 为冰密度；L_i 为冰的融解潜热；T_0 是表面温度；T_f 是冰底温度，也就是水体的冻结温度。

湖冰的热传导系数主要依赖于冰温度，Yen 等给出了以下淡水冰热传导系数关于温度的函数

$$k_i = 1.16(1.91 - 8.66 \times 10^{-3} T_i + 2.97 \times 10^{-5} T_i^2) \tag{1.2}$$

其中冰温 T_i 的单位是 K。

从国内的发展来看，有关湖泊（水库）冰生消过程的研究是在近些年，伴随着寒冷地区水利工程，特别是寒冷地区湖泊（水库）建设的发展，该项研究也取得了一定的进展。肖建民等于 2004 年根据对位于黑龙江省的胜利水库冬季冰盖 10 多年的观测资料，在充分考虑冰盖与大气、水之间的热交换过程以及水温变化对冰层厚度影响等因素的基础上，建立了用于描述水库冰盖生长的一维数值模型并给出了模型的求解方法。与传统模型相比，此模型考虑了更多的影响因素，其计算结果更符合实际，模拟精度也有了较大的提高。同时还探讨了冰盖消融阶段冰压力沿深度的变化规律、累积日平均气温与冰层厚度的关系以及开库方式与积温的关系等。贾青等以黑龙江红旗泡水库 1988—2008 年的冰情观测资料为基础，并结合安达气象站自 1952 年以来的气象资料，进行了统计分析。运用 Zubov 模型建立了该地区负积温与冰厚度之间的统计关系，确定了该水库历年以来的最大冰厚，并运用 P - Ⅲ 型曲线推算了不同重现期的最大冰厚（图 1.7），解决了寒区水库内关于不同重现期最大

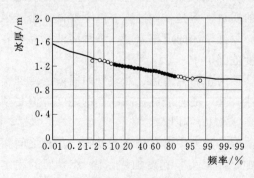

图 1.7　确定不同重现期冰厚度的 P - Ⅲ 型曲线

冰厚的问题。同时也讨论了水库开库时间与正积温的关系等，为寒区工程中需要的最大冰厚值提供了理论依据。

总之，对于湖冰生消过程的数值模式而言，制约其发展的瓶颈不在于模式结构，而在于数值算法的优化和物理过程或具体参数的参数化方案优化，它们能够从物理本质上改善数值计算的精度。

2. 湖冰生态的研究现状

从目前已经公开的文献来看，冰体生态的研究主要集中于对海冰的研究，特别是对于海冰的排盐效应及其对海洋生态影响方面取得了很大的进展。而有关湖冰生态方面的研究无论从研究时间和研究深度上看都远远滞后于海冰生态的研究，只是近年来，由于湖冰作为气候变化的指示因素得到认可，而湖冰对湖泊生态系统的影响也越来越得到重视。有关湖冰生态方面的研究主要集中在湖泊冰封期污染物特别是营养元素的分布及其生态效应，以及污染物在湖泊冻融过程中的污染特征。

从国内来看，目前也只有少量关于湖冰生态方面的研究。姜慧琴通过对乌梁素海水进行室内冷冻实验，探求营养盐在室内冻、融过程中在冰体和水体间的分布规律，结果表明，在结冰的过程中，水中营养盐的浓度超出冰体中的数倍，冻结温度和原水的营养盐浓度，都会对结冰后冰体中营养盐浓度浓度产生影响；冰体融化过程中总磷在酸、碱性条件下的释放量较大，在中性条件下较小；总氮的释放量受 pH 值的影响不明显；而 DIP 和 DTP 在酸性条件下的释放量较大，在中性和碱性条件下释放量较小，且其释放规律具有滞后性；亚硝酸氮在酸性条件下的释放量较大，而硝酸氮在碱性的条件下释放量较大。

从国外的发展来看，加拿大、芬兰、美国和澳大利亚等国的研究者在湖冰生态方面取得了较大的成果。早在 1985 年 Welch 通过对冬季南极湖泊的研究，探讨了湖泊冰封期水体交换对湖泊生态的影响，1987 年他通过对 Saqvaqjuac 湖泊的研究，进一步指出了冰、雪的覆盖对冰封期湖泊热量和光交换的影响，进而对湖泊生态系统产生的影响。Catalan 于 1992 年以高山湖泊为研究对象，揭示了溶解态和颗粒态污染物在湖泊冰封期的演变规律。Matti Leppäranta 和 Pekka Kosloff 以芬兰南部 Pääjärvi 湖 1993—1999 年的观测资料为基础，分析了电导率、pH 值、悬浮物等在冰体和水体中的分布特征，指出上述污染物指标在冰体中的数值是水体中的 $10\%\sim20\%$。Claude Belzile 等通过对位于北纬 $46°\sim80°$ 间的湖泊和河流的研究，指出可溶性有机碳和有色可溶有机物在结冰过程中，均被排斥至水体中，排斥系数介于 1.4 到 114 之间，这比对无机物的排斥系数高很多；通过对湖冰的同步荧光分析表明，被捕获在冰体中的污染物大都是结构简单、分子量小的物质，这种排斥效应将会对冰封期湖泊水体中的生态系统特别是对微生物作用明显。Roger 和 Gregory 于 2004—2007 年通过对位于加拿大西北部的 Tailings 湖的气象和环境指标现场观测指出，湖泊结冰过程中约有 99% 的盐被排斥至冰下水体中，湖冰的排盐效应在不同季节对湖泊的环流造成了不同的影响，并且这种影响同样发生在其他位于相同纬度的湖泊中。

3. 冷冻浓缩机理在水处理中的应用研究进展

自然冷冻净水法是在冷冻浓缩机理的基础上发展起来的一种新的水处理方法，该方法的研究已经有了较长的历史，最早被应用于医药领域、浓缩产品和食品保鲜，随后在水处理领域和海水淡化领域受到有关学者的关注，但由于技术上的原因，没有得到长足的发展。然而，自然冷冻法不仅可以处理许多含有毒有机物和重金属的而生物法无法处理的废水，并且整个处理过程都在低温下运行，对设备和构筑物的腐蚀性小，可以使用廉价材料建造以节省投资，因此特别适合有恶臭、易挥发、有危险气体散发的工业有机废水处理。如将冷冻浓缩机理用于废水处理，不仅可以拓展自然冷能利用和水环境治理的新途径，而且可以缓解水资源短缺的问题。另外，我国大部分地区都是大陆性气候，昼夜气温变化大，自然冷能有很好的应用潜力，在冷能源方面有得天独厚的地理优势。因此近年来，冷冻浓缩机理在水处理领域的应用再度引起人们的重视。

A. Rodriguez 等对含有不同浓度的硝酸盐和磷酸盐废水进行冷冻净化处理，结果表明冷冻过程对这两种污染物的去除率均可达 99% 以上。陈智晖等用冷冻法处理含有 Cl^- 为 $10^3 \sim 1.5 \times 10^4 mg/L$ 的钻井废水和模拟废水，Cl^- 去除率可达 90% 左右；而即使对 Cl^- 含量高达 $1.75 \times 10^5 mg/L$ 的气田水，该方法也具有一定的净化效果。其他研究还表明冷冻法还可以有效分离去除水中 K^+、Ca^{2+}、Na^+、Mg^{2+}、Zn^{2+}、SO_4^{2-}、HCO_3^- 等无机离子。此外，水中的碳水化合物、表面活性剂、有机酸、苯酚等有机化合物也可通过冷冻法分离去除。

于涛等从最佳制冷温度、污染物去除率、最高水回收率和能耗四个方面探讨了冷冻浓缩工艺。通过冷冻分离试验，确定了该工艺最佳冷冻温度，考察了污染物的去除率；通过差示扫描量热实验确定了废水玻璃化转变温度和冷冻净化工艺最高水回收率。结果表明，最佳冷冻温度为低于废水凝固点 5~7℃；对浓度为 3% 的溶液，可由冷冻分离提取 97.75% 的水分；仅通过单级冷冻即可去除废水中 97% 以上的氨氮、有机物和 93% 以上的盐；冷冻净化工艺水处理效果较好、水回收率较高、能耗低，在水处理领域有很大的应用潜力。

王双合等对甘肃渭河、祖厉河流域的苦咸水进行冷冻淡化实验，结果表明，冷冻浓缩法对该地区苦咸水中的超标离子有很好的去除效果，仅通过单级冷冻即可去除 50% 以上的离子，冷冻温度越低去除效率越高。对矿化度小于 5000mg/L 的苦咸水，在 −15℃ 温度下，经过单级冷冻净化就能使水质基本达到饮用水的标准。

郝利娜等通过室内冷冻实验，分析了冷冻法对生活污水中有机物和 NH_3-N 的去除效果。实验结果表明：冷冻净化法能去除水中 80% 左右的 COD 和 90% 左右 NH_3-N。

Silke Lemmer 等通过对含有苯乙烯和环氧丙烷的废水进行了冷冻-焚烧处理实验。结果表明，废水经过冷冻净化处理后 COD 的去除率可达到 99% 以上，冰融水可回用于后续工艺，浓缩液可通过焚烧处置。冷冻-焚烧处理工艺和蒸发-焚烧、湿空气氧化-生物处理等工艺相比，处理效率提高，耗能减少。

Turtoi D 等研究了冷冻净水法对高 Cr^{3+} 含量的制革废水的净化效果，表明尽管部分冰融水含有痕量的 Cr^{3+}，但仍可用于皮革浸泡和冲洗，或用于浸酸工艺的预处理。而通过调节浓缩液的酸碱度，并投加所需的辅助铬液，可以重新用于制革。

1.3.4　湖泊水体沉积物污染研究现状

目前我国学者对于南方湖泊，如巢湖、太湖、滇池、东湖等湖泊沉积物污染方面进行了一定的研究，为其他湖泊的研究与治理提供了理论基础。随着工农业的迅速发展，我国大江大河的污染状况逐渐严重，治理问题也变得紧迫起来。近年，针对不同地域不同特征的河流污染研究工作已经取得了一定成果，例如，对于流经城市（镇）的河流污染状况及来源的研究提供了环境污染资料；对流经矿区的河流污染程度的探讨为矿区水环境治理提供了依据。除此之外，珠江、苏州河、细河、淮河、黄河等河流（支流）沉积物污染状况也开展了相关研究工作。国外对于此方面的研究开展得较早，发展迅速。研究主要涉及以下几个方面：海洋沉积物污染状况评价分析，为受污染海洋的治理奠定基础；河流沉积物污染特性研究，指出沉积物是水环境中重金属的源汇项；探讨沉积物沉积年代对其特性影响；湖泊沉积物污染评价，并对从动力学角度进行机理分析。

沉积物重金属污染研究逐渐成为水体沉积物研究的热点，主要研究内容有重金属与有机物质的相关性，重金属来源以及评价，不同水体沉积物中重金属分布特征及污染情况以及重金属有效性。另外，湖泊底泥中污染物含量、污染物在底泥沉积物-水界面的传输及其影响因素、底泥对污染物的吸附和解吸机理以及关于沉积物质量基准等方面都开展了相关的研究并取得了显著的成果。

1.3.5 湖泊水体沉积物重金属研究进展

目前，国内对于一些高原湖泊和大湖泊进行了底泥重金属的研究。浙江千岛湖底沉积物中 Cd、Zn、Hg 的自然富集系数大于正常值的 2 倍，呈现 Cd、Zn、Hg 污染迹象，其原因为新安江水库的建设。江西鄱阳湖底泥中 Fe、Mn、Cd、Hg、Zn 均高于正常土壤的背景值，特别是 Cu，底泥平均富集系数可达正常值的 20~70 倍，而 Pb、Zn 的富集系数分别为正常值的 6~17 倍和 2~8 倍。泸沽湖和洱海分别处于云南和四川交界处，前者基本上未受人类活动影响，后者受人类活动影响严重，两个湖泊中某些重金属元素在底泥中分布基本上与人类活动呈正比，在 Fe、Mn、Cu、Ni、Cd、Pb 等金属元素中，只有 Cu 在泸沽湖底泥中相对较高，其余元素均是洱海高。微山湖底泥重金属 Mg、Mn、Fe、Pb、Zn 含量随着地区煤矿开采和工业废水排入量的增加而升高，进而影响整个微山湖流域水质。南四湖是山东省最大的浅水型湖泊，主要污染物是 Cr、Hg、As，入湖河口底泥中 Cr、Hg、As 的污染负荷比大于湖内，其中又以 Cr 污染最重。

目前我国对于河流沉积物中的重金属污染评价的研究较多，其中贾振邦的研究成果较为突出。他们使用了不同的方法评价了太子河本溪段的重金属污染状况。其结果表明，河道沉积物中重金属污染较严重，主要污染因子为 Cu，其次是 Pb，其污染来源于合金总厂和有机化学厂。另外，他们还对柴河进行了评价，其主要来源为铅锌矿，污染程度为 Cd＞Pb＞Hg＞Zn，目前 Cu 和 Cr 尚未造成污染。同时，他们还分别对香港河流和洋涌河、茅洲河、东宝河沉积物中重金属污染也进行了评价，效果较好。

中国科学院生态环境研究中心使用潜在生态危害指数法对乐安江的沉积物重金属进行了评价，其污染程度属于严重，超标指标为 Cu、Zn 和 Pb，乐安江沽口-香屯河段的 Cu 污染严重，戴村河段受到 Zn、Cu 和 Pb 等重金属的共同污染，虎山-蔡家湾河段污染程度较轻，属于中等或轻度重金属污染，整个乐安江的沉积物具有潜在生态危害性。

1.3.6 湖泊水文模拟的研究进展

定量估算气候变化对水文和水资源的影响，可以从科学上认识大气圈、水圈及生物圈间的相互作用机理，提高气候变异与气候变化的预测精度，也可以从实践上回答其对洪水、干旱频次及强度的影响以及对水量和水质的可能影响，为领导决策和水资源管理提供科学依据，因而气候变化对区域水资源影响的研究已经得到国内外的普遍关注。

气候变化对水文、水资源影响的研究方法中包括两方面内容：一是选择未来气候情景；二是建立水文、水资源的专业模型。

1.3.6.1 气候预测

气候变化情景是建立在一系列科学假设基础之上的，对未来气候状态时间、空间分布形式的合理描述。虽然气候模拟已取得了相当的成就，但还存在着不少缺陷。目前还没有一个模式能包括各种气候组成部分以及它们之间存在着的种种相互作用。

我国短期气候预测的对象主要是月和季尺度的降水量和气温，特别是关系我国国民经济的汛期降水量的预测，一直是我国气象工作者的重要研究课题。近年来，尽管气候动力模式研究取得显著的进步，但是，使用动力模式作短期气候预测还在试验中，大量在业务中使用仍然是以统计方法为主。

全球气候模式（GCM）是当前研究气候变化机制以及进行气候预估的重要手段之一，由于 GCM 的水平分辨率在几百公里以上，主要反映大尺度、长时间的气候特征，难以细致地描述区域地形特征、陆面物理过程以及其他因子对区域气候变化的强迫和影响，另外由于计算机运算能力的限制及中小尺度物理过程需要更细致的参数化，使得 GCM 对区域气候的模拟还存有很大的局限性和不确定性。因此，利用全球气候系统模式预估未来各种排放情景下的区域气候响应时，需要引进降尺度（downscaling）方法。降尺度方法能够有效地弥补 GCM 分辨率不足的问题，从而大大改善气候模式对区域气候的模拟效果。降尺度方法主要包括动力降尺度和统计降尺度两种，其基本思路是将 GCM 输出的全球大尺度气候信息转化到区域尺度上的气候变化信息。另外，高分辨率的区域气候模式（RCM）被认为是获取局地气候变化信息有效的动力降尺度方法，研究表明，大部分 RCM 模拟的大尺度气候平均态与驱动它的全球模式有较好的一致性，但模拟的中尺度细节变化却有较大的改善。RCM 较高的分辨率以及对中小尺度过程较完善的参数化方案，使得 RCM 能够模拟出更为合理的区域性强迫作用，如地形、河流、湖泊、城市建筑等，得到许多 GCM 难以分辨的区域温度、降水及土壤水分的变化特征，以弥补 GCM 的不足。

区域气候模式首先是由 Dickinson 和 Giorgi 发展起来并应用到气候模拟中。目前，大部分区域气候模式是在美国国家大气研究中心（NCAR）与美国宾州大学（PSU）联合创建的中尺度天气模式 MM4 或 MM5 基础上发展起来的。随着计算机技术的飞速发展，区域气候模式也逐步发展并得到广泛应用，主要包括美国国家大气研究中心（NCAR）的区域气候模式 RegCM 系列；英国气象局 Hadley 中心的 PRECIS；美国科罗拉多州立大学（CUS）的区域天气模式 RAMS；德国马普气象研究所的区域气候模式 REMO；日本的 MRI 以及澳大利亚的 DARLAM 等。

气候比拟法是从地质年代变化过程的记录中，如从树木年轮、花粉沉积、植物种类、河湖泥沙沉积以及冰核中化学同位素的比例寻找依据，重建气温、降水等气候因子的变化过程。例如，Budyko 等通过对古气候资料和未来温室效应的气候进行类比以推测大气 CO_2 加倍后的气候状况。近代仪器观测的数据也可用来作为未来气候变化的依据。Wigley 根据英格兰和威尔士的降水记录，分析计算洪涝和干旱极值出现的频率和变化规律。许多水文学者使用一些假定的气候变化情景，以此为依据来分析探讨流域水文、水资源对气候变化的响应。

对未来气候变化的预测具有相当的困难和不确定性。在这种情况下，关于哪一个情景是最好的问题仍然得不到答案。既不能因 GCM 目前的结果甚至还不能准确地模拟当前的平均气候状况就否定应用 GCM 的输出结果，也不能因为假定方法的局限性而削弱用各种假定的气候情景进行水文敏感性分析的价值。

当气候变化情景确定后，便可以应用流域水文模型耦合气候情景分析未来流域水量变化，因此选择具有一定精度且能够描述水文过程的水文模型十分关键。

1.3.6.2 水文模型

近年来，不同学者已经建立了多种水文模型，并在水文预报、水文计算和径流模拟等领域得到广泛应用。用于估算气候变化影响的水文模型，目前主要有四种，即统计回归模型、水量平衡模型、概念性水文模型以及分布式水文模型，发展的趋势是从集总式的概念性模型向分布式水文模型发展。

1. 水量平衡模型

水量平衡是全面研究某一地区在一定时间段内水资源的补给量、储存量和消耗量之间数量转化关系的平衡计算，理论基础是质量守恒原理。最早于 20 世纪 40—50 年代由 Thornthwaite（1948）和 Mather（1955）发展起来的。到 20 世纪末，为了满足生态研究、干旱分析、气候变化以及人类活动影响评价等不同目的，研究者相继提出许多不同结构和假设的水量平衡模型。在过去的 30 年里，水量平衡模型的理论和应用水平进一步得到了提升。

水量平衡模型简单实用，被广泛应用于水资源管理，特别是水库规划设计和运行调度、流域中长期水文模拟、水资源供需分析以及气候变化对大尺度区域水资源影响评估等方面。

2. 分布式水文模型

分布式水文模型是依据水流的连续方程和动量方程来求解水流在流域的时间和空间变化规律。地下水-地表水耦合模型是分布式水文模型中的一种，在国外起步和发展都较早，而在国内发展较晚，但是速度很快。

（1）耦合模型分类及存在的问题。根据不同的标准，耦合模型有着不同的分类。根据研究对象的侧重点，耦合模型可分为地表水模型包容地下水模块型、地下水模型包容地表水模块型、地表水和地下水模型双向兼容型。根据地表水和地下水模型的耦合计算方法可分为分离型、相关分析型、线性入渗/（排泄）型、线性水库型和达西定律型五类。根据模型耦合方式的不同，可分为松散耦合型、半松散耦合型和紧密耦合型，也可分为边界条件型、交换量型、水文分割型。按模型的求解方法分类，可分为水均衡法模型、解析模型、数值模型。

现有的地表水-地下水耦合模型存在以下几方面的问题：①一些耦合模型在耦合机制的处理上存在过多的假设或简化，造成耦合模型失真；②一些耦合模型仅是针对某个地区或者某个特定问题，不具有普遍适用性；③多数耦合模型对数据种类及数量要求高，存在一些缺乏物理意义的参数，参数的率定和运行耗时较大，对计算机要求高；④多数模型用大小固定不变矩形网格刻画流域各水文系统特征，不能充分反映河岸及地势变化剧烈地区的水文特征。

（2）典型模型介绍。SWATMOD 模型耦合了美国农业部农业研究局开发的半分布式水文学模型 SWAT 和美国地质调差局开发的 MODFLOW 模型。SWATMOD 模型将从陆地水文学角度建立的概念性水文模型和从水文地质学角度建立的地下水动力学模型相结合，能够更充分地利用水文气象和水文地质资料，而且耦合模型可以在两类模型中取长补短，例如，SWAT 本身含有对地下水的描述，但并不能较准确反映河流与含水层之间的相互关系以及地下水抽水井的分布，用 MODFLOW 取代 SWAT 地下水模块就能很好地解决这些问题。SWAT 也能为 MODFLOW 提供更加准确的蒸发量和散发量、入渗补给量等的空间分布信息。

HydroGeosphere 软件是由加拿大 Waterloo 大学、Laval 大学和 Hydrogeologic 公司联合研制开发的地下水-地表水耦合模拟软件。HydroGeosphere 软件包括两部分，即地下水模块（FRAC3DVS）和地表水模块（MODHMS），它能够全面耦合的模拟赋存于孔隙介质、裂隙介质、双重联系介质中的地下水、地表水的水流运动，溶质运移和热量传递的三维过程。HydroGeosphere 软件通过有限元法或有限差分法求解耦合的数学模型，具有先进的迭代技术和强大的计算功能，能够方便设置合适的时间段以及输出选项，还具有强大的三维可视化功能。

HydroGeosphere 软件在饱和、非饱和区域对地表水、地下水进行了完全的耦合，利用有限元对研究区内的水流方程同时求解，有效地提高了模型对整个水文系统的代表性。同时，模型内部还计算流域内每个时间步长，每个节点处地表水、地下水的交换速率。另外，在确定的蒸发区域内，实际的蒸散发过程作为节点土壤水分的函数在每个时间点进行了计算。在同一个模型内耦合蒸散发过程、地表水、地下水水流计算，虽然增加了模型的复杂程度，但是提高了预测结果的可靠程度，同样也增加了参数识别所需的观测数据。由于同时使用地表水、地下水的观测数据识别参数，使得参数的范围比较容易控制，并且降低了水量平衡项计算的不确定性，特别是地表水、地下水之间的相互关系。

参 考 文 献

[1] 王苏民，窦鸿身. 中国湖泊志 [M]. 北京：科学出版社，1998：1-11.

[2] 赵仕藩. 含藻水的特征及其对给水工程的影响 [J]. 给水排水，1987，70（3）：72-78.

[3] 邹健慧. 包头引黄水库藻类繁殖影响因素的研究 [D]. 包头：内蒙古科技大学，2008.

[4] 韩伟明. 底泥磷释放及其对杭州西湖富营养化的影响 [J]. 湖泊科学，1993，5（1）：71-77.

[5] 光明，卓利，钟政林，等. 突发性水环境风险评价模型事故泄漏行为的模拟分析 [J]. 中国环境科学，1998，18（5）：403-406.

[6] 赵沛伦，申献辰，夏军，等. 泥沙对黄河水质影响及重点河段水污染控制 [M]. 郑州：黄河水利出版社. 1998，98-113.

[7] 盛金萍. 三峡水库小江回水区藻类集群季节演替特征研究 [D]. 重庆：重庆大学，2010.

[8] Carmichael W W, Jiawan H E, Eschedor J, et al. Partial Structural Determination of Hepatotoxic Peptides from Microcystis Aeruginosa (*Cyanobacterium*) Collected in Ponds of Central China [J]. Toxicon, 1988, 26 (12): 1213-1217.

[9] 许海. 河湖水体浮游植物群落生态特征与富营养化控制因子研究 [D]. 南京：南京农业大学，2008.

[10] Lu P，Li Z，Cheng B，et al. Sea Ice Surface Features in Arctic Summer 2008：Aerial Observations [J]. Remote Sensing of Envieonment，2010，114：693 - 699.

[11] 傅鑫廷. 低温及冰封条件下富营养化水体藻类分布规律研究 [D]. 长春：吉林大学，2009，18 - 28.

[12] 姜慧琴. 乌梁素海营养盐在冰体中的空间分布及其在冻融过程中释放规律的试验研究 [D]. 呼和浩特：内蒙古农业大学，2011，52 - 54.

[13] Harold E. Welch，John A. Legault，Martin A. Bergmann. Effects of Snow and Ice on the Annual Cycles of Heat and Light in Saqvaqjuac Lakes [J]. Canadian Journal of Fisheries and Aquatic Sciences，1987，44 (8)：1451 - 1461.

[14] 王军. 河冰形成和演变分析 [M]. 合肥：合肥工业大学出版社，2004.

[15] Peter V. Hobbs. Ice Physics [M]. Oxford：OUP Oxford Press，2010.

[16] Knight C A. Observations of the Morphology of Melting Snow [J]. Journal of the Atmospheric Sciences，1979，36：1123 - 1130.

[17] Yen Y C. Review of Thermal Properties of Snow，Ice and Sea Ice [J]. Cold Regions Research and Engineering Laboratory (Report 81 - 10，Hanover)，New Hampshire，1981：1 - 27.

[18] 肖建民，金龙海，谢永刚，霍跃东. 寒区水库冰盖形成与消融机理分析 [J]. 水利学报，2004，(6)：80 - 85.

[19] 贾青，李志军，梁景江，李士森. 红旗泡水库不同重现期冰厚度的推算 [J]. 水力学与水利信息学进展，2009，2：525 - 529.

[20] Harold E. Welch，Martin A. Bergmann. Water Circulation in Small Arctic Lakes in Winter [J]. Canadian Journal of Fisheries and Aquatic Sciences. 1985，42 (3)：506 - 520.

[21] CATALAN，J. Evolution of Dissolved and Particulate Matter during the Ice-covered Period in a Deep，High-mountain Lake [J]. Canadian Journal of Fisheries and Aquatic Sciences，1992，49：945 - 955.

[22] Matti Leppäranta and Pekka Kosloff. The Structure and Thickness of Lake Pääjärvi Ice [J]. Geophysica，2000，36 (1 - 2)：233 - 248.

[23] Claude Belzile，John A E Gibson，Warwick F Vincent. Colored Dissolved Organic Matter and Dissolved Organic Carbon Exclusion from Lake Ice：Implications for Irradiance Transmission and Carbon Cycling [J]. Limnology and Oceanography，2002，47 (5)：1283 - 1293.

[24] Roger Pieters，Gregory A. Lawrence. Effect of Salt Exclusion from Lake Ice on Seasonal Circulation [J]. Limnology and Oceanography，2009，54 (2)：401 - 412.

[25] Rodriguez A. Application of Freezing Crystallization Phenomena in Wastewater Treatment：Removal of Nitrates，Phosphates，Surfactants and Alcohols [J]. CHISA 2004 - 16th International Congress of Chemical and Process Engineering，2004：7295 - 7303.

[26] 陈智晖，陈集，周小燕，等. 用冷冻法浓缩分离废水中氯离子的试验 [J]. 内蒙古石油化工，2005 (10)：1 - 2.

[27] 于涛，马军. 制冷在废水处理与再生领域中的应用研究 [J]. 制冷学报，2008，29 (4)：47 - 50.

[28] 王双合，罗从双，陈颂平，等. 苦咸水冷冻淡化实验成果分析及实用方法研究 [J]. 水资源保护，2009，25 (1)：70 - 73.

[29] 郝利娜，张维佳. 自然冷冻法处理生活污水的研究初探 [J]. 中国科技信息，2007 (23)：18 - 19.

[30] Silke L，Rene K. Preconcentration of Wastewater through the Niro freeze Concentration Process [J]. Chem. Eng. Technol. ，2001，24 (5)：485 - 488.

[31] Turtoi D，Untea I. Chromium (Ⅲ) Separation from Tannery Wastewaters by Partial Freezing [J].

J. Soc. Leather Technol. Chem.，2004，88（4）：150－153.

[32] 袁旭音．中国湖泊污染状况的基本评价 [J]．火山地质与矿产，2000，21（2）：129－136.

[33] 王芳栋．PRECIS 和 RegCM3 对中国区域气候的长期模拟比较 [D]：北京：中国农业科学院，2010.

[34] 曾献奎．基于 HydroGeoSphere 的凌海市大、小凌河扇地地下水-地表水耦合数值模拟研究 [D].吉林：吉林大学，2009.

第2章
湖泊水体生源要素的生物地球化学循环

2.1 湖泊水体中氮磷元素的时空分布特征

2.1.1 乌梁素海水体中氮磷元素时空分布特征

乌梁素海是一个富营养化污染程度非常严重的湖泊，富营养化的主控因素-氮、磷的浓度在湖泊的大部分区域，尤其是排干入口至古河道以北的西部湖区均超出了湖泊水库特定水质项目标准值的Ⅴ类要求。在对 2006—2010 年 21 个水样采集点的近 426 个水样监测数据进行统计（图 2.1），营养元素氮的浓度含量在整个湖泊水域上的均值为 4.4mg/L，超出了Ⅴ类标准值，最大值为 27.40mg/L，是Ⅴ类标准值的 14 倍。磷的浓度含量在湖泊水域中有 50% 以上的区域超出了Ⅴ类标准，全湖均值为 0.21mg/L，接近于Ⅴ类水体，最大值为 3.00mg/L，超过Ⅴ类标准值的 15 倍。

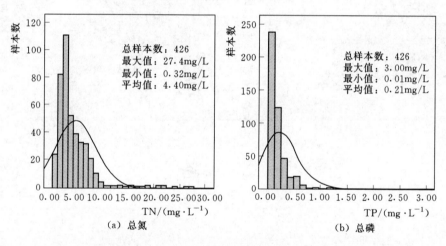

图 2.1 乌梁素海 2006—2010 年数据富营养化主控因素统计分析直方图

由图 2.2～图 2.9 可以看出，从空间分布上来看，乌梁素海水体氮、磷浓度分布规律基本一致，均出现由西北向西南逐渐递减的趋势，高浓度区集中在乌梁素海入湖口附近，几乎所有的外源污染源都聚集在此，随着水流向下游流动，在湖泊的南部营养元素浓度逐渐被稀释变小。时间上，乌梁素海各监测点的总氮在不同季节［即春季（5 月）、夏季（8 月）、秋季（10 月）、冬季（1 月）］的平均浓度分别为 5.99mg/L、3.01mg/L、3.18mg/L、2.17mg/L，总磷在不同季节的平均浓度分别为 0.15mg/L、0.27mg/L、0.10mg/L、0.41mg/L。

春季（5 月）为水生植物营养生长时期氮磷浓度相对较高，主要是因为该时期水生植物对氮磷的吸收利用处于缓慢阶段，加之该时期温度回升，风速加大，使得水体上下交换频繁，水体驱动力加强，造成底质释放氮磷的速度大于沉积速度。夏季水生植物处于生殖

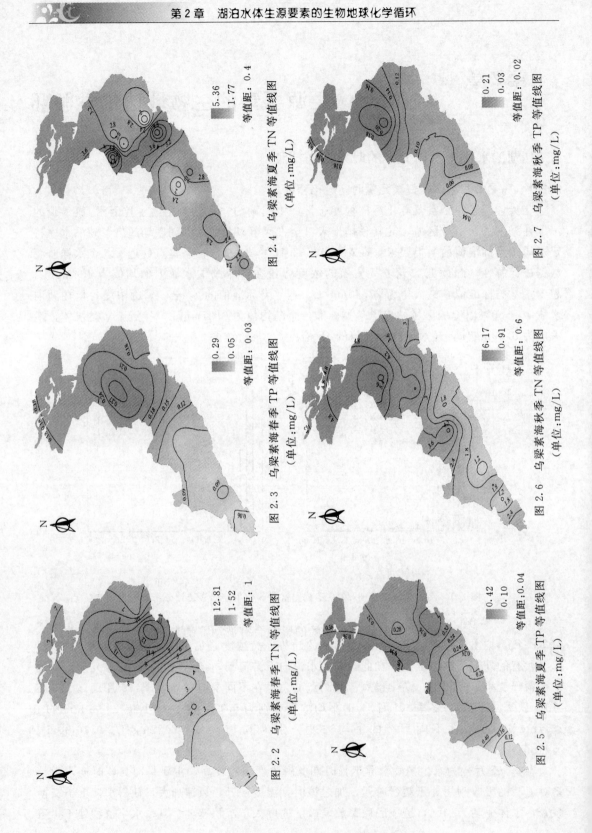

图 2.2　乌梁素海春季 TN 等值线图
（单位：mg/L）

图 2.3　乌梁素海春季 TP 等值线图
（单位：mg/L）

图 2.4　乌梁素海夏季 TN 等值线图
（单位：mg/L）

图 2.5　乌梁素海夏季 TP 等值线图
（单位：mg/L）

图 2.6　乌梁素海秋季 TN 等值线图
（单位：mg/L）

图 2.7　乌梁素海秋季 TP 等值线图
（单位：mg/L）

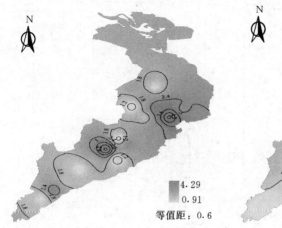

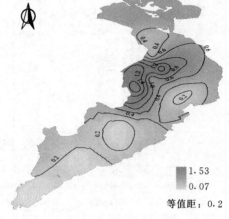

图 2.8　乌梁素海冬季 TN 等值线图 　　　　图 2.9　乌梁素海冬季 TP 等值线图
　　　　（单位：mg/L）　　　　　　　　　　　　　（单位：mg/L）

生长时期（8月）对氮磷等营养元素的需求利用量加大，造成该时期氮磷浓度均有不同程度的下降，但此时期氮磷浓度仍大于地表水环境质量Ⅴ类标准，可见芦苇、水草等水生植物净化水体的能力是有限的，同时表明排入乌梁素海上游水体氮磷浓度总量较大，因此，对排入水体污染物浓度总量的控制是治理乌梁素海污染现状的主要措施之一。秋季（10月）进入植物衰亡期，植物吸收利用氮磷等营养物质强度降低，该时期河套灌区进行大面积秋浇控盐，排水量加大，湖泊水位明显升高，对水中污染物质浓度起到一定的稀释作用，使得该时期总氮浓度有所下降，尤其是磷的浓度下降较大，达到地表水环境质量Ⅳ类标准。进入冰冻期（1月）后，磷浓度明显增加，分析其原因主要为冬季入湖水流不存在农田排水的补给，入湖水量和流量明显减少，冰层下水体压力的阻碍作用，水体移动十分缓慢，导致整个水体的水动力条件发生变化，使得总磷平均浓度明显增加，且高浓度的磷主要集聚在入湖口附近。

2.1.2　呼伦湖水体中氮磷元素时空分布特征

呼伦湖是一个历史悠久的构造湖，又是一个处在高平原上的吞吐性湖泊，曾经是全国唯一没有被污染的特大型湖泊。呼伦湖的富营养化主要是自然地理环境因素决定的，是一个天然的进程，具体程度随水量大小和气候的影响会有波动，受人类活动的影响比较小，目前属中度富营养化湖泊。

通过对呼伦湖 2008—2010 年 12 个水样采集点的 61 个水样监测数据进行统计（图2.10），营养元素氮的浓度含量在整个湖泊水域上的均值为 2.1mg/L，达到地表水环境质量Ⅴ类标准值，最大值为 5.07mg/L，是Ⅴ类标准值的 2 倍多，其中位于海拉尔河入口处氮的含量最高，超过了Ⅴ类水标准。磷的浓度含量在湖泊水域中有 50% 以上的区域超出了Ⅴ类要求，全湖均值为 0.21 接近于Ⅴ类水体，最大值为 0.78mg/L，超过Ⅴ类标准。

采用空间插值法将 2008—2010 年夏季和冬季水样监测点实测的总氮、总磷浓度绘制成等值线图（图 2.11～图 2.14）。由图可知，呼伦湖各监测点总氮浓度在夏季和冬季的平均值分别为 2.36mg/L 和 1.78mg/L，总磷浓度分别为 0.23mg/L 和 0.19mg/L。从空间

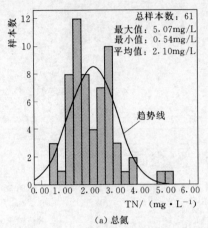

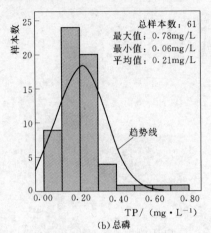

（a）总氮　　　　　　　　　　　　　　（b）总磷

图 2.10　呼伦湖 2008—2010 年总氮、总磷浓度数据统计分析直方图

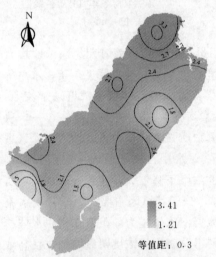

图 2.11　呼伦湖夏季 TN 等值线图
（单位：mg/L）

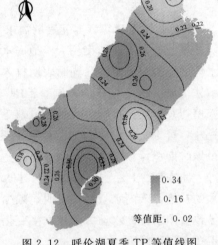

图 2.12　呼伦湖夏季 TP 等值线图
（单位：mg/L）

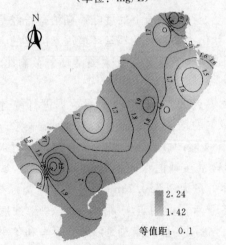

图 2.13　呼伦湖冬季 TN 等值线图
（单位：mg/L）

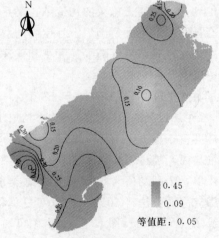

图 2.14　呼伦湖冬季 TP 等值线图
（单位：mg/L）

上分布来看海拉尔河入口处总氮的含量最高，其次在湖的周围靠近湖岸处总氮的含量相对较高；总磷浓度在西南湖区含量最高，其次在湖的中部含量也较高。从时间上来说，根据所监测数据得知在夏季呼伦湖氮磷的含量略大于冬季，但呼伦湖夏季短促，且风浪较大，冬季漫长，霜冻早，不同湖区水质变化较小，全年水质变化基本不大。

2.2　湖泊水体中浮游生物生态种群结构的研究

2.2.1　乌梁素海浮游藻类的组成、数量及季节变化规律

2.2.1.1　乌梁素海浮游藻类的组成

2012 年 11 月至 2013 年 10 月期间，对乌梁素海 10 个采样点的水样进行鉴定分析，共鉴定出浮游藻类 8 门 85 属 314 种（含变种、变型，见表 2.1）。其中，绿藻门（Chlorophyta）28 属 95 种，所占比例最大；其次是硅藻门（Bacillariophyta）20 属 128 种；蓝藻门（Cyanophyta）18 属 53 种，所占比例也比较大；裸藻门（Euglenophyta）9 属 25 种；隐藻门（Cryptophyta）4 属 4 种；甲藻门（Pyrrophyta）3 属 4 种；金藻门（Chrysophyta）2 属 4 种；黄藻门（Chrysophyta）最少，1 属 1 种。具体种群构成比例如图 2.15 所示，表明乌梁素海种群构成为绿藻-硅藻-蓝藻型。绿藻门虽然检出的属数最多，但是种数次于硅藻门。硅藻门的小环藻属（Cyclotella）、舟形藻属（Navicula）、针杆藻属（Synedra）全年都有检出，而且出现的频率较高，都超过 60％以上，小环藻属出现的频率超过 90％。

表 2.1　　　　　　　　　　　　乌梁素海浮游藻类种属组成

门　类	浮游藻类种类	门　类	浮游藻类种类
绿藻门	衣藻属 Chamydomonas	绿藻门	新月藻属 Closterium
	鞘毛藻属 Coleochaete		四角藻属 Tetraedron
	多芒藻属 Golenkinia		小桩藻属 Characium
	绿梭藻属 Chlorogonium		实球藻属 Pandorina
	弓形藻属 Schroederia		团藻属 Volvox
	顶棘藻属 Chodatella		素衣藻属 Polytoma
	小球藻属 Chlorella		杜氏藻属 Dunaliella salina
	螺旋纤维藻 Ankistrodesmus	蓝藻门	颤藻 Oscillatoria
	蹄形藻属 Kirchneriella		鱼腥藻 Anabeana
	月牙藻属 Selenastrum		微囊藻 Microcystis
	十字藻属 Crucigenia		平裂藻 Merismopedia
	栅藻属 Scenedesmus		席藻 Phormidium
	空星藻属 Coelastrum		色球藻属 Chroococcus
	集星藻属 Actinastrum		腔球藻属 Coelosphaerium
	盘星藻属 Pediastrum		蓝纤维藻属 Dactylococcopsis
	四孢藻属 Tetraspora		念珠藻属 Nostoc
	卵囊藻属 Oocystis		束丝藻属 Aphanizomenon
	丝藻属 Ulothrix		螺旋藻属 Spirulina
	角星鼓藻属 Staurastrum		鞘丝藻属 Lyngbya
	镰形纤维藻 Ankistrodesmus falcatus		双尖藻属 Hammatoidea
	鼓藻属 Cosmarium		尖头藻属 Raphidiopsis

续表

门　　类	浮游藻类种类	门　　类	浮游藻类种类
蓝藻门	柱孢藻属 Cylindrospermum	硅藻门	短缝藻属 Eunotia ehrenberg
	项圈藻属 Anabaenopsis		茧形藻属 Amphiprora ehrenberg
	束球藻属 Gomphosphaeria	裸藻门	裸藻属 Euglena
	蓝弧藻属 Cyanarcus		扁裸藻属 Phacus
硅藻门	直链藻属 Melosira		鳞孔藻属 Lepocinclis
	小环藻属 Cyclotella		囊裸藻属 Trachelomonas
	等片藻属 Diatoma		变胞藻属 Astasia
	针杆藻属 Synedra		杆胞藻属 Rhabdomonas
	卵形藻属 Cocconeis		内管藻属 Entosiphon
	脆杆藻属 Fragilaria		陀螺藻属 Strombomonas
	平板藻属 Tabellaria		壶藻属 Urceolus
	尖刺菱形藻属 Nitzschia pungens	隐藻门	隐藻属 Cryptomonas
	舟形藻属 Navicula		蓝隐藻属 Chroomonas
	曲壳藻属 Achnanthes		红胞藻属 Rhodomonas
	窗纹藻属 Epithemia		缘胞藻属 Chilomonas
	菱形藻 Nitzschia	甲藻门	裸甲藻属 Gymnodinium
	异极藻属 Gomphonema		薄甲藻属 Glenodinium
	双菱藻属 Surirella		多甲藻属 Peridinium
	桥弯藻属 Cymbella	金藻门	黄群藻属 Synura
	辐节藻属 Stauroneis		鱼鳞藻属 Mallomonas
	羽纹藻属 Pinnularia	黄藻门	黄丝藻属 Tribonema
	星杆藻属 Asterionella		

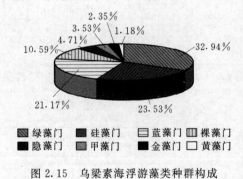

图 2.15　乌梁素海浮游藻类种群构成

2.2.1.2　乌梁素海浮游藻类的数量变化

乌梁素海藻类数量的变化如图 2.16 所示，从图中可见，乌梁素海浮游藻类数量随着季节变化呈现双峰型，藻类数量的高峰期分别是 5 月和 9 月。4 月开始随着水体温度的逐渐升高，光照增强，再加上冬季营养盐的积蓄，此时湖泊中氮、磷浓度较高，水体中浮游藻类开始复苏，尤其是蓝藻、绿藻开始复苏，数量急剧增加，在春季形成了第一个高峰。随后藻类数量开始下降，6 月和 8 月数量基本接近，分别为 20.5×10^7 cell/L、21.2×10^7 cell/L，7 月数量有所上升。6 月数量最低的原因是取样当天刚下过雨，水体中的藻类密度被稀释。夏季总体数量较低，一是由于进入雨季，湖泊的营养盐浓度进一步稀释，浮游藻类生长自身也消耗掉一部分营养盐，导致营养盐浓度下降；二是因为 6

月之后水温继续升高，耐高温的蓝藻生长较好，绿藻门的个别藻种不能耐受高温导致数量有所下降。乌梁素海是河套灌区农田退水的主要承泄渠道，9月以后有大量的农田退水排入湖中，营养盐浓度增加，藻类数量急剧上升，从 $21.2 \times 10^7 \text{cell/L}$ 迅速增加到 $186.6 \times 10^7 \text{cell/L}$，形成了第二个高峰。之后随着温度的下降，光照强度的减弱，藻类数量也开始下降，12月进入冬季后，水体开始结冰，流速减缓，虽然营养盐浓度较高，但是由于温度、光照的原因，藻类数量没有大的变化趋于稳定，平均细胞密度在 $51.7 \times 10^7 \text{cell/L}$。从图 2.16 中还可以看出，蓝藻、绿藻、硅藻的变化趋势基本与藻类总数量的变化趋势一致。

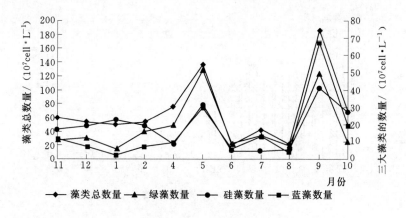

图 2.16　乌梁素海浮游藻类数量的变化

从表 2.2 中可以看出，蓝藻数量的变化趋势为秋季＞春季＞夏季＞冬季；绿藻是春季＞秋季＞冬季＞夏季；硅藻则是秋季＞冬季＞春季＞夏季。在冬季，硅藻的数量远远大于绿藻、蓝藻的数量，且大于二者的总和；春季则是绿藻的数量最多，蓝藻与硅藻数量接近；夏季藻类数量的变化趋势为绿藻＞蓝藻＞硅藻；秋季蓝藻的数量最多，其次硅藻的数量又大幅度上升。秋季蓝藻数量的大幅度增加，主要是由于秋季营养盐浓度较高，尤其是氮的浓度较高，蓝藻具有固氮作用，充足的氮盐为蓝藻生长提供足够的营养。

表 2.2　　　　　　　　　　　　不同季节三种藻类的数量变化

季节	硅藻×/($10^7 \text{cell} \cdot \text{L}^{-1}$)	绿藻×/($10^7 \text{cell} \cdot \text{L}^{-1}$)	蓝藻×/($10^7 \text{cell} \cdot \text{L}^{-1}$)
冬季	61.2	33.9	16.6
春季	40.1	70.6	39.1
夏季	14.4	30.4	22.2
秋季	85.6	70.3	98.5

乌梁素海浮游藻类总数量的总体特征为秋季＞春季＞冬季＞夏季，三大藻类的数量变化随着季节的变化而变化，变化趋势也呈现出各自的特点，从全年藻类的数量变化来看是绿藻＞硅藻＞蓝藻。

2.2.1.3　乌梁素海浮游藻类的季节变化及优势种群更替

从图 2.17 中可以看出藻类在一年四季中种属的变化，硅藻门的种属在春季、秋季最多，春季检出 19 属，秋季检出 20 属；冬季次之，检出 16 属；夏季最少 11 属。绿藻门的种属也是秋季最多 27 属，夏季次之，冬季最少共检出 20 属。蓝藻门是夏季最多 18 属，春季次之 16 属，冬季最少。裸藻门的种属是夏季最多共检出 9 属，春季、冬季相当；隐藻门、甲藻门则是冬季的种属最多，检出 2 属 3 种，春夏两季未检出；金藻门在春季、秋季、冬季有发现，在春季、夏季也未检出；黄藻门的黄丝藻属只在秋季有检出。

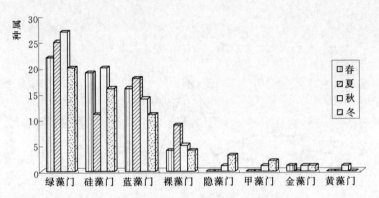

图 2.17　乌梁素海浮游藻类种群季节变化

一年四季中出现频率较高的绿藻有衣藻、栅藻、空星藻、小球藻等；出现频率较高的蓝藻主要有颤藻、席藻、色球藻等；出现频率较高的硅藻有小环藻、直链藻、菱形藻、茧形藻、舟形藻、针杆藻等。在同一季节中，绿藻门的种属数最多，其次是硅藻门，再者是蓝藻门。此外不同的季节呈现出不同的优势种类，春季以绿藻、硅藻为优势藻门，无论是数量还是种属数都占绝对优势，春季乌梁素海的优势种有小环藻、平板藻、颤藻、栅列藻、裸藻，尤其是斜生栅列藻（Scenedesmus oblipuus）和尖细栅列藻（S. acuminatus）出现的频率较高，数量也较大，在八个采样点的水样中都有检出。夏季以绿藻和蓝藻为优势藻门，夏季的种属较春季明显增加，但两者的数量与春季相比都有所下降。优势种主要有蓝藻门的颤藻、席藻、色球藻；绿藻门的空星藻、栅列藻、衣藻、盘星藻；裸藻门的裸藻属。秋季从数量上来看，主要以蓝藻门为主要优势种群，其次为硅藻门。冬季主要优势藻门为硅藻门。其中秋季优势种有蓝藻门的颤藻、鱼腥藻、项圈藻、硅藻门的针杆藻、舟形藻、菱形藻、茧形藻；冬季优势种类为硅藻门的针杆藻、脆杆藻、小环藻、舟形藻、绿藻门的栅列藻、裸藻门的扁裸藻。

2.2.2　乌梁素海浮游动植物和底栖生物

经初步鉴定和初步研究可知，乌梁素海浮游动物共有四大类 62 种。其中轮虫最多，共有 33 种；原生动物次之，为 16 种；桡足类和枝角类较少，分别为 9 种和 4 种（表2.3）。底栖动物 11 种，隶属 3 门、3 纲、4 科。其中节肢动物门摇蚊科 8 种；软体动物门椎实螺科和扁卷螺科各 1 种；环节动物门颤蚓科 1 种。

乌梁素海浮游动物种类由多到少为：轮虫＞原生动物＞枝角类＞桡足类，浮游动物平均生物量由多到少为：桡足类＞轮虫＞枝角类＞原生动物。底栖动物生物量由多到少为：摇蚊幼虫＞软体动物＞寡毛类。浮游动物丰度和生物量均以夏春两季最高，秋季急剧下降，冬季达到最低（原生动物除外）。近年来，由于大量污水的排入导致水质的不断恶化，浮游动物和底栖动物的种类和数量在逐年减少。

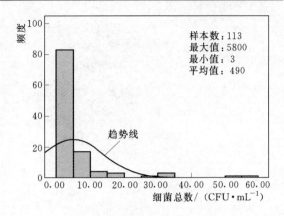

图 2.18　乌梁素海细菌总数数据统计分析直方图
CFU—形成菌落的菌落个数

2.2.3　乌梁素海浮游细菌分布

通过对 2009 年 6—10 月和 2010 年 1 月 21 个采集点的近 133 个监测数据进行统计分析可知（图 2.18～图 2.24），乌梁素海细菌总数的范围在 3～5800CFU/mL，平均值为 490CFU/mL。

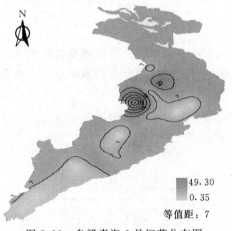

图 2.19　乌梁素海 6 月细菌分布图
（单位：CFU/mL）

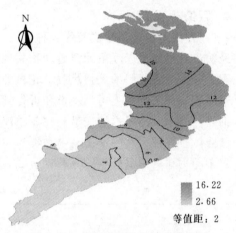

图 2.20　乌梁素海 7 月细菌分布图
（单位：CFU/mL）

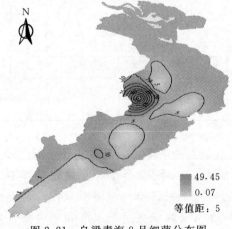

图 2.21　乌梁素海 8 月细菌分布图
（单位：CFU/mL）

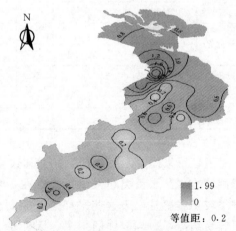

图 2.22　乌梁素海 9 月细菌分布图
（单位：CFU/mL）

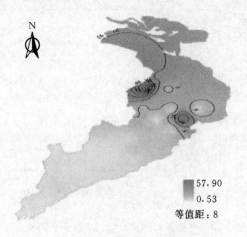

图 2.23　乌梁素海 10 月细菌分布图
（单位：CFU/mL）

图 2.24　乌梁素海 1 月细菌分布图
（单位：CFU/mL）

2.2.4　呼伦湖浮游动植物

2.2.4.1　浮游动物群落组成及优势种属

经初步观察鉴定，呼伦湖浮游动物共观察到 7 种。其中有原生动物类肉足虫亚门的放射太阳虫和纤毛虫亚门的大弹跳虫；轮虫类的壶状臂尾轮虫和奇异六腕轮虫等；枝角类的长肢秀体溞；桡足类的英勇剑水溞和近邻剑水溞。

据以往冬季湖泊采样的文献，在冬季浮游动物种类数量会大幅下降，只有少量剑水溞和长肢秀体溞等较大型的浮游动物种类。

浮游动物在具体采样点的分布见表 2.3。

表 2.3　　　　　　　　　　　　　　浮游动物样品分析

种　类		样　点										
		1	2	3	4	5	6	7	8	9	10	11
1. 原生动物	放射太阳虫		Y			Y			Y			
	大弹跳虫				Y					Y		
2. 轮虫类	壶状臂尾轮虫	Y		Y			Y			Y		
	奇异六腕轮虫		Y	Y	Y				Y		Y	
3. 枝角类	长肢秀体溞	Y		Y	Y		Y	Y		Y	Y	
4. 桡足类	英勇剑水溞	Y	Y						Y			
	近邻剑水溞	Y							Y			

注：Y 代表检测出。

对于冬季采样，水生生物的种类和数量都会很大的下降，一般只能观察到比较大型的浮游动物如剑水溞类和秀体溞类。在 1 号、4 号、8 号、9 号采样点获得的浮游动物的种类较多主要是由于这些采样点都是每天的第一个采样点，在冬季取样浮游动植物网很容易结冰，影响取样的效果。因此每天的第一次取样会是受温度和恶劣条件影响最小的。

2.2.4.2 浮游植物群落组成及优势种属

经初步鉴定，呼伦湖的浮游植物种类主要包括蓝藻、绿藻和硅藻。其中以绿藻门和硅藻门的浮游植物为优势种，具体样点的检测结果见表 2.4。

表 2.4　　　　　　　　　　　　　　浮游植物样点检测结果

种　　类		样　　点										
		1	2	3	4	5	6	7	8	9	10	11
1. 蓝藻门	蓝纤维藻		Y			Y			Y		Y	
2. 绿藻门	衣藻	Y		Y			Y			Y		
	栅列藻		Y		Y				Y		Y	
	拟新月藻	Y	Y									
	弓形藻				Y						Y	
3. 硅藻门	脆杆藻	Y	Y		Y		Y		Y	Y		
	小环藻	Y							Y			

注：Y 代表检测出。

综上所述，呼伦湖的浮游植物种类都是比较耐污和易存活的，可见在呼伦湖湖区污染物的排入有加速浮游植物种类生长的作用，并使浮游植物种群向耐污种类的方向衍化。呼伦湖已有一些耐污品种出现，如原生动物中出现了放射太阳虫、纤毛虫等耐污品种；枝角类中直额裸腹蚤、多刺额裸腹蚤、长刺蚤、点滴尖额蚤、网纹蚤和短腹平直蚤在调查中没有发现。底栖动物中绝大多数物种已经消失，调查只发现了软体动物门的萝卜螺和旋螺。此外，冬季是湖泊生物种类和生物量最少的季节，只能在一定程度上反映出呼伦湖的水生态情况，如需准确地反映呼伦湖区浮游植物的衍化规律，全年和长期的检测很必要。

2.3　不同环境因素对藻类生长影响的试验研究——以乌梁素海为例

2.3.1　藻类生长的影响因子

藻类生长的影响因子有营养盐、水温、酸碱度、光照以及水体自身的水文条件等，且多为复合影响因子。

2.3.1.1　水温

水温对藻类生长的影响主要通过以下四个方面来实现。

（1）水温会影响水体中浮游藻类的个体大小。浮游藻类对于水温及其生长环境具有较强的适应力，Semina 在报告指出，暖水中的藻类多为个体较大的种类，而个体较小的种类则多现于冷水中。

（2）不同的水温在藻类细胞代谢过程中所发挥的调节作用不同。有研究表明，藻类的最大生长率介于 $0.4 \sim 2$ 代/天，当水体中的光照和营养盐等条件处于饱和状态时，在某一特定的温度范围内，温度每升高 $10\,\text{℃}$，藻类的生长率 Q_{10} 就上升一倍多。研究还发现藻体的表面积与体积的比值（SA/V）呈反比，即 SA/V 越大，Q_{10} 越小。研究还发现，不同门类的浮游植物拥有不同的最适生长温度。例如，硅藻的最适生长温度在 $15 \sim 35\,\text{℃}$ 之间，范围较宽；而蓝藻的最适生长温度范围则在 $25 \sim 35\,\text{℃}$ 之间。另有研究指出，黄藻、金藻的最适生长水温为 $14\sim18℃$，蓝藻为 $20\sim30℃$，绿藻为 $20\sim25℃$。

（3）水温的改变会诱发其他湖泊环境因子发生变化，并间接影响浮游藻类的生长。例如，浮游藻类种类的变化可能是由于浮游动物的生长，其摄食和活动能力发生了改变而引起的。

（4）温度对水体中藻类的数量和分布也有一定的影响。在较为平静的水体环境中，水体的分层可能会加速藻类的繁殖生长。这是由于随着水深的分布存在着温跃现象，即出现温跃层（上层的薄暖水层与下层的厚冰水层间出现水温急剧下降的层），例如，上层的薄暖水层多为喜温水的藻类，而温度较低的水层多为适宜冷水的藻种，进而导致不同的水层其藻类分布种类的不同。

2.3.1.2　光照

作为水生态系统中必不可少的资源之一，光照对藻类的影响不容小觑，主要体现在以下两个方面。

（1）光强的大小。在一定范围的光照强度内，光强越大，光合作用的速率也越大，当光合作用的速率上升到某一特定值之后，便开始减缓，直到达到光饱和，光合作用的速率便不再增加，甚至开始下降或停止，此时，水体中的藻类也表现出光抑制作用。瑞典的 Huisman 在对藻类进行光限制的单培养试验中发现：临界光强最高的是爪哇栅藻；小球藻则对光照表现出竞争优势，说明其有最低临界光强；其次是水华束丝藻和铜绿微囊藻，这说明藻类对光的需求具有种间差异性。通过查阅 Scheffer 的研究报告发现，在低光条件下蓝藻比其他藻类更具竞争优势，其中以颤藻为典型代表，其在低光照水体条件中的生长繁殖状况优于同条件下的其他藻类。与此同时，还发现某些蓝藻具有抵制光氧化的能力，对光照强度具有超高的耐受力。

（2）光照的起伏。由于水层的搅动和藻类的自身活动，浮游藻类所处环境的光照强度始终在不断变化。某些喜低光照藻类的生长可能会受到喜高光密度藻类的影响，这是因为喜高光密度的藻类可以调节自身的光合作用速率，使之达到最大，进而在短时间内充分利用高光强，使其自身在水层充分混合的水环境中成为优势藻。

2.3.1.3　酸碱度

有研究指出，在中性或弱碱性水中生活的藻类具有较强的生长潜力，且长势良好，而在酸性水体中生活的藻类其生长潜力较弱。水中的 CO_2 含量决定了水体的酸碱度，而 CO_2 的含量则受微生物、水温等多重因素的影响。在营养含量较高的水体中，生物过程决定了水中的 O_2 和 CO_2 的含量，因此，当水体中的藻类数量达到某一数量级时，其数量的多少和生命活动的旺盛程度会反作用于水体的酸碱度，甚至在一定程度上决定水体的酸碱度。另有学者研究指出，水体的 pH 值与藻类数量之间存呈良好的正相关。

2.3.1.4　营养盐

藻类的生长繁殖受营养盐影响，主要体现在下述两个方面。

（1）藻类的数量及种类结构与所处水体的营养含量有着密不可分的关系。水体的营养含量越高，藻种就越少甚至单一，数量则越大。反之，营养含量越低，藻类种类越多，数量却越少。与植物生长所需的无机营养物质相同，藻类在生长繁殖过程中需要大量的碳、氮、磷、氢、氧等元素。其中，碳源大多由 CO_2 提供，氮源则由氨氮和硝酸盐提供，磷源来自溶解性磷酸盐类，氢和氧则均来自于水。硫、锰、铜、氯、铁等其他金属元素是浮游藻类所需的微量元素，这些元素大都存在于水体中。在合适的水温、pH 值、光照和营养盐条件下，浮游藻类光合作用的总反应式为

$$106CO_2 + 16NO_3^- + HPO_4^{2-} + 12H_2O + 18H^+ + 能量$$
$$+ 微量元素 \rightarrow C_{106}H_{263}O_{110}N_{16}P(藻类原生质) + 138O_2 \tag{2.1}$$

从藻类的分子式中不难发现，氮、磷是所占重量百分比最小的两个元素。依据 Leibig 最小因子定律，在外界提供藻类生长所必需的养料中，其数量最少的一种决定了藻类的生长情况。所以，人们通常把氮和磷作为控制湖泊藻类生长的两个关键因素。在浅水型的封闭水体环境中，光照充足，氮的作用较活跃。而当水体中的氮元素含量缺乏时，水体周围环境中的亚硝态氮、硝态氮、氨氮及其他能固氮的微生物可作为补给源。另外，研究学者还发现磷酸盐含量与藻类的过度繁殖程度呈对应关系，通过研究含有过度繁殖藻类的水体，发现藻类自身会积累大量的磷酸盐。从浮游藻类对氮、磷的需求角度出发，磷元素对藻类生产力的限制作用较氮元素更为显著，因此，磷元素常被视作藻类生长的主要限制因素，氮是其次。

（2）在具体的环境条件下，藻类的生长与其水体中的氮磷营养盐比值有着一定的关系。从藻类的分子式中不难发现，临界氮磷原子比为 16∶1。理论上说，当氮磷比大于 16∶1 时，磷会成为藻类生长的限制因素，反之则认为氮是限制因素。但在实际应用中，可溶性的 NH_4^+、NO_3^- 和 PO_4^{3-} 才是为藻类生长提供所需氮、磷的真正主体，故而理论的氮磷原子比值并不实际。通过实验研究发现，要想使磷成为藻类生长的限制因素，氮磷比必须大于 10。Justic 和 Dortch 等人在总结前人的研究成果后，提出了一种新的营养盐限制标准：当 DIN（溶解无机氮）∶P（磷酸盐）＜10 且 Si（溶解无机硅）∶DIN＞1 时，溶解无机氮成为限制因素；当 Si∶P＞22 且 DIN∶P＞22 时，磷酸盐成为限制因素；当 Si∶P＜10 且 Si∶DIN＜1 时，溶解无机硅成为限制因素。然而，在实际操作中，若想确定浮游藻类生长的限制因素，则需要对比水体营养盐浓度与可能吸收的营养盐浓度。

2.3.1.5　水动力条件

调查研究表明，水体的水文条件会对藻类的生长情况产生影响，且藻类的生长与流速、流量、水位等均有不同程度的联系。例如，静止的水体利于蓝藻、绿藻的繁殖，而硅藻则在微流动的水体中生长旺盛。在滞留时间较长、流速较缓的水体中，藻类有充裕的生长繁殖时间，若遇适宜的营养盐条件，藻类会快速生长并繁殖。对于河道型水体，由于存在由静水到激流的过渡性变化规律，此规律在一定程度上决定了水体中的藻类数量及其群落结构的分布特征。通常，在流速小于 0.2m/s 的水体中，水体的相互交换作用减弱，进而导致浮游植物的大量增殖。通过对汉江流域进行研究发现：在相同的水体环境中，流速慢的区域，水流量小，藻类密度高，生长繁殖速度快；而在流速大的区域，其水流量也大，藻类的生长密度则较低。

2.3.1.6　生物因子

1. 大型水生植物

在生态学中，大型水生植物指的是一个类群，是不同类群植物在水环境中经过长期的适应后所形成的趋同性适应类型。这种类群主要包含高等藻类和水生维管束植物。大型水

生植物具有生物量大、密集丛生、植株高大等特点，当其生活在浅水型湖泊中，易吸收水体中的氮、磷、碳等营养元素，带动并促进湖泊中的物质循环，在人工收获的同时会将大型水生植物自身的氮磷带出水体，从而减少水体的营养负荷，因此，大型水生植物常常被作为建立良好湖泊生态系统的主要基础。目前被广泛使用的湖泊富营养化治理技术之一就是对大型水生植物进行恢复与利用。水生植物的恢复不仅可以减弱水体的搅动强度，还可以有效地抑制水体沉积物界面的再悬浮，进而促进有利于湖泊等静水环境的快速形成。浅水型湖泊占据了我国湖泊的半壁江山，但其自身的污染负荷能力较低，从而更易引起水体的富营养化。大型水生植物会对湖泊生态系统的生物学和物理化学特性产生重要的影响。水体中的大型水生植物会使水体具备较强的自净能力，当其遭到破坏时，湖泊水体的自净能力也会下降，从而导致富营养化程度加剧。

藻类与大型水生植物生活在同一生态系统中，且两者均是水体的初级生产者，故而在光照、营养盐和生活空间等方面都呈现激烈的竞争关系。首先，大型水生植物不仅能够大量吸收水中的氮，还可以快速吸收水体及其沉积物中的营养物质。其次，在长有挺水植物的水域中，其水中的光照强度会深受影响，这会对喜强光照和较高水温的蓝藻生长产生不利影响。

通常，在无大型水生植物的水域中，蓝藻多为优势藻；而在大型水生植物旺盛生长的水体中，硅藻和绿藻则成为优势藻。除此之外，某些大型水生植物，如轮藻、香蒲等会释放出抑制浮游藻类生长的物质。另外，大型水生植物还会成为浮游动物的庇护所，并间接影响藻类的生长繁殖。这说明大型水生植物的生长会影响其水体中藻类的分布情况。

2. 鱼类

鱼类不仅是影响藻类群落的主要因素之一，也是湖泊生态系统中的重要组成部分。我国湖泊放养的鱼类通常可分为三类：①草食性鱼类，如草鱼（Ctenopharyngodon idellus）；②滤食性鱼类，如鳙（Aristichtys nobilis）、鲢（Hypophthalmichthys molitrix）；③杂食性或肉食性鱼类，如鲤鱼（Cyprinuscarpio）、鲈鱼（Lateolabrax japonicus）。

传统的湖沼学研究顺序为"上行效应"（Bottom-up），即，化学和物理因素→藻类→浮游动物→鱼类。与此相反的途径为"下行效应"（Top-down），在近 20 年来，下行效应已成为国际湖沼学领域研究的热点之一，研究内容为鱼类对生态系统功能和结构的影响；研究重点为浮游生物食性的鱼类如何通过影响浮游生物来间接影响水体水质。

鱼类和浮游藻类分别居于食物链的两端，鱼类对浮游藻类的种群结构和数量的影响较为复杂。只有滤食性的植食性鱼类才会对浮游藻类产生直接的影响，滤食性鱼类对浮游藻类和浮游动物均有滤食作用。肉食性鱼类会通过对浮游动物的选择性摄食来缓解浮游动物对浮游藻类的捕食压力，从而间接影响浮游藻类的种群结构。而某些草鱼可将大型水生植物体内的有机物转化成更易被藻类吸收的无机物，以此促进水体中营养盐的循环和底质中氮、磷的释放速率，从而为藻类的生长繁殖提供有利条件。

3. 浮游动物

浮游动物严重制约着藻类的生长繁殖。原生动物（Protozoa）、轮虫（Rotifera）、桡足类（Copepoda）和枝角类（Cladocera）均属浮游动物，其中原生动物主食浮游藻类和细菌，是重要的食藻者类群。一方面，由于原生动物对藻类的捕食促进了水体中的有机物质循环，从而加速藻类的生长；另一方面，原生动物对藻类的捕食又在一定程度上削弱了水体中的藻类生物量。浮游动物对藻类的捕食作用所导致的直接结果是：藻类的丰度会随浮游动物的增加而下降；而基于浮游动物的捕食压力，藻类自身也会通过一系列的反捕食行为来争取其在与浮游动物竞争中的有利地位。例如，有些藻类会通过调节自身浮力、分泌黏性物质来降低竞争中所消耗的能量，有些浮游藻类则会形成大型多细胞群落（如微囊藻属）来加大捕食者对其食用难度。

综上所述，由于受"上行效应"和"下行效应"的双重影响，浮游藻类的水体环境变化会直接影响其数量、群落结构及分布情况。然而，这些因素又相互作用，相互关联，因此有必要对其进行交叉研究和综合分析。

2.3.1.7 其他因子

其他条件，如泥沙含量等，对藻类的生长也有一定的影响。研究发现，微浑浊的水体会促进硅藻的生长，有悬浮物的浑浊水体最不适宜蓝藻的生长，若水体过于浑浊，则会抑制水体中所有藻类的生长繁殖。就水库而言，水体中的藻类会因地表径流和流域地质带来的外源性营养盐的季节性差异而发生变化。

2.3.2 温度对藻类生长影响的研究

在初始营养盐浓度、光照相同的条件下，通过改变温度来进行室内模拟实验，以研究静态条件下浮游藻类在不同温度条件下生长、繁殖的变化规律。实验用水全部取自乌梁素海，水样静置 24h 后用于试验。将水样分装于经 120℃ 高温灭菌的 1000mL 的锥形瓶中。将锥形瓶放于光照培养箱中，设置培养箱光照强度为 2500lux，温度分别设置为 5℃、15℃、25℃、30℃，光暗比为 12h：12h。连续八天监测浮游藻类数量，装入瓶中水样的当天记为第 1 天，隔天监测一次营养盐浓度。每天定时摇动水样三次，设置两组平行水样。因原始水样中营养盐浓度较大，故本研究中未添加任何营养元素。表 2.5 为原水样中各指标参数。

表 2.5　　　　　　　　　　　　　乌梁素海原水水质参数

水温 /℃	pH 值	SD /m	TP/(mg·L^{-1})	TN/ (mg·L^{-1})	藻细胞密度/ (10^{7}cells·L^{-1})	优势藻门类
21.8	8.54	0.82	0.695	3.674	5.1	绿藻门

2.3.2.1 同温度条件下藻类数量及种属的变化情况

由图 2.25 可以看出，第 2 天不同水温下的藻类数量均略有下降，可能是因为部分藻类生长不适应环境而衰亡。水温在 5℃、30℃ 条件下，藻类生长非常缓慢，基本处于平缓期；15℃ 下水体中藻类的生长能力增强，数量变化较明显；水温在 25℃ 条件下长势最好，在第 4 天藻类进入对数生长期，第 5 天数量达到最大，为 7.6×10^7 cell/L，之后数量略有下降。

在培养期内发现的藻类门类有硅藻、

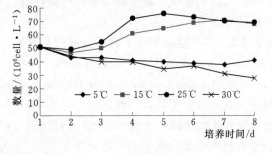

图 2.25　温度对浮游藻类数量的影响

绿藻、蓝藻、裸藻、金藻，其中以绿藻门和硅藻门为主。水温在5℃条件下，硅藻门生长较好，种类也较多，有小环藻、直链藻、平板藻、菱形藻、杆藻、茧形藻，其中优势种为小环藻和茧形藻，数量分别为 2.1×10^{7} cell/L、1.3×10^{7} cell/L；蓝藻门只观察到了色球藻和蓝纤维藻，且只在培养初期出现过；观察到的绿藻门种属有空星藻、鼓藻、栅列藻、小球藻和卵囊藻。15℃条件下蓝藻的种类比低温条件下丰富（表2.6），有颤藻、色球藻、尖头藻属、鱼腥藻，而且生长稳定，在培养期内一直都能观察到，其中鱼腥藻为优势属；相对于低温环境下绿藻种属的变化不大；硅藻的种类有所减少，观察到的有小环藻、直链藻和菱形藻，由此表明低温环境下不利于蓝藻的繁殖，而硅藻的多数种属喜低温，能够在低温环境下生长较好。25℃条件下出现了蓝藻门的席藻和项圈藻，颤藻和项圈藻为优势种，数量分别为 1.1×10^{7} cell/L、4.0×10^{7} cell/L；绿藻门处于优势种的是空星藻，数量为 1.5×10^{7} cell/L。30℃条件下一直处于优势种的是绿藻门的斜生栅列藻和尖细栅列藻。试验中25℃条件下检出的藻类优势种属与2013年夏季检出的优势种属相近，而15℃条件接近秋季的温度（16.16℃），同样符合秋季蓝藻数量大成为优势藻的结果。

表2.6 不同温度条件下藻类种属的变化情况

种类 \ 温度	5℃	15℃	25℃	30℃
硅藻	小环藻、直链藻、平板藻、菱形藻、杆藻、茧形藻	小环藻、直链藻、菱形藻	小环藻、平板藻、舟形藻	小环藻、茧形藻、杆藻
绿藻	空星藻、鼓藻、栅列藻、小球藻、卵囊藻、螺旋纤维藻	空星藻、栅列藻、小球藻、卵囊藻、十字藻	空星藻、栅列藻、小球藻、卵囊藻、衣藻、月牙藻、十字藻、四角藻	空星藻、栅列藻、四角藻、弓形藻
蓝藻	色球藻、镰形纤维藻	颤藻、色球藻、腔球藻、尖头藻属、鱼腥藻	颤藻、色球藻、尖头藻属、鱼腥藻、席藻、项圈藻	颤藻、席藻、项圈藻、色球藻
其他	黄群藻（初期）	裸藻	裸藻	—

由表2.6可以看出，绿藻门的栅列藻与硅藻门的小环藻属于广温性种，在各温度范围内均可以生长，说明适合这两种藻的生长温度范围较大，且具有一定的抗寒及抗高温能力。硅藻只有在5℃条件下种类较多，虽然在后几种温度条件下也有出现，但种类和数量都不及蓝藻和绿藻，说明硅藻喜在低温环境下生长。这也与冬季检出的硅藻种类、数量较多的结果相符合。

2.3.2.2 不同温度条件下营养盐的变化情况

1. 不同温度下总氮、氨氮的变化

由图2.26和图2.27可以看出总氮、氨氮的浓度呈现出先下降后略有上升的趋势，这与藻类数量的变化规律一致。25℃条件下，两者的浓度变化趋势最为明显，在第5天藻类数量达到最大值时，两者的浓度降到最低，说明藻类生长繁殖时吸收一部分氮，而且藻类的生长速率与氮的吸收成正比。但在5℃、30℃条件下，氨氮的变化趋势与藻类数量的变化不太相关，这说明藻类对氨氮的吸收受温度的影响，再者说明氨氮不是藻类生长的主要限制因素。氮的形态有很多种，藻类生长时主要吸收哪种形态的氮，还有待进一步的研究。

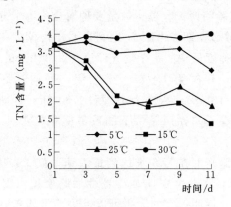

图 2.26 不同温度条件下 TN 的变化

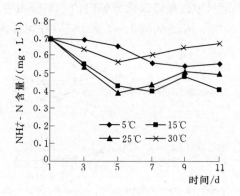

图 2.27 不同温度条件下 $NH_4^+ - N$ 的变化

2. 不同温度下总磷的变化

图 2.28 所示为不同温度下总磷的变化情况。实验初期，部分藻类由于不适应环境而衰亡，释放一部分营养盐，从而使水体中营养盐浓度升高。随着藻类对环境的适应，实验中期藻类生长较为旺盛，消耗了一部分营养盐，营养盐浓度随之降低。由图 2.25、图 2.26、图 2.28 中可以看出氮磷的变化趋势与藻类数量的变化趋势一致，随着数量的升高而降低，表明藻类的数量与总氮、总磷的吸收成反比。从图

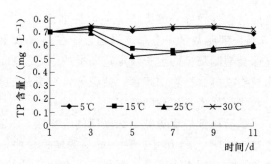

图 2.28 不同温度条件下 TP 的变化

2.26、图 2.27、图 2.28 中可以看出，总氮、氨氮的变化趋势比总磷的变化明显，说明藻类生长时对氮的吸收大于对磷的吸收。

2.3.3 光照对藻类生长影响的研究

在初始温度、营养盐浓度相同的条件下，通过改变光照强度来进行室内模拟实验，以研究静态条件下浮游藻类在不同光照条件下生长、繁殖的变化规律。将原始水样分装于经120℃高温灭菌的 1000mL 的锥形瓶中，试验所用水样与温度组试验的水样取自同一时间、同一个样点。将锥形瓶放于能够充分接触光照的窗台上用透明的塑料薄膜来调节光照强度，分别用 2 层、4 层、6 层塑料薄膜来包裹锥形瓶，另外设置全光、无光照共 5 组不同光照强度的试验，其中全光照组不包裹塑料膜，无光照组用黑色塑料薄膜包裹，用照度计测定确定为不透光。分别将其编号为 L1（2 层）、L2（4 层）、L3（6 层）、L4（全光）、L5（无光）试验在室温下进行，测得当时室温为（23±2）℃，正午 12 时的平均光照强度为 12173lux，测得 L1 的实际平均光照度为 9739lux、L2 为 7304lux、L3 为 4870lux。连续 8 天监测浮游藻类数量，装入瓶中水样的当天记为第 1 天，每隔一天监测一次营养盐浓度。每天定时摇动水样 3 次，设置 1 组平行水样。因原始水样中营养盐浓度较大，故本研

究中未添加任何营养元素。

2.3.3.1　不同光照条件下藻类数量及种属的变化情况

原水中的优势藻以绿藻门的空星藻为主。实验前两天，藻类数量及种属变化不十分明显，实验的第3天除L5（无光组）外均进入对数增长期，由图2.29可以看出，藻细胞生

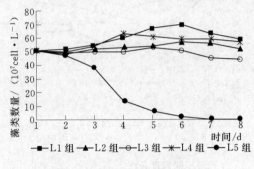

图2.29　光照对藻类数量的影响

长速度最快的是平均光照度为9739lux的L1组，其次为L4组（全光组，平均光照为12173lux），再次为L2组（7304lux），即藻类在不同光照条件下的数量变化趋势为L1组＞L4组＞L2组＞L3组＞L5组。L1组藻细胞密度在第6天达到最大值，而L4组在第4天就达到顶峰，之后细胞密度开始减少；说明适宜的光强可以促进藻类增殖，而高强度的光照可以加快藻类繁殖的进程，但是藻类增殖的时间不同，长时间受到高强度

光照射会导致部分藻类不适应而提前衰亡。L2组藻细胞数量一直保持缓慢增长的趋势；L5组藻细胞数量一直呈下降趋势，在第6天出现藻体发黄白且沉底现象，表明完全没有光照会抑制藻类的生长，加速藻类的衰亡。由此可以考虑在富营养化的湖泊、水库种植浮水植物或挺水植物如睡莲、荷花等，在炎热的夏季用其叶子来遮光，防止藻类加速繁殖，对水华的暴发起到预防作用。

试验初期的优势藻为绿藻门的空星藻，其次为尖细栅藻。试验过程中硅藻门的种类迅速减少，L1、L4组中蓝藻、绿藻的增长较快，尤其是蓝藻门的颤藻属、念珠藻、腔球藻增长很快，因为大部分蓝藻具有垂直迁移的特性。原水中未检出镰形纤维藻、月牙藻属，在试验后期检出了这两种藻。其他藻类生长缓慢，如空星藻虽然在试验后期也有检出，但是数量上不占优势。L5组在衰亡阶段（第6天）只检出了平裂藻。以上现象表明蓝藻的加速繁殖抑制了其他藻类的生长，尤其是原来优势藻空星藻的生长，再者蓝藻仅需较少的能量就可以维持其正常细胞结构及功能活动，所以它在低光照条件下仍可以比其他藻类具有更高的生长速率。

2.3.3.2　不同光照条件下营养盐的变化情况

1. 不同光照下总氮、氨氮的变化

初始水体中总氮的浓度为3.674mg/L，氨氮浓度为0.694mg/L。实验过程中总氮、氨氮浓度随时间的变化如图2.30、图2.31所示。从图2.30、图2.31中可以看出，总氮、氨氮浓度的变化趋势与浮游藻类的生长密切相关，随着藻类的生长，消耗营养盐，其浓度下降。全部遮光的L5组总氮、氨氮变化较小，都是在实验后期略有上升，可能是由于藻体死亡释放部分营养盐所致；L1组两种氮下降最明显，其次是L4组，都

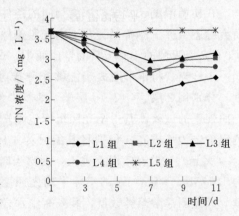

图2.30　不同光照条件下TN的变化

是在第 7 天之前下降，第 7 天降至最低，此时总氮、氨氮浓度分别为 2.185mg/L、0.434mg/L，之后略有上升。表明蓝藻生长时具有固氮作用，需要消耗大量的氮为其生长提供能量。

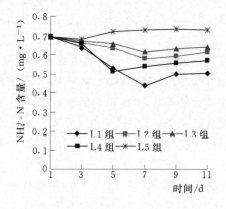

图 2.31　不同光照条件下 $NH_4^+ - N$ 的变化

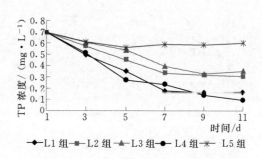

图 2.32　不同光照条件下 TP 的变化

2. 不同光照下总磷的变化

从图 2.32 中可以看出总磷的变化趋势与总氮、氨氮不太一致，总体都表现为逐渐下降。L4 组在第 5 天下降的趋势较 L1 组快，这与藻类数量的变化、总氮的变化一致，但实验后期总磷的上升趋势较 L1 快。L1 组的总磷含量在第 7 天降到最低，由初始浓度 0.695mg/L 下降为 0.18mg/L。L5 组的总磷含量在第 5 天前略有下降，之后开始又略微升高，其原因同样与藻体的衰亡有关。

2.3.4　营养盐对藻类生长影响的研究

日本学者坂本曾指出，当湖水的总氮和总磷浓度的比值在 10∶1～25∶1 的范围时，藻类的生长与氮、磷浓度存在着直线相关关系。另一位日本湖沼专家合田健提出，湖水总氮与总磷的浓度比为 12∶1～13∶1 时，最适宜藻类增殖。若总氮与总磷浓度之比小于此值时则藻类增殖可能受到影响。我国学者对武汉东湖水质富营养化演变过程的研究中发现，湖水中氮、磷浓度比值范围在 11.8∶1～15.5∶1 之间，平均值为 12∶1。杭州西湖水体中氮、磷浓度平均比值也为 12∶1。太湖水体中的氮、磷含量达到恰当的比值（氮浓度为磷的 15～20 倍）及水温较高时，是蓝藻生长和繁殖的最佳条件。

在相同的光照、温度条件下，可以通过改变水体中营养盐的浓度，来探讨藻类在不同氮磷条件下生长、繁殖的变化规律。实验用水取自乌梁素海样点 N13，将水样分别放置于 1000mL 已灭菌的锥形瓶中，实验期间设置温度为 20℃，光照强度为 3500lux，光暗比为 12h∶12h。本研究使用硝酸钾作为氮盐、磷酸二氢钾作为磷盐添加。根据分析乌梁素海水体中近 3 年的氮磷浓度比最高值为 23∶1，本实验设定了 5 组不同的氮磷浓度比，分别为对照组原水（不添加营养盐）、5∶1、15∶1、25∶1、1∶2，将水样分别标号为 A0、A1、A2、A3、A4，实验为一次性培养，实验期间不再添加任何营养元素。投加营养盐的当天记为第 1 天，连续 8 天监测水样藻类数量，隔天监测水质指标的变化，每天定时摇动水样 3 次，设置 2 组平行水样。

2.3.4.1　不同氮磷浓度下藻类数量及种属的变化情况

1. 藻类数量的变化

不同氮磷比对藻类数量的影响见图 2.33。可以看出，A2 组（N∶P 为 15∶1）藻类生长状态最好，实验的第 2 天 A1（N∶P 比为 5∶1）、A2（N∶P 为 15∶1）组即进入对数增长期，A2 组水样中藻细胞数量增幅最大，其指数生长期较短，第 3 天细胞密度就达到最大值，随后藻细胞数量开始下降。A1 组指数生长期较 A2 长，在第 5 天数量达到最大值。表明适宜的氮、磷浓度促进乌梁素海藻类的生长。A0（原水）组细胞数量在实验前 4 天略微增长，从第 5 天开始下降，之后趋于稳定。说明不添加营养盐情况下，藻类利用原水中的营养盐浓度也能生长，只是细胞数量仅在开始几天有

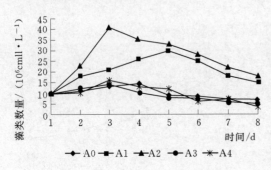

图 2.33　不同氮磷比下藻类数量的变化

少量的增长，随后数量开始下降，部分藻体死亡，从而使藻类生长趋于稳定。A3（N∶P 为 25∶1）组、A4（N∶P 为 1∶2）组变化幅度类似于 A0 组，A3 组藻类细胞密度从第 3 天开始一直低于 A0 组，表明高浓度的氮、磷都会抑制藻类的生长，符合 Redfield 定律，即藻类健康生长及生理平衡所需的 N∶P 一般为 16∶1。

以上实验结果表明营养盐对乌梁素海浮游藻类的生长影响很大，适宜的氮、磷比促进藻类的生长，氮、磷浓度过高会抑制藻类的生长。由图 2.33 可以看出，受氮磷比的影响，乌梁素海藻类细胞密度有明显的变化，表现为 15∶1＞5∶1＞25∶1＞1∶2＞原水，同时可以看出，N∶P 为 15∶1 时，藻类数量在第 3 天达到最大值 4.1×10^7 cell/L，是原水条件下同一时期的 3 倍多。通过不同氮、磷浓度对藻类生长的影响，发现乌梁素海浮游藻类对氮的依赖性大于对磷的依赖性。

2. 藻类种属的变化

研究期间共鉴定出浮游藻类 4 门 28 属 47 种。其中，绿藻门 14 属 24 种，硅藻门 6 属 12 种，蓝藻门 7 属 10 种，裸藻门 1 属 1 种。原始水样中优势种为硅藻门的小环藻和绿藻门的斜生栅列藻。实验初期（1～3d）各组种属变化不大，都是以小环藻 [图 2.34 (a)] 和斜生栅列藻 [图 2.34 (b)] 为主，随着实验的进行，各组的种属有所变化，第 4 天时 A2 组（15∶1）中种类数显著增多，出现了鼓藻 [图 2.34 (c)]、尖细栅列藻 [图 2.34 (d)]、四尾栅藻 [S. quadricauda 图 2.34 (e)]、二尾栅藻 [S. bicaudatus 图 2.34 (f)]、蹄形藻、四角藻 [图 2.34 (g)]、十字藻 [图 2.34 (h)]、平裂藻 [图 2.34 (i)]，小环藻属不再是优势种，优势种演变为栅列藻属的斜生栅列藻和尖细栅列藻；A1 组（5∶1）中出现了菱形藻、空星藻，菱形藻、栅列藻为优势种，这与 Suttle 研究结果相近；A3（25∶1）组中出现了颤藻、平裂藻、盘星藻 [图 2.34 (j)]、衣藻 [图 2.34 (k)]、月牙藻 [图 2.34 (l)]，优势种变为颤藻、栅列藻和小球藻 [图 2.34 (m)]；第 6 天 A3 组中出现了鱼腥藻 [图 2.34 (n)] 和裸藻，A4 组中也观察到了平裂藻，且为优势种；第 8 天时，A0 组中只观察到了小环藻和杆藻。研究结果表明，经过室内培养后，检出的绿藻、

蓝藻种属数有所上升，硅藻门种属数变化不大。其中，A2组的种属类增加最多，其次是A1组，主要增加的是绿藻的种属；A3组中增加的主要是蓝藻；整个实验期间，A0、A4组种属变化不是很大，但是种类数在减少。这表明低N：P组（5：1）、中N：P（15：1）组适宜绿藻的生长，高N：P组（25：1）适宜蓝藻的生长，硅藻的生长在本实验中与氮磷的相关性不是很明显。

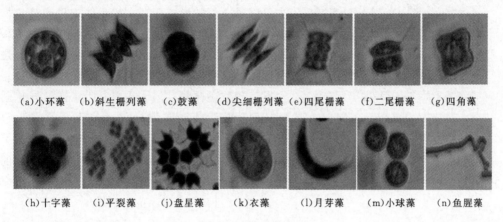

(a)小环藻　(b)斜生栅列藻　(c)鼓藻　(d)尖细栅列藻　(e)四尾栅藻　(f)二尾栅藻　(g)四角藻

(h)十字藻　(i)平裂藻　(j)盘星藻　(k)衣藻　(l)月芽藻　(m)小球藻　(n)鱼腥藻

图2.34　不同的藻类

2.3.4.2　营养盐的变化

1. 不同形态氮含量的变化

图2.35所示为不同氮磷比对水样中总氮含量的变化，实验初期水样总氮含量除A3外都呈下降的趋势，5：1和15：1水样中总氮含量下降最快，这是因为在这一时期氮营养盐部分转化为藻类可以吸收的氮，藻类数量不断地增长，消耗了水体中的氮，而A1和A2组水样中藻类数量增加最多，所以总氮下降的速率最快。此后水样中的总氮含量开始上升，由藻类数量变化得出此间段藻类开始死亡，向水中释放了一部分氮，使得水样中总氮的含量升高。之后，A2、A3组和A4组的水样中总氮含量一直在升高，说明这短时间内水样中的藻类一直在减少，向水体中释放氮。实验后期A0、A1组水样中总氮含量有部分下降，说明此时水样中的营养盐浓度仍适合部分藻类的生长，有部分藻类的数量又开始增长，消耗水中的氮营养盐。A3组中总

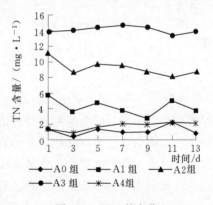

图2.35　TN的变化

氮含量的变化不是特别明显，只在实验初期水样中的总氮有少部分的下降，之后基本处于上升状态，可能是由于氮的浓度过高不利于绿藻、硅藻的生长，而只有利于固氮蓝细菌的生长，由于蓝藻数量有限，消耗的氮含量也有限。

从图2.36中可以看出，氨氮的变化趋势也与藻类数量的变化趋势一致，变化趋势较总氮明显。实验前3天藻类细胞密度增加，氨氮含量降低，其中A0组氨氮含量下降的最明显，主要是因为低氮条件下，浮游藻类优先吸收氨氮，即氨氮成为藻类利用氮的主要形

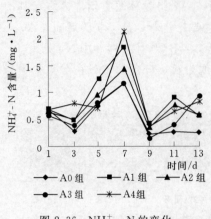

图 2.36　$NH_4^+ - N$ 的变化

式。其次是 A3 组，这主要是由于高氮环境下适合蓝藻的生长，再次说明蓝藻固氮时优先吸收氨氮。

图 2.37 所示为 N∶P＝15∶1 条件下，氨氮、硝氮、亚硝氮的变化情况。从图中可以看出，硝态氮的含量较高，主要是由于投加的氮盐为硝酸钾，主要以硝态氮的形式存在，故水体中硝态氮含量较高；亚硝氮的含量很低，其变化范围在 0.028～0.114mg/L 之间，前 7 天亚硝氮、氨氮含量都是略有增加，这是因为绿藻门的栅列藻体（优势种）内含有亚硝酸还原酶，藻体体内发生了产铵异化硝酸盐还原反应，将硝态氮异化还原为氨氮或亚硝氮。亚硝氮变化趋势比较平缓，表明亚硝态氮不是

藻类优先利用的氮源。有研究表明，蓝藻偏好吸收氨氮，而绿藻则在硝态氮含量较高的水体中成为优势种群。与 A2 组中绿藻占优势的结果相符合。

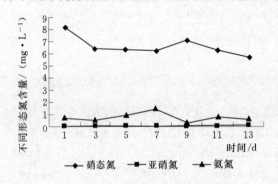

图 2.37　A2 组三种形态氮的变化

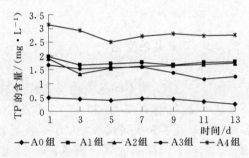

图 2.38　TP 的变化

2. 总磷的变化

从图 2.38 中可以看出，总磷的变化趋势基本上与藻类数量的变化趋势一致，随着数量的增加而降低，随数量的减少而增高。实验初期水样中总磷含量都不同程度的下降，说明添加的磷营养盐可以转化为藻类直接利用的磷源，藻类的生长消耗了水体中磷，从而使得总磷含量下降。与藻类细胞数量变化一致，可以看出 A2 组下降的最明显，其次为 A1 组。从第 3 天以后总磷含量略微上升，是由于实验中期有部分藻类死亡释放了一部分磷。A4 组为加磷营养盐最多的水样，故磷含量最高。

2.3.5　水动力条件对藻类生长影响的研究

采水器和取样瓶均为聚乙烯材料，且确保采样过程中没有混入对藻类生长有抑制或刺激等作用的物质，并于 4h 内将水样运回实验室，测定水样的营养盐浓度、水质参数等相关指标。根据乌梁素海的水动力情况设定 6 个不同的流速，在实验室用 6 个室内模拟流速装置，模拟所设定的各个流速，各装置参数见表 2.7。将水倒入装置内，开始试验。室内温度在 18～23℃之间，试验期间，隔天上午 8∶00 采样，测定各项指标。试验初始条件如其他参数如表 2.8 所示。

表 2.7		各组装置参数一览表				
装置编号	流速 /(m·s^{-1})	管长/ cm	泵功率/ W	泵数量/个	孔口类型	泵功率档
0	0.000	60	—	0	—	—
1	0.003	60	6.5	2	大孔	小
2	0.022	60	6.5	2	无孔	小
3	0.056	60	2.5	4	大孔	小
4	0.088	80	6.5	2	无孔	大
5	0.130	80	6.5	4	小孔	大

表 2.8			试验初始条件及其他参数				
藻类数量/ (10^{4}cell·mL^{-1})	Chla/ (μg·L^{-1})	TN/ (mg·L^{-1})	TP/ (mg·L^{-1})	COD/ (mg·L^{-1})	pH 值	DO/ (mg·L^{-1})	电导率 (mS·cm^{-1})
9.26	12.29	1.792	0.0407	151.5	8.41	5.02	3.58

2.3.5.1 不同流速下叶绿素浓度和藻类数量的变化

叶绿素是植物在进行光合作用时的重要光合色素。浮游藻类中的叶绿素常分为叶绿素 a、b、c 三种。藻类中叶绿素 a 的含量较高,所以常将水体中叶绿素 a 的含量作为衡量藻类现存量的一个重要指示指标,简称叶绿素浓度(Chla)。藻类在富营养化水体中会大量生长繁殖,其水体中的叶绿素浓度在一定程度上也可以反映出水体的富营养化状态及程度。不同流速下藻类数量和叶绿素浓度的变化曲线分别如图 2.39 和图 2.40 所示。

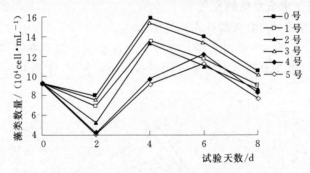

图 2.39 不同流速下藻类数量的变化曲线

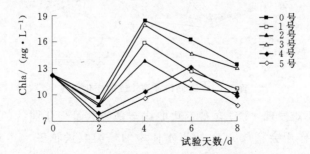

图 2.40 不同流速下叶绿素浓度的变化曲线

由试验结果可以得到如下结论:

(1) 同一流速下的叶绿素浓度和藻类数量变化趋势相同,因此可以通过测定叶绿素浓度来衡量水体中的藻类数量从而减少繁琐的藻类计数工作。

(2) 不同流速下的叶绿素浓度和藻类数量的变化趋势均相同,都是先下降后上升再下降。可将藻类的整个生长过程分为四个阶段:①在试验的最初 2d,由于藻类的生活环境被改变,藻类细胞处于适应阶段,其生长和繁殖现象停滞,表现为叶绿素浓度和藻类数量下降,这是藻类生长的迟缓期;②随着试验的进行,藻类已经适应所处的水体环境,开始迅速生长繁殖,这是藻类的对数生长期;③之后进入藻类生长的稳定期,即藻类死亡数量与新生数量基本吻合,藻类数量达到最大;④后期由于水体中的营养物质供不应求,加之藻类细胞代谢产物的积累,水体环境不再适宜藻类的生长,藻类细胞开始大量死亡,即衰亡期。

(3) 不同流速条件下藻类的生长情况虽然不尽相同,但均可以从藻类数量上看出其明显的四个生长阶段。在经历了 4d 的适应期后,0 号、1 号、2 号、3 号试验组的藻类均进入生长的稳定期;而 4 号和 5 号则在试验的第 6 天才进入稳定期。由此说明流速条件的改变不仅会影响藻类进入各生长阶段的时间,还会改变各生长阶段所持续的时间。

(4) 在不同流速条件下,流速对藻类生长的影响程度不同,且不是呈简单的反比或正比关系。本试验证明存在一特殊流速,即随着流速的增大,流速对藻类生长的抑制作用越大,但在 0.056m/s 附近的流速则会促进藻类的生长,可能是由于该流速能够促进藻类对营养物质的摄入量,提高藻类的光合作用和繁殖速率,因此水华极有可能发生在该种流速条件的水体中。

2.3.5.2 不同流速下水质参数的变化

1. 不同流速水体中的 DO(溶解氧)的变化

DO 是水体与大气交换平衡以及经化学和生化反应后,溶解在水体中的氧。DO 主要受藻类的光合作用,以及水生生物的呼吸作用等影响。图 2.41 所示为不同流速下 DO 的变化曲线。

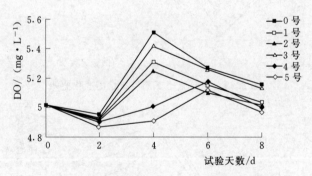

图 2.41　不同流速下 DO 的变化曲线

对比图 2.39 不难发现,DO 含量变化曲线与藻类数量变化曲线的变化趋势一致。这是由于藻类的光合作用会释放 O_2,所以水体中的藻类数量越多,其 DO 的含量就越大,反之亦然。

2. 不同流速水体中的 pH 值的变化

可溶性无机碳以 CO_2、H_2CO_3、HCO_3^-、CO_3^{2-} 等形态存在于水体中，其化学平衡关系式见式（2.2）。藻类的光合作用是将 CO_2 转化为 O_2 的过程，依照式（2.2）可知，CO_2 会促进 H^+ 的产生，H^+ 会与水中的酸根离子反应生成酸性物质，从而导致水体的 pH 值下降。因此，水体的 pH 值与藻类的生长有着密切的关系。

$$CO_2 + H_2O = H_2CO_3 = H^+ + HCO_3^- = 2H^+ + CO_3^{2-} \qquad (2.2)$$

如图 2.42 所示，试验中水体的 pH 值变化不大，均维持在 8.1～8.7 之间，呈弱碱性。有研究指出 pH 值在 8.5 左右最适宜藻类的生长，且该种条件下的水体 pH 值主要受控于水中的 CO_2 含量，这是由于碱性水体常具有较高的生产力，容易捕获空气中的 CO_2，其造成的直接结果就是 CO_2 含量越高，生成的酸性物质越多，水体的 pH 值越小。同时，伴随着浮游藻类的光合作用，藻类数量越多，水中的 O_2 含量越多，CO_2 越少，故而 pH 值越大；反之同样成立。所以本次试验中的 pH 值变化曲线与 Chla 和 DO 含量变化曲线相似。

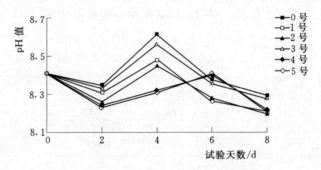

图 2.42 不同流速下 pH 值的变化曲线

3. 不同流速水体中的电导率的变化

从图 2.43 中不难发现，不同流速下电导率的变化无明显规律，随着流速的增大，电导率可大可小。

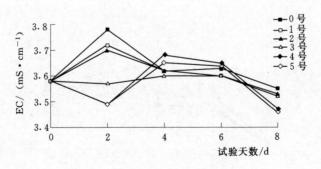

图 2.43 不同流速下电导率的变化曲线

这是由于水体中的电导率不仅可以反映水体导电能力的大小，也可以反映水体的受污染程度。电导率越大，水体的导电能力越大，反之亦然，超纯水几乎没有导电能力；而水体受污染程度越高，其导电率也越大。而本试验中，水中的浮游植物和浮游动物也在一定程度上影响了水体的电导率。

2.3.5.3 不同流速下营养盐浓度的变化

藻类植物是在叶绿体中进行光合作用的，而叶绿体的主要构成元素是氮。氮在水体中有 N_2、NH_3-N、NO_3-N、NO_2-N、有机氮这五种存在形态，统称为总氮。而藻类只吸收利用无机态氮，其他未被藻类吸收的氮则会参与水体中的氮循环。

研究证明，水体中主要是 NH_3-N 和尿素的快速循环为藻类提供氮营养物，因此藻类优先利用 NH_3-N，且对 NH_3-N 的吸收率也最高，同时，NH_3-N 的存在还会抑制藻类对 NO_3-N 的吸收。下面着重介绍无机态氮中的 NH_3-N 在不同流速水体中的变化情况。

1. 不同流速水体中 NH_3-N 含量变化分析

不同流速水体中的 NH_3-N 的变化曲线如图 2.44 所示。试验结果较好地验证了藻类在生长过程中主要吸收总氮中的氨氮的结构。因此水体中的 NH_3-N 浓度变化与叶绿素含量变化完全相反，这说明氨态氮最易被藻类细胞吸收，因为与其他形态的氮相比，藻类细胞吸收氨态氮所消耗的能量最少，而其他形态的氮则需要一个还原过程才能被藻类细胞吸收。因此，可以通过控制氨氮含量来间接控制水体中的藻类数量。

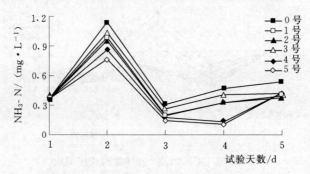

图 2.44 不同流速下 NH_3-N 的变化曲线

2. 不同流速水体中 TN 含量变化分析

不同流速水体中的 TN 的变化曲线如图 2.45 所示。

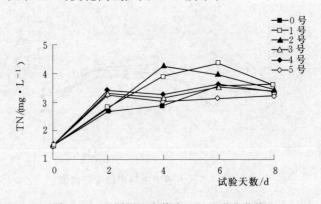

图 2.45 不同流速水体中 TN 的变化曲线

由图 2.45 可以得到如下结论：

（1）在试验开始的最初两天，即藻类的适应期，水体中的 TN 均呈上升趋势，这是由于此时的藻类细胞死亡数量大于新生数量，藻类死亡后其体内的氮被释放并进入水体，从而导致水体中的 TN 浓度上升，这一阶段的藻类数量与 TN 含量呈负相关。

（2）随着试验的进行，TN 含量的变化并无明显的规律可循，对比图 2.45 和图 2.46 可以发现，NH_3-N 占 TN 含量的 30% 左右，以其他形态存在的氮则占据了 TN 的约 50%，故而被藻类吸收掉的 NH_3-N 不足以引起 TN 含量的剧烈变化，且藻类数量的多少也不会影响水体中的氮循环；还有另外一种可能，未被藻类吸收利用的 NH_3-N 转化成其他形态的氮，参与氮循环，故而在试验过程中 TN 含量的变化与藻类数量变化之间无显著性规律。

（3）TN 含量总体呈上升趋势。一方面，在藻类的新陈代谢过程中，一部分含氮的有机物会被矿化，或进入水体，或附着于沉积物中，试验用水不含沉积物，故而被矿化的含氮有机物全部进入水体，导致水体的 TN 含量上升；另一方面，各试验组水体中的藻类群落均以蓝藻、绿藻、硅藻为主，而蓝藻多数具有固氮作用，这在一定程度上也促进了水体 TN 含量的升高。

3. 不同流速水体中 TP 含量变化分析

不同流速水体中的 TP 含量变化曲线如图 2.46 所示。

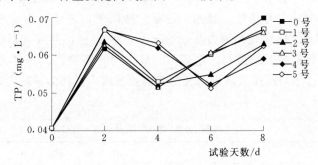

图 2.46　不同流速水体中 TP 含量变化曲线

由试验结果可得到如下结论：

（1）藻类的生长繁殖主要受磷元素的影响。因为植物在光合作用中需要一种重要的生化酶，而磷元素又是该生化酶的重要组成元素，可以促进酶的活性。因此，磷元素对藻类的生长起着举足轻重的作用。

（2）试验最初两天的藻类细胞死亡数量大于其新生数量，藻类死亡后其体内的磷被释放并进入水体，从而导致水体中的 TP 浓度上升；之后随着试验的进行，藻类完全适应了其所在的水体环境，开始生长繁殖，此时对磷的需求也随之上升，水体中的 TP 含量开始减小；当藻类的生长繁衍周期结束，大量的藻类开始死亡沉底并分解，水体中的 TP 含量便又开始上升。

（3）随着流速的增大，藻类对水体中 P 的吸收也逐渐上升。这是由于流动的水体会增加藻类细胞膜营养盐中磷元素的扩散，与此同时，藻类细胞对营养盐的吸收也会相应的增加，从而提高藻类细胞的生产力。

4. 不同流速水体中 COD 含量变化分析

不同流速水体中 COD 含量变化曲线如图 2.47 所示。由图可知不同流速水体中的

COD 含量与其水体中的藻类生长无显著性关系。与图 2.43 对比，发现 COD 含量的变化和电导率的变化情况一致，这是因为 COD 与电导率一样，都反映了水体被污染的程度。

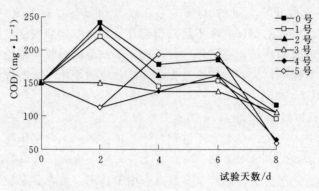

图 2.47　不同流速水体中 COD 含量变化曲线

2.3.5.4　流速与藻类种群变化

通过试验过程中对水体中藻类的镜检，分析不同流速水体中的藻类生长及藻种变化规律。试验所用原水中只含有蓝藻、绿藻、硅藻三种门类，表 2.9 为原水的藻类种类，图 2.48 所示为不同流速水体中藻类种数及分类（含变种），镜检共发现藻类 5 门 49 属 78 种（含变种），隶属于蓝藻门、绿藻门、硅藻门、隐藻门和裸藻门，详见表 2.10～2.15。从藻类种群结构上看，不同流速水体中的各门藻类种数所占比例差异较大，但绿藻种类数均较多。

表 2.9　　　　　　　　　　　　　原水的藻类种类

门　类	藻　　种
蓝藻门	针状蓝纤维藻、钝顶螺旋藻、小型色球藻
绿藻门	狭形纤维藻、镰形纤维藻、扁鼓藻、硬弓形藻
硅藻门	粗点菱形藻、直舟形藻
隐藻门	—
裸藻门	—
合计	9

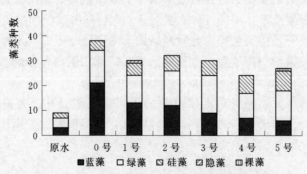

图 2.48　不同流速水体中的藻类种类数及分类

表 2.10   **0 号装置的藻类种类**

门 类	藻 种
蓝藻门	小型色球藻、水华鱼腥藻、放射微囊藻、铜绿微囊藻、阿氏项圈藻、马氏鞘丝藻、钝顶螺旋藻、柔软腔球藻、细小平裂藻、多形丝藻、高山立方藻、普通念珠藻、光辉色球藻、固氮鱼腥藻、中华平裂藻、巨颤藻、针状蓝纤维藻、阿氏席藻、汉氏颤藻、美丽颤藻、蜂巢席藻
绿藻门	狭形纤维藻、双对栅藻、小球藻、衣藻、库津新月藻、镰形纤维藻、桑葚实球藻、镰形栅藻、多棘栅藻、扁鼓藻、盐生顶棘藻、硬弓形藻、椭圆栅藻
硅藻门	粗点菱形藻、直舟形藻、湖沼圆筛藻、尖刺菱形藻
隐藻门	—
裸藻门	—
合计	38

表 2.11   **1 号装置的藻类种类**

门 类	藻 种
蓝藻门	铜绿微囊藻、小颤藻、灰色念珠藻、水华鱼腥藻、小型腔球藻、针状蓝纤维藻、钝顶螺旋藻、普通念珠藻、银灰平裂藻、小型色球藻、马氏鞘丝藻、窝形席藻、细小平裂藻
绿藻门	狭形纤维藻、镰形纤维藻、小型纤细月牙藻、螺纹柱形鼓藻、四刺顶棘藻、硬弓形藻、双对栅藻、爪哇栅藻、小球藻、丝藻、二叉四角藻
硅藻门	粗点菱形藻、尖刺菱形藻、直舟形藻、广缘小环藻、膨大桥弯藻
隐藻门	红胞藻
裸藻门	—
合计	30

表 2.12   **2 号装置的藻类种类**

门 类	藻 种
蓝藻门	针状蓝纤维藻、钝顶螺旋藻、小型色球藻、蜂巢席藻、居氏腔球藻、放射微囊藻、发状念珠藻、高山立方藻、微小平裂藻、马氏鞘丝藻、窝形席藻、铜绿微囊藻
绿藻门	小球藻、扁鼓藻、硬弓形藻、不正四角藻、四尾栅藻、镰形纤维藻、爪哇栅藻、狭形纤维藻、肥壮蹄形藻、小型月牙藻、杂球藻、空星藻、二角盘星藻、丝藻
硅藻门	粗点菱形藻、条纹小环藻、扁圆卵形藻、直舟形藻、粗壮菱形藻、舟形桥弯藻
隐藻门	—
裸藻门	—
合计	32

表 2.13   **3 号装置的藻类种类**

门 类	藻 种
蓝藻门	针状蓝纤维藻、小型腔球藻、钝顶螺旋藻、小型色球藻、放射微囊藻、细小平裂藻、发状念珠藻、高山立方藻、水华束丝藻
绿藻门	狭形纤维藻、镰形纤维藻、硬弓形藻、镰形栅藻、丝藻、小球藻、微拟球藻、锯齿角星鼓藻、小型月牙藻、衣藻、小卵囊藻、四刺顶棘藻、饱满鼓藻、微小不正四角藻、空星藻
硅藻门	粗点菱形藻、直舟形藻、尖刺菱形藻、膨大桥弯藻、科曼小环藻、侧结藻
隐藻门	—
裸藻门	—
合计	30

表 2.14　　　　　　　　　　　　　　4 号装置的藻类种类

门　　类	藻　　种
蓝藻门	针状蓝纤维藻、钝顶螺旋藻、小型腔球藻、细小平裂藻、纤丝束丝藻、小型色球藻、小型聚球藻
绿藻门	狭形纤维藻、镰形纤维藻、近环棘角星鼓藻、硬弓形藻、弯曲栅藻、小空星藻、微小四角藻、线纹新月藻、小型月牙藻、小球藻
硅藻门	粗点菱形藻、孔圆筛藻、直舟形藻、长圆舟形藻、线性菱形藻、纯脆杆藻、光亮双肋藻
隐藻门	—
裸藻门	—
合计	24

表 2.15　　　　　　　　　　　　　　5 号装置的藻类种类

门　　类	藻　　种
蓝藻门	针状蓝纤维藻、钝顶螺旋藻、立方藻、小型腔球藻、马氏平裂藻、小型色球藻
绿藻门	狭形纤维藻、镰形纤维藻、小球藻、湖生四孢藻、扁鼓藻、硬弓形藻、柱形栅藻、被甲栅藻、史密斯栅藻、肥壮蹄形藻、丝藻、小型月牙藻
硅藻门	粗点菱形藻、直舟形藻、中型脆杆藻、双头辐节藻、长菱形藻、长圆舟形藻、偏肿桥弯藻、隐秘小环藻
隐藻门	—
裸藻门	绿裸藻
合计	27

　　影响藻类种群的因素有很多，如水流、水温、营养盐、其他生物因素等。有些学者认为，藻类的群落构成主要与水体的水力滞留时间和流速有关，在湖泊、河流、水库中，水体流速的快慢往往决定了藻类的种群结构和生物量。由图 2.49 可以看出，随着装置中流速的增大，其硅藻的种类数在增多，蓝藻则与之相反，流速越大，蓝藻的种类越少；而绿藻的种类数随流速的变化不一。分析其原因是由于硅藻的体积较大，为了能悬浮于水中进行光合作用，故而需要较高的流速，因此硅藻适合生长在水力滞留时间较短、流速较大的水体中。蓝藻适合在水力滞留时间较长、或静止的水体中，这是由于大部分蓝藻都具有气囊或其他悬浮细胞结构，容易在水体表层上浮聚集，而高流速的水体由于具有较强的冲击力故而不利于蓝藻的上浮。而绿藻几乎不受流速的影响，能适应各种水体流速，在不同流速条件下其生长繁殖均能保持较好的状态。

2.3.5.5　流速与优势种变化

　　试验期间，各装置内优势藻种的变化分别见表 2.16～表 2.21，将优势度 Y ＞0.02 的藻类定为优势种。原水中的优势藻为硅藻门的尖刺菱形藻和绿藻门中的狭形纤维藻。

表 2.16　　　　　　　　　　　0 号装置中的优势藻种变化

试验天数	门类	优势种	优势度 Y	镜检图片
0	硅藻门	尖刺菱形藻	0.026	
	绿藻门	狭形纤维藻	0.032	
2	绿藻门	狭形纤维藻	0.045	
4	蓝藻门	微小色球藻	0.029	
		水华微囊藻	0.036	
		细小平裂藻	0.052	
6	蓝藻门	细小平裂藻	0.071	
		水华微囊藻	0.030	
8	蓝藻门	水华微囊藻	0.037	
		中华平裂藻	0.046	

表 2.17 　　　　　　　　　　　　　　　　1 号装置中的优势藻种变化

试验天数	门类	1号	优势度 Y	镜检图片
0	硅藻门	尖刺菱形藻	0.026	同 0 号装置
	绿藻门	狭形纤维藻	0.032	同 0 号装置
2	绿藻门	狭形纤维藻	0.051	
4	蓝藻门	微小色球藻	0.032	同 0 号装置
4	蓝藻门	密集微囊藻	0.079	
	绿藻门	小球藻	0.066	
6	绿藻门	小球藻	0.062	
	蓝藻门	水华微囊藻	0.058	
8	蓝藻门	银灰平裂藻	0.102	
		水华微囊藻	0.065	

表 2.18 　　　　　　　　　　　　　　　　2 号装置中的优势藻种变化

试验天数	门类	2号	优势度 Y	镜检图片
0	硅藻门	尖刺菱形藻	0.026	同 0 号装置
	绿藻门	狭形纤维藻	0.032	同 0 号装置
2	绿藻门	狭形纤维藻	0.023	
4	蓝藻门	微小色球藻	0.029	同 0 号装置
		小球藻	0.036	同 1 号装置
4	绿藻门	扁盘栅藻	0.037	

续表

试验天数	门类	2号	优势度 Y	镜检图片
6	绿藻门	小球藻	0.028	同0号装置
		细小平裂藻	0.056	
8	蓝藻门	细小平裂藻	0.048	
	绿藻门	扁盘栅藻	0.041	

表 2.19   **3号装置中的优势藻种变化**

试验天数	门类	3号	优势度 Y	镜检图片
0	硅藻门	尖刺菱形藻	0.026	同0号装置
	绿藻门	狭形纤维藻	0.032	同0号装置
2	硅藻门	尖刺菱形藻	0.037	
4	硅藻门	尖刺菱形藻	0.041	
	绿藻门	小球藻	0.058	同1号装置
6	绿藻门	不正四角藻	0.063	
		小球藻	0.025	
8	绿藻门	狭形纤维藻	0.039	
		不正四角藻	0.025	

表 2.20   **4号装置中的优势藻种变化**

试验天数	门类	4号	优势度 Y	镜检图片
0	硅藻门	尖刺菱形藻	0.026	同0号装置
	绿藻门	狭形纤维藻	0.032	同0号装置
2	硅藻门	尖刺菱形藻	0.028	
4	硅藻门	尖刺菱形藻	0.035	
	绿藻门	小球藻	0.042	同1号装置
6	绿藻门	小球藻	0.048	
		狭形纤维藻	0.052	
8	绿藻门	狭形纤维藻	0.029	
	硅藻门	粗点菱形藻	0.033	

表 2.21   5 号装置中的优势藻种变化

试验天数	门类	5 号	优势度 Y	镜检图片
0	硅藻门	尖刺菱形藻	0.026	同 0 号装置
	绿藻门	狭形纤维藻	0.032	同 0 号装置
2	硅藻门	尖刺菱形藻	0.030	
4	硅藻门	尖刺菱形藻	0.058	
	绿藻门	小球藻	0.061	同 1 号装置
6	硅藻门	尖刺菱形藻	0.047	
	硅藻门	隐秘小环藻	0.021	
8	硅藻门	隐秘小环藻	0.028	
	硅藻门	长菱形藻	0.036	

所有装置中的优势藻在试验的第 2 天均只有一种，且都为初始优势藻种的一种，没有被新的藻种所代替，这是由于此时的藻类处于改变水体环境后的适应期，藻类死亡数量大于或等于新生数量。进入旺盛的生长繁殖期之后，在试验的第 4 天，0 号装置中的优势藻从狭形纤维藻突然变为大多数为蓝藻门中的小型色球藻、铜绿微囊藻和光辉色球藻，之后优势藻的变化不大，均为蓝藻门。1 号装置中的优势藻变化与 0 号相似，但优势藻中偶尔出现绿藻门。2 号装置中优势藻的变化也是开始较快，后期变换则较缓，优势藻均以绿藻门中的栅藻属和小球藻属为主。3 号、4 号、5 号装置中的优势藻变化则一直较为缓慢，且都是渐入渐出的方式，其中 3 号的优势藻多为绿藻门中的小球藻、四角藻和狭形纤维藻；4 号装置水体中的优势藻多为硅藻门中的菱形藻属和绿藻门中的狭形纤维藻和小球藻；而 5 号的优势藻则从绿藻门逐渐过渡到了硅藻门，以菱形藻属和小环藻属为主。

所以，藻类优势种的更替速度与水流速度有关：在较慢的水流速度下，藻类优势种群结构在试验初期变化很快，接着变化减缓；在较快的水流情况藻类优势种群的演替则是缓慢而逐渐的。

2.3.5.6 不同流速下藻类数量与环境因子的相关性与回归分析

1. 相关性分析

藻类生长的影响因素包括氮、磷营养盐浓度，DO，pH 值等，下面将以藻类数量为指标，pH 值、DO、EC、NH_3-N、TN、TP、COD 为环境因子，对 6 个不同流速条件下的藻类数量与环境因子分别进行相关性分析，分析结果见表 2.22。

表 2.22　　　　　　　　　　不同流速下浮游藻类与环境因子相关系数矩阵

装置编号	属性		EC	COD	pH 值	DO	TP	NH₃-N	TN
0 号	藻类数量	相关性	−0.374	−0.150	0.658	0.992**	−0.886*	−0.106	0.417
		显著性	0.536	0.810	0.227	0.001	0.046	0.866	0.485
1 号	藻类数量	相关性	−0.306	−0.190	0.488	0.979**	−0.85	−0.347	0.537
		显著性	0.617	0.759	0.404	0.003	0.068	0.567	0.350
2 号	藻类数量	相关性	−0.357	−0.190	0.648	0.983**	−0.731	−0.422	0.551
		显著性	0.555	0.759	0.237	0.003	0.176	0.480	0.336
3 号	藻类数量	相关性	0.483	−0.243	0.674	0.989**	−0.958*	−0.444	0.373
		显著性	0.410	0.694	0.212	0.001	0.011	0.402	0.537
4 号	藻类数量	相关性	0.731	0.518	0.712	0.979**	−0.826	−0.560	−0.033
		显著性	0.161	0.372	0.178	0.004	0.085	0.326	0.959
5 号	藻类数量	相关性	0.749	0.631	0.702	0.951*	−0.836	−0.616	−0.254
		显著性	0.145	0.254	0.186	0.012	0.078	0.268	0.680

* 在 0.05 水平（双侧）上显著相关。

** 在 0.01 水平（双侧）上显著相关。

由表 2.22 可知：

（1）EC、COD 与藻类数量均无显著相关性，这说明 EC 和 COD 只能反映水体受污染的程度，与水体中的藻类数量无关。

（2）pH 值与藻类数量呈正相关，但不显著，即随着水体中藻类数量的增加（或减少），pH 值也会相应的增加（或减少），但变化幅度不大。

（3）不同流速下的 DO 与藻类数量均呈显著正相关，故可将 DO 含量作为水体中藻类数量的衡量指标之一。

（4）TP 与藻类数量呈显著负相关，其中 0 号和 3 号呈显著负相关，这说明浮游植物的生长会消耗水体中的总磷，从而导致其含量的下降，且藻类数量越多，其对 TP 的消耗也越多。

（5）NH₃-N 与藻类数量呈负相关，而 TN 与藻类数量则无相关性，这表明藻类在生长过程中主要吸收总氮中的氨氮。

2. 回归分析

仅对相关系数 R<0.05 的藻类数量与环境因子进行回归分析，分析结果如图 2.49 所示。

0~5 号装置中藻类数量与 DO 含量的回归方程分别为：$y=17.521x-78.834$，$y=15.303x-67.889$，$y=23.851x-111.18$，$y=14.655x-63.977$，$y=38.414x-183.72$，

$y = 23.327x - 108.38$；且均呈正相关，拟合性较好。

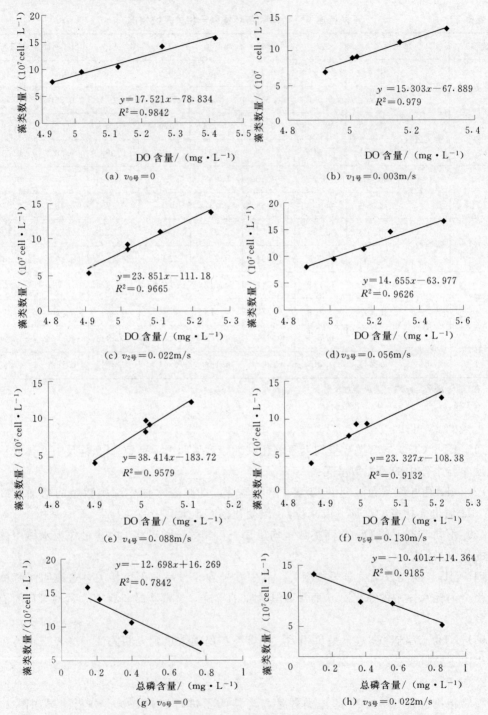

图 2.49　藻类数量与环境因子的回归方程

R—相关系数；$v_{0号} \sim v_{5号}$—流速

0 号和 3 号装置中的藻类数量和 TP 含量的回归方程分别为：$y = -12.698x + 16.269$，$y = -10.401x + 14.364$；均呈负相关，线性关系显著。

2.3.6　幼鱼对藻类生长影响的试验研究

作为内蒙古自治区重要的淡水渔业生产基地，乌梁素海的鱼类养殖势必会对其水体中浮游藻类的生长产生重要影响。因此，幼鱼对乌梁素海浮游藻类生长情况的影响研究对未来控制乌梁素海水污染具有重要的意义；对乌梁素海的藻类治理也将会提供可靠的事实依据。

试验鱼（鲤、鲫幼鱼，身长 2～6cm）和试验用水均取自乌梁素海，采水器和取样瓶均采用非金属材料，而且确保采样过程中没有混入对藻类生长有抑制或刺激等作用的物质，并于 4h 内将水样和鱼运回实验室，并测试初始营养盐浓度、水质参数等相关数据，记录结果。利用室内模拟流速装置在实验室模拟取样点的水流速度 0.015m/s，将水样倒入装置内（各 60L），将试验分为两组，一组加入 12 尾鲫、鲤幼鱼（鱼总重 0.72g，鲤、鲫幼鱼各 6 尾），编号为 1 号；另一组为空白对照组，编号为 0 号。试验在温度为 12～16℃的室内条件下进行，且试验过程中不投放任何饵料等其他物质，试验为期 12d，每 3d 测一次数据。试验初始条件及其他参数见表 2.23。

表 2.23　　　　　　　　　　　　试验初始条件及其他参数

藻类个数/ (10^4 cell · mL^{-1})	DO/ (mg · L^{-1})	TN/ (mg · L^{-1})	TP/ (mg · L^{-1})	COD/ (mg · L^{-1})
3.78	8.23	5.421	0.141	141.54

2.3.6.1　藻类数量和种类的变化

试验所用的鲫鱼和鲤鱼均处于幼鱼期，资料显示，幼鱼以食水中的藻类和浮游动物为主。试验中的浮游藻类数量变化曲线如图 2.51 所示，由图 2.50 可以看出，由于温度和光照等外部条件的影响，在试验的最初 3d，0 号试验组中的藻类数量有了缓慢的增加，这是藻类生长的迟缓期，即藻类细胞刚进入一个新的生长环境时所需的适应过程，此过程的主要特点为：未出现繁殖现象，活细胞数量不变，有

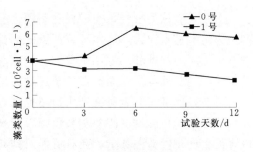

图 2.50　藻类数量变化曲线

时甚至减少；然而随着试验的进行，藻类细胞已经适应了其所在的生长环境，再加之光照、温度以及水动力条件的影响，便合成了足够的酶，进而进入旺盛的繁殖阶段，并以某一特定的速度进行细胞繁殖；在试验的第 6 天藻类数量达到峰值，此时进入藻类生长的稳定期，即藻类死亡数量与新生数量基本吻合，代谢产物开始生产并逐渐积累，此时的水体环境不利于藻类生长，藻类数量达到最大；之后，水中的营养物质开始逐渐消耗殆尽，藻类也开始大量死亡并且沉底，并且，藻类的死亡数量大于其新生数量，因此数量逐渐递减。而 1 号装置中的藻类数量始终处于稳定的下降趋势，这说明鲤、鲫幼鱼对水体中的藻类具有一定的摄食作用，并且其摄食数量大于藻类的繁殖数量。

试验初期与结束时水体中不同种类的藻类分布百分比如图 2.51 所示，由图 2.51 可以

看出，在不添加幼鱼的缓流态小型水体中，绿藻和蓝藻的适应能力较强，其中绿藻的分布百分比从最初的 38.02% 上升到试验结束时的 41.05%；蓝藻则从 21.82% 上升到 23.67%，增值不大，这是由于蓝藻在 20℃ 以上的水体环境中才会迅速增值。而硅藻则表现出了较差的适应性，其百分比分布较试验初期下降了 2.99%；金藻、裸藻、隐藻及甲藻的分布比例均有不同程度的上升或下降，但浮动范围均在 0.7% 之间，变化不大。而 1号试验组中的硅藻、金藻、绿藻、裸藻、隐藻以及甲藻在水中所占的比例相对于 0号试验组均有不同程度的增加，其中绿藻增加的幅度最大，为 1.56%，硅藻的增加幅度最小，为 0.18%，而蓝藻的比例则下降了 4.57%。由此推断，硅藻和蓝藻是鲫、鲤处于幼鱼时期的主要食物，其中，对蓝藻的捕食量远远超出硅藻。

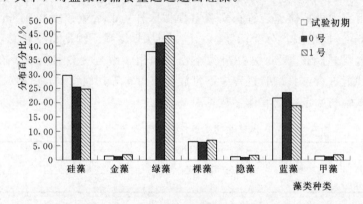

图 2.51　不同种类的藻类分布百分比

有些学者认为食性鱼类的捕食作用会遏制某些浮游动物的种群数量，从而减小了对浮游植物的被捕食压力，从而导致藻类的疯长。另有一些学者持相反态度，认为食性鱼类主食有机碎屑、细菌和小型浮游藻类，只能有限食用一些单细胞蓝藻或蓝藻藻殖段，从而降低水体中的蓝藻数量，而类似硅藻这种大型浮游藻类则难以被直接食用。

目前，已经有学者研究利用鱼类控制蓝藻水华，并且获得了良好的治理效果。试验研究说明处于幼鱼时期的鲤鱼和鲫鱼都以蓝藻为主要食物，这一结论不仅验证了食性鱼类可以降低水体中的蓝藻数量，还有可能对抑制乌梁素海蓝藻暴发有一定的参考价值，这是今后值得进一步研究的课题。

2.3.6.2　水质参数的变化

水体中 DO 的变化曲线如图 2.52 所示。水中的 DO 主要受到藻类光合作用以及水生生物的呼吸作用等影响。一般认为，藻类在生长过程中，会通过光合作用来吸收水中的养分和 CO_2，同时释放 O_2，提高水中的 DO 含量；当其死亡时，有机质降解会消耗水中的 DO，使其含量降低。

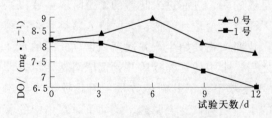

图 2.52　水体中 DO 的变化曲线

由图 2.52 可以看出，在试验初期，0号试验组的 DO 含量呈递增趋势，并且在第 6 天达到最大，之后随着试验的进行 DO 含量逐渐降低；而 1号试验组的 DO 含量则从试验最初的 8.23mg/L 减小到试验结束时的 6.53mg/L。对照图 2.50 不难发现，DO 值与藻类数量的变化情况基本一致，经分析，认为当藻类数量上升的时候，藻类的光合作用会促使水体中的 DO 含量增加，但是鱼类对藻类的摄食作用会导致藻类数量的下降，其造成的直接结果就是水体中藻类的光合作用减弱，以及 DO 含量下降；其中 1 号试验组中的鱼类活动在一定程度也增加了水体中 DO 的消耗。

2.3.6.3 营养盐浓度的变化

在实验室条件下，两个试验组的营养盐浓度变化不尽相同。从图 2.53～图 2.55 可见，在试验的最初 3d 0 号试验组，各营养盐浓度均在减小，其中 TN 下降了 18.85%，TP 下降了 13.48%，COD 下降了 5.19%，并且在试验进行到第 6 天的时候各营养盐浓度均达到最低，此时的藻类现存数量为最大值。初步分析，因为在试验初期，藻类的生长和繁殖会消耗水体中的营养物质，因此各营养盐的浓度均在下

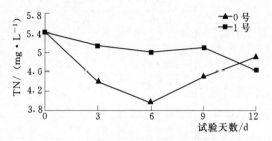

图 2.53 水体中的 TN 浓度变化曲线

降，随着藻类的生长和繁殖到达顶峰，营养物质的消耗也达到最大，此时营养盐的浓度最小；之后随着水体中营养物质的消耗以及代谢产物的增加，藻类的死亡数量超出其生长繁殖数量，死亡的藻类沉底后不断分解，同时释放体内的营养物质，从而导致水体中的营养盐浓度开始上升。

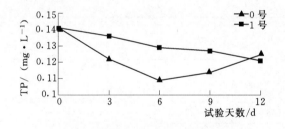

图 2.54 水体中的 TP 浓度变化曲线

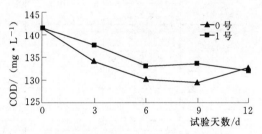

图 2.55 水体中的 COD 浓度变化曲线

而 1 号试验组中的各营养盐浓度在整个试验过程中始终呈下降趋势，其中 TN 从最初的 5.421mg/L 降至试验结束时的 4.63mg/L，TP 从 0.141mg/L 降至 0.121mg/L，COD 从 141.54mg/L 降至 132.02mg/L。分析原因，是由于 1 号试验组中加入了幼鱼的影响，鲤、鲫幼鱼对藻类的摄食作用会削弱藻类对营养物质的消耗，同时幼鱼在生长过程中会向水体排放排泄物，由于试验中的鱼类放养密度较低（$12g/m^3$）且均处于幼鱼期，所以，幼鱼对藻类的摄食速率高于其向水体中排放排泄物的速率；即幼鱼通过对藻类的摄食作用，降低了水体中有机物质的补充速率，进而引起有机物质的减少，水体中各营养盐浓度也均在下降。

2.3.6.4 浮游藻类与环境因子的相关性与回归分析

1. 相关性分析

分别以藻类数量、DO、TN、TP、COD 为指标和环境因子，对两组试验数据分别进

行相关性分析，分析结果见表 2.24 和表 2.25。

表 2.24　　　　　　　　　0 号浮游藻类与环境因子相关系数矩阵

0 号		藻类数量	DO	TN	TP	COD
藻类数量	相关性	1				
	显著性					
DO	相关性	0.214	1			
	显著性	0.365				
TN	相关性	−0.640	−0.678	1		
	显著性	0.123	0.104			
TP	相关性	−0.832*	−0.468	0.921*	1	
	显著性	0.040	0.214	0.015		
COD	相关性	−0.875*	−0.199	0.818*	0.958**	1
	显著性	0.026	0.374	0.045	0.005	

* 在 0.05 水平（双侧）上显著相关。

** 在 0.01 水平（双侧）上显著相关。

表 2.25　　　　　　　　1 号试验组浮游藻类与环境因子相关系数矩阵

1 号		藻类数量	DO	TN	TP	COD
藻类数量	相关性	1				
	显著性					
DO	相关性	0.933*	1			
	显著性	0.021				
TN	相关性	0.904*	0.872	1		
	显著性	0.035	0.094			
TP	相关性	0.934*	0.955**	0.923*	1	
	显著性	0.020	0.006	0.013		
COD	相关性	0.847	0.835	0.827	0.959**	1
	显著性	0.080	0.069	0.057	0.004	

* 在 0.05 水平（双侧）上显著相关。

** 在 0.01 水平（双侧）上显著相关。

从表 2.24 中不难发现：

（1）TN、TP、COD 与浮游藻类数量呈负相关。这说明营养盐是浮游藻类生长繁殖的必须物质，水体中的营养越丰富，藻类的生长繁殖就越旺盛，其对水体中营养盐的消耗也就越大。

（2）TN、TP 与 DO 呈显著负相关。水体中营养盐含量的增加会促进浮游藻类的生长，增大水中的耗氧量，进而降低水体中的 DO 含量。当浮游藻类死亡后，其遗体会被水中的好氧微生物分解，导致 DO 含量下降。

（3）TN、TP、COD 两两之间均呈显著正相关，这些指标均可反映水体的水质情况，含量越高水质越差，反之亦然。

从表 2.25 中不难发现:

(1) DO 与藻类数量呈显著正相关。分析其原因是因为幼鱼对藻类的摄食作用及其自身的呼吸等活动均会影响水体中的藻类数量和 DO 含量。

(2) TN、TP、COD 与浮游藻类数量呈显著正相关。这说明在添加鲤、鲫幼鱼的试验组中,幼鱼对藻类的摄食作用在一定程度上削弱了藻类对营养物质的消耗。

(3) TN、TP、COD 两两之间均呈现良好的正相关性,且显著性高于 0 号试验组,这表明在加入幼鱼的水生态系统中,水质状态受到更多环境因子的影响,当某一单因素发生改变时,可能会引起其他因素的变化,从而导致水质状态的多种变化。

2. 回归分析

对相关系数 $R < 0.05$ 的 0 号和 1 号的试验数据分别进行回归分析,分析结果如图 2.56 和图 2.57 所示。

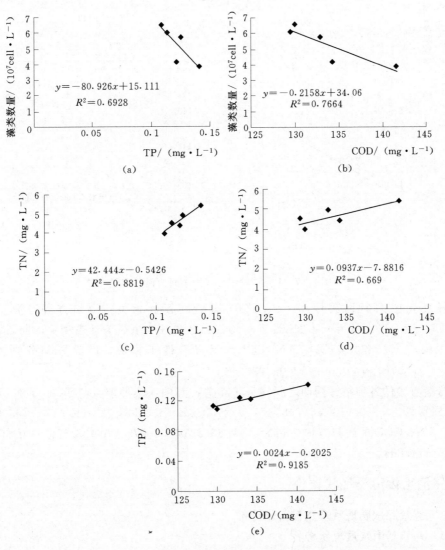

图 2.56 0 号试验组环境因子间的回归方程

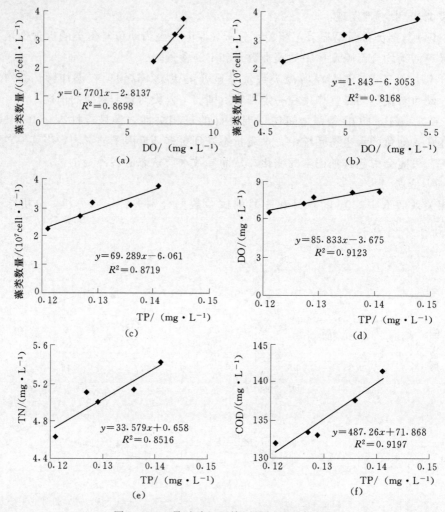

图 2.57　1 号试验组环境因子间的回归方程

0 号装置中的藻类数量和 TP、COD 均呈显著负相关，回归方程分别为：$y = -80.926x + 15.111$，$y = -0.2158x + 34.06$；TP 和 TN 呈显著性正相关，回归方程为：$y = 42.444x - 0.5426$；COD、TN、TP 均呈显著性正相关，回归方程分别为：$y = 0.0937x - 7.8816$；$y = 0.0024x - 0.2025$。

1 号装置中的各项指标两两之间均呈正相关，其中，藻类数量与 DO、TN、TP 的回归方程分别为：$y = 0.7701x - 2.8137$，$y = 1.834x - 6.3053$，$y = 69.289x - 6.061$；TP 与 DO、TN、COD 的回归方程分别为：$y = 85.833x - 3.675$，$y = 33.579x + 0.658$，$y = 487.26x + 71.868$。

2.4　湖泊水体污染现状评价

2.4.1　乌梁素海水质现状及富营养化评价

2.4.1.1　乌梁素海水质现状分析

作为河套地区唯一的承纳水体，乌梁素海接纳了灌区 90% 以上的农田排水，再加之工业废水和生活污水的排入，造成了乌梁素海的水体富营养化、有机物质、盐分等污染问题，这些问题在另一方面也加速了乌梁素海的沼泽化进程。河套灌区的农田排水、工业废水、生活污水以及地表径流和降雨是乌梁素海的主要补给水源，年总补给水量约为（7～9）×10^8 m³，每年排入乌梁素海的总氮约为1090t，总磷约为66t。湖区内的各种挺水植物、沉水植物及其浮游生物的残骸和碎屑正以10mm/年左右的速度沉积于湖底，这在一定程度上也加速了乌梁素海沼泽化的进程。

1. 监测点布设及采样时间

根据污染源的分布特征和水动力特征，以2km×2km的正方形网格对乌梁素海进行剖分，使用网格的交点，以梅花形布置采样监测点，有些采样监测点由于芦苇或水草生长密集或水深太浅而使采样船无法到达，最终确定常年取样监测点位共10处，如图2.58所示。其中，湖区最北端小海子区域由于受人为活动影响较小，不做研究。监测点位置利用GPS定位，其中J11为进水口、V3为出水口、L15和S6均为明水区域、N13为芦苇区、Q10为旅游区，这些采样点对于研究乌梁素海水体具有一定的代表性。每次取样时利用GPS对取样监测点位置进行定位，采样时间从2012年10月16日至2013年10月8日。其中2012年11月和2013年3月由于处于结冰期和消融期无法取样。

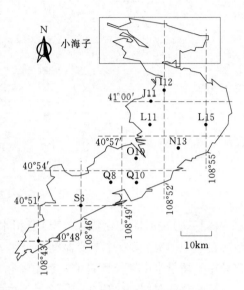

图2.58 乌梁素海监测点分布图

2. 水质参数的时间变化特征

针对乌梁素海处于寒旱区的气候特征，春季气温回升，多风沙，属水生动植物的苏醒和萌发期；夏季干燥炎热，水生动植物进入生长的活跃期；秋季气温降低，属枯萎衰亡期；冬季整个湖区都呈冰封状态。因此以2012—2013年一整年的乌梁素海各项水质指标为基础，绘制各项水质指标一整年中各月平均含量的变化曲线。

（1）TN、TP的时间变化特征。从各月平均浓度来看，TN、TP含量的分布特征十分相似，如图2.59所示。10月进入植物衰亡期，水生植物对营养物质的吸收利用强度开始下降，同时，该时期河套灌区开始进行大面积的秋浇，各个排干的排水量增加，湖泊水量明显升高，水体中的氮磷被稀释，此时的氮磷含量较低。进入冰封期（12月）后，氮磷含量明显升高，这是由于冰体对污染物具有排斥作用，在冰体的形成和生长过程中，污染物会从冰体逐渐迁移进水体，从而导致水体中的氮磷含量增加；另外，湖水结冰后，冰层下的水体压力增大，导致水动力条件减缓，水体中的营养盐含量更加容易聚集。进入春季（4月），湖冰开始融化，水动力增强，水体交换频繁，使得原本高含量的氮磷被稀释，导致水体的氮磷浓度降低。5月是水生植物的生长初期，此阶段的植物尚未开始大量吸收营养元素，再加之湖泊水动力条件完全恢复，造成湖泊底泥开始大量释放营养元素，故而氮磷浓度升高。到了夏季（6—8月），水生植物进入旺盛的生长繁殖期，对会吸收大量的氮磷等营养物质，再加之雨水的稀释，使得该时期水体中的氮磷含量处于较低水平。9 月水生植物开始死亡，死亡的植物残骸沉入湖底，经过化学、物理和生物作用其体内的营养物质被分解释放进入水体，水体的氮磷浓度又开始上升。

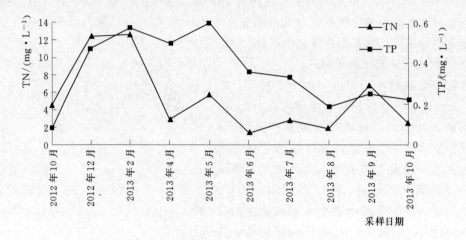

图 2.59　乌梁素海 TN、TP 随时间变化曲线

（2）DO 的时间变化特征。DO 是指水体与大气交换平衡，经化学和生物化学反应后，溶解在水中的氧。DO 主要受藻类光合作用和水生生物呼吸作用的影响，因此常将 DO 的含量作为衡量水中藻类数量的一项重要指标。

溶解氧的时间变化曲线如图 2.60 所示。10 月由于挺水植物进入衰亡期，大量的植物尸体开始腐烂沉底分解，释放出的营养物质被浮游动植物吸收，促进了其生长繁殖，而浮游藻类的增加会引起光合作用增强，最终导致全湖的 DO 含量升高。进入冰封期后，由于水温较低，水体中的藻类数量下降，光合作用减弱，该时期的水体 DO 含量开始下降。4月湖冰消融后，DO 含量开始缓慢上升，5 月湖泊底泥开始大量释放营养元素，为处于营

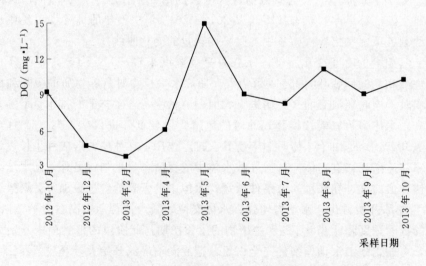

图 2.60　乌梁素海 DO 随时间变化曲线

养生长时期的水生植物和藻类提供了有利的生长环境，故而此时水体中的 DO 含量处于一年之中的较高水平。夏季（6—8 月），高温促进了水生植物和藻类的生长，进而开始旺盛的生长繁殖；但由于夏季的降雨量较大，湖泊的水动力也处于全年之中的最高水平，故而同时期的 DO 含量并不高。9 月随着秋季的来临，水生植物再次处于衰老死亡期，水体中的 DO 含量虽处于全年较低水平，但仍高于冰封期的 DO 含量。

（3）COD（化学需氧量）的时间变化特征。COD 是指在酸性条件下利用强氧化剂将水中有机物氧化为无机物所消耗的氧量，它是评价水质的重要指标之一，可反映出水体中还原性有机物的含量。作为农业灌区内湖泊，乌梁素海的有机物污染主要来自农田退水、流域内的地表径流所携带的大量牲畜排泄物以及植物残骸，这些有机物含量较高的污染物排入湖泊是导致湖区有机污染严重的主要原因。高水平的有机物含量还会造成水环境的还原性增强，引发大量的厌氧反应，从而使湖泊水体产生臭味。

由图 2.61 可看出，乌梁素海 COD 全年均处于较高水平，冰封期由于污染物的迁移作用，水体中的 COD 含量更高。4 月湖冰融化，水动力条件增强，水体开始交换，有机污染物被稀释，COD 含量降低。其他月的 COD 含量虽然变化不大，但由于春夏季的人为活动较为频繁，导致 COD 含量略高于秋季。

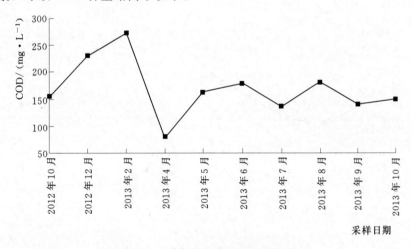

图 2.61　乌梁素海 COD 随时间变化曲线

（4）电导率的时间变化特征。电导率与水体中所含的无机酸、碱、盐等物质的量或离子的数量和种类有着密切的联系，因此，从电导率的大小可以看出水体中离子含量的多少；同时，电导率还可以间接说明湖泊的盐化现状。对比图 2.61 不难发现，电导率的时间变化曲线与 COD 的相似，都是在冰封期（12 月至次年 2 月）较高，春夏季较秋季略高，如图 2.62 所示。因为电导率和 COD 同样都是反映水体被污染的程度。

（5）流速的时间变化特征。从图 2.63 可看出，各月乌梁素海流速的平均值较小，最大的为 8 月，0.133m/s，全年平均值为 0.07m/s。这是由于乌梁素海的水深较浅，同时湖区内覆盖着大量的挺水植物，湖里的沉水植物更是随处可见。有研究表明，种植挺水植物的水体，其水体下部流速明显增大，上部流速急剧减小；而在种植沉水植物的水体中，植物的种植密度越大，水流流速减小的趋势越明显。对于同时种植挺水植物和沉水植物的

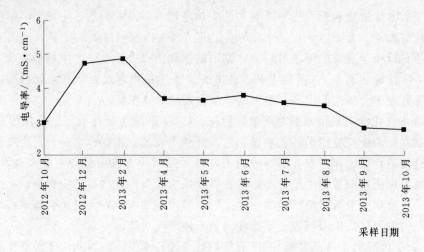

图 2.62 乌梁素海电导率随时间变化曲线

水体，虽然水体的水位有明显的升高，但水流的阻力却有更大的提升；且随着种植密度的增加，水位抬升越明显，水流阻力越大。

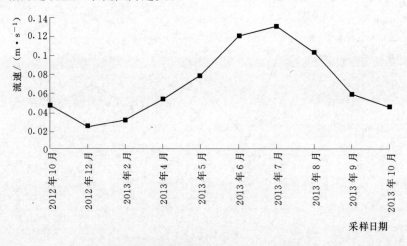

图 2.63 乌梁素海流速随时间变化曲线

综上所述，乌梁素海整个湖区的水动力条件全年均处于较低水平。其中，夏季（6—8月）由于降雨量较多，湖区的水动力得到改善，流速稍有提升，冰封期的水动力条件较全年其他月份较弱。

2.4.1.2 乌梁素海水体营养状态评价

目前，湖泊富营养化评价的方法有很多，但有些方法偏重于从某一方面进行富营养化评价，如营养物浓度评价，这些方法的评价结果通常比较片面，因此在选用方法时尽量选择能够全面反映水体营养状况的方法。综上考虑，根据目前的评价方法结合实验室的现有条件所测定的指标，选用综合评价方法中参数法和多样性生物指数法来评价乌梁素海富营养化状态。

1. 参数法评价结果

代进峰、史小红等人对乌梁素海的污染主成分进行了深入的研究分析，史小红选取了

COD、BOD、TN 等 14 项指标，代进峰选取了 12 项指标，都认为第一主成分为富营养化，其关键指标为总氮、总磷和透明度，二人通过软件计算分析了主成分的方差贡献率，结果显示第一主成分的方差贡献率分别为 37.15%、29.82%，大于其他主成分的方差贡献率，所以该主成分能充分反映水体的营养化程度。以此为依据，使用参数法进行评价乌梁素海水体富营养化程度时首选指标确定总氮、总磷、透明度。另外，藻类的细胞密度也可用来评价水质标准。水体富营养化等级评价标准见表 2.26。

表 2.26　水体富营养化等级评价标准

评价指标	富营养化等级				
	极贫营养	贫营养	中营养	富营养	重富营养
TN/(mg·L^{-1})	<0.02	0.06	0.31	1.20	>4.60
TP/(mg·L^{-1})	0.001	0.004	0.023	0.110	>0.660
SD/m	>37.0	4.0	2.5~4.0	1.0~2.5	<1.0
藻数量/(×10^{4}个·L^{-1})	<4	15	50	100	>1000

各样点不同季节的富营养化评价结果见表 2.27。从表 2.27 中可以看出，乌梁素海各采样点一年四季中除位于出水口的 V3、S6 富营养程度较轻外，其他各样点基本都处于重富营养状态、富营养状态。总体来看，各样点处的富营养程度都是冬季最严重。

表 2.27　各样点富营养的评价结果

样点	季节	TN	TP	SD	藻量
J11	冬季	重富营养	重富营养	重富营养	重富营养
	春季	重富营养	重富营养	重富营养	重富营养
	夏季	富营养~重富营养	富营养~重富营养	重富营养	富营养
	秋季	富营养~重富营养	富营养	重富营养	重富营养
I12	冬季	重富营养	重富营养	重富营养	重富营养
	春季	重富营养	重富营养	重富营养	重富营养
	夏季	富营养	富营养~重富营养	重富营养	重富营养
	秋季	富营养~重富营养	富营养	重富营养	重富营养
L11	冬季	重富营养	重富营养	重富营养	重富营养
	春季	富营养	重富营养	重富营养	重富营养
	夏季	富营养~重富营养	富营养~重富营养	富营养	重富营养
	秋季	富营养	富营养	重富营养	重富营养
L15	冬季	重富营养	重富营养	重富营养	重富营养
	春季	重富营养	富营养~重富营养	重富营养	重富营养
	夏季	富营养	富营养~重富营养	富营养	重富营养
	秋季	富营养	富营养	重富营养	重富营养

续表

样点	季节	TN	TP	SD	藻量
N13	冬季	重富营养	富营养	富营养	重富营养
	春季	富营养	富营养～重富营养	重富营养	重富营养
	夏季	富营养～重富营养	富营养～重富营养	重富营养	重富营养
	秋季	富营养	富营养	重富营养	重富营养
O10	冬季	重富营养	富营养	重富营养	重富营养
	春季	富营养	富营养	重富营养	重富营养
	夏季	重富营养	富营养～重富营养	重富营养	重富营养
	秋季	富营养～重富营养	富营养	富营养	重富营养
Q8	冬季	重富营养	富营养	富营养	重富营养
	春季	富营养～重富营养	富营养	重富营养	富营养
	夏季	富营养	富营养	重富营养	重富营养
	秋季	富营养～重富营养	富营养	重富营养	重富营养
Q10	冬季	重富营养	富营养	重富营养	重富营养
	春季	富营养～重富营养	中营养～富营养	富营养	富营养
	夏季	富营养	富营养	富营养	重富营养
	秋季	富营养～重富营养	富营养	重富营养	重富营养
S6	冬季	重富营养	富营养	富营养	重富营养
	春季	富营养	中营养～富营养	富营养	中营养～富营养
	夏季	富营养	中营养～富营养	富营养	富营养
	秋季	富营养	中营养	富营养	重富营养
V3	冬季	重富营养	中营养～富营养	富营养	富营养
	春季	中营养～富营养	中营养	富营养	中营养～富营养
	夏季	富营养	中营养～富营养	富营养	富营养
	秋季	富营养	富营养	富营养	富营养

2. 多样性生物指数法评价结果

多样性生物指数表示多种生物所组成的混合生物群落的数量与种类之间的关系。反映了生物群落与水体受污染的关系。Margalef 多样性指数能够反映群落物种的丰富度。Margalef 多样性指数理论上认为，浮游藻类的种类越多，个体数量分布越均匀，Margalef 指数就越大，代表所指示的环境就越稳定。其表达式为

$$d = \frac{s-1}{\ln N} \tag{2.3}$$

式中：d 为丰富度指数；s 为藻类的属数；N 为藻类的总数量。

$d > 5$ 表示水质清洁；$d = 4 \sim 5$ 水质轻度污染；$d = 3 \sim 4$ 水质中度污染；$d < 3$ 水质重度污染。多样性指数越小，表示湖泊的营养化程度越重。

由表 2.28 可知，d 值均小于 3，水质呈重度污染状态。从表中可以看出乌梁素海的各季节的多样性指数在 0.18～1.85 之间，各点位藻细胞密度大于 10^4 个/L，依据富营养化等级标准评价（表 2.29），大部分样点处于富营养型状态，只有个别样点在春季和夏季处于中富营养状态。

表 2.28　　　　　　　　　　　乌梁素海各样点多样性指数及评价结果

样点	季节	藻类属数	藻类数量 /(×10⁴个·L⁻¹)	d 值
J11	冬季	13	3450	0.69
	春季	20	4050	1.08
	夏季	7	550	0.38
	秋季	9	2500	0.47
I12	冬季	10	4800	0.51
I12	春季	19	2800	1.05
	夏季	7	2450	0.35
	秋季	4	1900	0.18
L11	冬季	11	9450	0.54
	春季	16	50600	0.75
	夏季	8	2800	0.41
	秋季	12	3100	0.64
L15	冬季	15	8500	0.77
	春季	28	14100	1.44
	夏季	20	18600	1.00
	秋季	11	2750	0.58
N13	冬季	12	3350	0.63
	春季	26	5100	1.41
	夏季	24	5800	1.29
	秋季	9	3400	0.46
O10	冬季	16	6900	0.83
	春季	18	3750	0.98
	夏季	19	7850	0.99
	秋季	12	6600	0.61
Q8	冬季	15	3650	0.80
	春季	23	900	1.37
	夏季	25	3000	1.40
	秋季	17	6400	0.89

续表

样点	季节	藻类属数	藻类数量 /(×10⁴个·L⁻¹)	d 值
Q10	冬季	13	3250	0.69
	春季	17	935	1.00
	夏季	31	1860	1.85
	秋季	14	7300	0.72
S6	冬季	12	1500	0.67
	春季	9	350	0.53
	夏季	11	650	0.70
	秋季	5	1300	0.24
V3	冬季	10	450	0.59
	春季	16	210	1.03
	夏季	12	400	0.70
	秋季	5	850	0.25

表 2.29　富营养化等级评价标准

营养水平	密度/(10⁴个·L⁻¹)	多样性指数	均匀度指数
贫营养型	<30	>3	0.5~0.8
中营养型	30~100	1~3	0.3~0.5
富营养型	>100	0~1	0~0.3

参数法和多样生物指数法的评价结果不太一致，主要表现在湖泊发生富营养化的时间不同，参数法的评价结果是冬季的富营养状态较严重，而多样性指数法的评价结果是大部分样点在秋季的富营养化严重。这可能是由于藻类在冬季繁殖的条件受到光照、温度等多种因素的限制，其次计数时也存在一定的误差而导致的。

2.4.2　呼伦湖水质现状及富营养化评价

2.4.2.1　呼伦湖水质现状分析

1. 分析参数

（1）透明度。呼伦湖水质浑浊，透明度低，1992—2001 年均值为 0.44m，测值范围 0.55~0.33m。影响湖水透明度的主要因素是由水浪搅起的悬浮物质和水中的浮游植物。呼伦湖湖面宽广，又是浅水型湖泊，平均水深约 5.7m，所处地区又干旱多风，因而湖水总是在风浪的强烈扰动之下，湖底大量的泥沙、浮游生物残体和湖周草原刮入湖中的植物残体等均被水浪搅起而成为水中的悬浮物质。

（2）矿化度。呼伦湖流域地处中高纬度，是克鲁伦河、乌尔逊河的尾间湖，蒸发量 1872mm/a，远大于降水量 248mm/a，湖区面大、水浅，由此促进了湖中盐分的浓缩。呼伦湖总含盐量平均为 1.24g/L，最高为 1.69g/L，按矿化度分类法划分，属微咸水湖。

（3）氮、磷。出现以藻类等浮游生物大量增殖为直接表现的富营养化，主要是因为藻类所需要的营养物质的增加，如氮、磷等，呼伦湖历年氮、磷元素变化情况见表 2.30。2002 年以来呼伦湖小河口、甘珠花被列入国家松花江流域水质监测点位进行全年监测，2002—2004 年连续对全湖的水质情况进行了全面的测定。统计 2002—2004 年共三年监测数据，主要污染物实测值如表 2.31 所示。

表 2.30   呼伦湖历年氮、磷元素变化情况

年份	1992	1993	1994	1995	1996	1997	1998	1999	2000	2001	均值
氮/$(mg \cdot L^{-1})$	0.950	1.56	1.08	1.32	1.24	0.905	0.744	0.224	1.116	1.72	1.06
磷/$(mg \cdot L^{-1})$	0.270	0.062	0.048	0.114	0.072	0.055	0.090	0.054	0.079	0.157	0.107

表 2.31   呼伦湖主要污染物实测值

主要污染物	TN/$(mg \cdot L^{-1})$	氨氮/$(mg \cdot L^{-1})$	TP/$(mg \cdot L^{-1})$	DO/$(mg \cdot L^{-1})$	氟化物/$(mg \cdot L^{-1})$	COD_{Cr}/$(mg \cdot L^{-1})$	BOD_5/$(mg \cdot L^{-1})$	COD_{Mn}/$(mg \cdot L^{-1})$	pH 值
均值	1.92	0.537	0.156	8.83	3.06	78.7	4.67	13.3	9.05
最大值	2.50	0.743	0.199	9.65	3.84	114.3	16.7	19.6	9.28
最小值	1.45	0.365	0.09	8.35	1.83	42	1	8.1	8.82

2. 呼伦湖营养物质来源

（1）面污染源负荷。

1）大气补给。该湖西北岸线长达 150km。西北部为半干旱草原，植被覆盖率只有 40%。该地区主导风向为西北风，年内大风日 36.4d。由此每年入湖尘量可达 6.44×10^4 t，入湖干草约 3350t，每年降水入湖量可达 6.28×10^8 m³/a，年径流量 2.58×10^8 m³。由于常年对地表的淋溶冲刷，有相当量的可溶性养分和颗粒物质被冲入湖中。

2）地表径流。根据现有资料分析，地表径流输出污染负荷（包括降雨和融雪部分）入湖氮总量为 168.02t/a（1988 年），多年年输出总量为 120.7t/a，入湖磷总量为 20.77t/a，多年年输出总量为 16.67t/a。

3）干草入湖。由冰面附着量及非冰封季干草随风入湖量两部分组成，多年来入湖氮年均总量为 65.75t，入湖磷年均总量为 17.09t。

（2）点污染源输入负荷。克鲁伦河、乌尔逊河、新开河是呼伦湖三个入湖河流，年入湖量达 13.86×10^8 m³/a。3 条河流流域面积占呼伦湖流域面积的 49.3%。湖南部的克鲁伦河常年流入，克鲁伦河发源于蒙古人民共和国，在我国境内仅其下游约长 206km。河两岸是牧民集中放牧处，河上游有熟皮厂和硝矿，主要污染物是氨氮、农药，毒物污染以氟化物、砷、汞、酚为主，是呼伦湖的主要污染源。湖北部有乌尔逊河、新开河（达兰鄂罗木河），主要污染源是生活污水和牲畜粪便。海拉尔河主要接纳造纸厂、皮革厂、毛纺厂、发电厂、煤矿的工业废水，主要污染物是氮、磷毒物污染（以碱、氰化物、砷、铬、酚为主）。据 1988 年调查资料，三条河流氮、磷污染物入湖量总氮分别为 769.6t/a，356.2t/a 和 84t/a；总磷分别为 111.2t/a、120.34t/a 和 17.1t/a。

呼伦湖是我国北方最大的湖泊，其特殊的地理位置决定了它在区域环境保护中的重要

地位。近年来由于连续气候干旱，降雨量减少，补给河流来水量明显减少，造成呼伦湖水位大幅下降，湖泊和湿地面积大量萎缩，周边生态环境和湖水水质严重恶化，湖水总含盐量和 pH 值逐年升高，呼伦湖水质已属中度富营养化水平，呼伦湖生态环境面临日益严重的退化风险。紧邻呼伦湖的大兴安岭林区湿地萎缩，大小河流水量明显减少或断流，湖边大面积芦苇和湿地消失，人畜饮水出现危机，湖水已不适合人类饮用。湖周围的新巴尔虎草原严重退化、沙化沙丘每年最快外扩达 100m 以上掩埋了大面积草场，有的牧户住宅都有被沙埋的危险。如不采取治理措施，不到 20 年，呼伦湖就可能演变成盐碱湖。届时湖中渔业资源将遭到毁灭性破坏，湖周边的大兴安岭林区和呼伦贝尔草原也会因水源补给不足进一步退化和沙化，而呼伦贝尔草原土层薄、沙层厚植被一旦遭到破坏形成沙漠，生态环境将很难逆转。

2.4.2.2　呼伦湖水体营养状态评价

1. 富营养化评价方法的选择及依据

选择综合营养状态指数法进行呼伦湖夏季水体富营养化程度评价。综合营养状态指数的思路是把每项水质参数的浓度值转换为能够直接表达该参数对水体富营养化程度的贡献，这个思路最早是由美国学者提出来，但是最早的方法在应用上有一定的局限性，后来经过参数优化产生了修正的 Carlson 营养状态指数（TSI_M）。我国一些学者在这个基础上，根据我国湖泊的现状及特点，提出了适用于我国湖泊的富营养化程度评价的营养状态指数。在 2002 年，王翠明等学者进一步明确了 Chla、TP、TN 以及 COD 等水质参数的营养状态指数计算方法和营养程度划分标准。但是，该方法适用于评价藻类繁殖限制因子为 TP，并且 Chla 浓度与 TP、TN 以及 COD 浓度有一定相关关系的水体。

对已有的 TN、TP 的数据进行分析发现，呼伦湖水体 TN、TP 质量浓度比大部分在 16～26 之间，表明呼伦湖水体藻类繁殖限制因子为 TP，可以应用综合营养状态指数法来评价呼伦湖水体的富营养化程度。

2. 确定各水质指标的营养状态指数 TLI（Index）

TLI（Index）的计算方法如下：

$$TLI（Chla）=25+10.86\ln(Chla) \tag{2.4}$$

$$TLI（TP）=94.36+16.24\ln(TP) \tag{2.5}$$

$$TLI（COD）=1.09+2.661\ln(COD) \tag{2.6}$$

以上各式中 Chla 的单位为 mg/m^3，其余指标单位均为 mg/L。

3. 确定各指标营养状态指数权值

综合营养状态指数法基准参数为 Chla，所以，其他指标的营养状态指数权值是该指标与 Chla 的浓度值之间的相关关系系数的平方归一化值，具体表达式见式（2.6）。TP 以及 COD 和 Chla 的相关系数平方值见表 2.32。

$$W_j=\frac{R_{ij}^2}{\sum\limits_{j=1}^{n}R_{ij}^2} \tag{2.7}$$

式中：R_{ij}^2 为第 j 个指标含量与 Chla 浓度之间的相关系数；W_j 为第 j 个指标的权值；n 为指标数目。

表 2.32	呼伦湖水质参数 R_{ij}^2 值		
水质指标	Chla	TP	COD
R_{ij}^2	1.0000	0.2809	0.3721

4. 综合营养状态指数 TLI（∑）计算

综合营养状态指数 TLI（∑）计算见式（2.7），根据公式及遥感反演模型得到的数据计算呼伦湖 2013 年夏季综合营养状态指数，即

$$TLI(\sum) = \sum_{j=1}^{n} W_j TLI(j) \tag{2.8}$$

将水体的富营养化程度进行级别划分：TLI（∑）≤30，贫营养；30＜TLI（∑）≤50 中营养；TLI（∑）＞50 富营养。对富营养再分三个级别：50＜TLI（∑）≤60，轻度富营养；60＜TLI（∑）≤70，中度富营养；TLI（∑）＞70 重度富营养。

根据式（2.7）及遥感反演模型得到的数据计算呼伦湖 2013 年夏季综合营养状态指数，并结合划分级别，得到呼伦湖 2013 年夏季综合营养状态指数评价结果，将各次取样的 13 个取样点的综合营养指数取平均，得到呼伦湖 2013 年夏季全湖综合营养指数分布图，如图 2.64 所示。

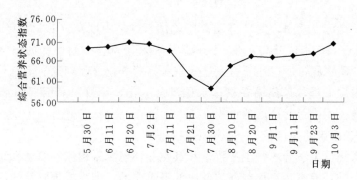

图 2.64　2013 年夏季呼伦湖综合营养状态指数

从图 2.64 中可以看出，呼伦湖 5 月末到 7 月上旬，呼伦湖 13 个点的综合营养状态指数较高，在 70 左右，根据《呼伦湖志》（李志刚，2008）的记载，呼伦湖水体具有高盐度、高碱度、低生物量的特点，其冬季漫长且严寒，夏季短促温良。夏季水体中的磷含量非常高，并且由于呼伦湖冬季气温极低，呼伦湖冰封期长达 150～180 天，湖泊水体受冰封影响，间接地导致湖水中营养盐浓缩，5 月末以及 6 月，湖泊刚刚从冰封期过渡过来，水体中磷浓度很高。又由于呼伦湖湖底沉积物中主要成分为石英砂，沙质水底对营养盐的吸附能力较差，也间接导致水体中营养盐浓度升高。由于此时降水较少，湖水中藻类等还未生长，在一定程度上导致了湖水中营养盐的积蓄，从而使呼伦湖在 5 月末到 7 月上旬水体呈中度富营养化水平。7 月中旬开始直到 8 月末呼伦湖水体营养状态指数较 5 月、6 月低，在 60 左右，水体为轻度富营养化水平。根据现场取样实测记录（图 2.65）可以发现，由于 2013 年降水较多，湖泊水位较 2012 年明显上涨 1m 左右。可以认为较多的降水注入湖泊，导致湖泊水深增大。较多的水量稀释了湖水中的营养盐，导致营养盐浓度降

低，湖泊水质较 6 月较好，呈现轻度富营养化水平。10 月开始，呼伦湖水体综合营养指数升高到 70 左右，湖泊水体又呈中度富营养化水平。由于呼伦湖 8 月末 9 月初，气温逐渐下降，降水又逐渐减少，呼伦湖慢慢进入秋季，水体水生植物藻类等死亡腐烂，导致水体中营养盐含量逐渐升高，水体继而呈现中度富营养化。

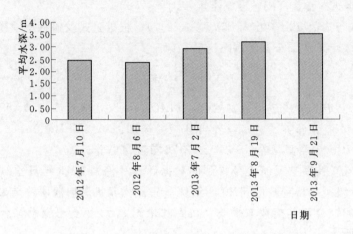

图 2.65　呼伦湖 2012 年与 2013 年水深对比图

通过以上分析可以看出，2013 年夏季呼伦湖水体呈中度富营养化水平，加之 2013 年 7 月呼伦湖水量增大，水位升高，在一定程度上稀释了水体中营养盐的浓度，同时由于呼伦湖的水底为砂质水底，所以还没有发生水华等富营养化显著现象。但是，如果呼伦湖的降水量减少，水位下降，呼伦湖在夏季水质极易恶化，导致很高级别的水体富营养化程度，需要在日常监测中引起高度的重视。

2.4.3　湖泊生态系统健康评价——以呼伦湖为例

湖泊生态系统是由系统内的生物群落和其生存环境要素构成的复杂系统。一个湖泊的结构是否合理，是否健康，是评判湖泊健康的最重要的标准。根据呼伦湖的实际情况选取了湖泊系统指标、湖泊结构指标和湖泊自身状态指标，根据各指标的计算方法及相关理论，制定出该湖生态健康评价标准，并运用层次分析法确定各指标层及准则层的权重，最后应用模糊模式识别模型进行计算，根据各级别的隶属度确定呼伦湖所处状态。

反映湖泊系统的指标有湖泊水循环周期、湖泊蓄水量、结构能质；湖泊结构指标浮游植物、浮游动物生物量；浮游生物多样性指数。生存环境要素主要采用反映湖泊自身状况的指标透明度（SD）、高锰酸盐指数（COD_{Mn}）、TP、TN，生化需氧量（BOD_5）。

2.4.3.1　分级标准的建立

1. 评价因子描述

湖泊系统指标是将湖泊生态系统作为一个整体表现出来的状态。

湖泊水循环周期的单位为 d。湖泊水循环周期是指湖泊蓄水量被全部替换所需要的时间。换水周期越短，表明湖泊水体循环速度越快，水质越好，湖泊越健康。如果滞留期增长，就会加速水环境恶化与湖泊水体富营养化过程，水体容易进入富营养化状态。湖泊水循环周期可用式（2.8）计算。

$$T = \frac{W}{Q \times 86400} \tag{2.9}$$

式中：T 为换水周期，d；W 为湖泊蓄水量，m^3；Q 为年平均入湖流量，m^3。

式（2.8）表示湖泊蓄水量被年平均入湖水量完全替换所需要的时间。

结构能质（Exst）指生态系统单位生物量和有机质所蕴涵的系统能，它独立于湖泊生态系统的营养水平，表征湖泊生态系统利用环境资源的能力，反映湖泊生态系统的多样性和复杂性，其值越大，湖泊生态系统结构就越复杂。计算公式为

$$\text{Exst} = \sum_{i=1}^{n} \frac{c_i}{c_t} w_i \tag{2.10}$$

式中：Exst 为结构能质，J/mg；c_t 为湖泊生态系统所用有机成分的总浓度或生物量，mg/L；w_i 为生态系统第 i 个有机体或有机物权重转换因子，J/mg；n 为生态系统有机体种类总数。

浮游生物多样性指数计算公式为

$$d = \frac{s-1}{\ln N} \tag{2.11}$$

式中：N 为生物系统有机体个数；s 为生物种类数。

2. 评价因子分级标准的确定

评价因子的分级标准与当前社会的经济发展水平、人类对问题的认知程度，以及待评价项目的重要性程度存在着密切的关系。所以说，一个评价指标体系和指标体系的分级标准是随着历史发展而不断变化的，只是在相应某个时间段内维持局部的稳定性。下面重点介绍当前阶段的生态系统健康评价指标的分级标准。

健康状态分级标准确定过程如下。

（1）湖泊水循环周期：采用式（2.8）计算。从呼伦湖 1961—2005 年资料统计得出，该湖总面积在 1993.4～2352.7km² 之间变化，2000 年以前均在 2000km² 以上，容积平均为 119.2 亿 m³。

（2）湖泊蓄水量：呼伦湖水深一般 5～7m，即水量维持在 88.2 亿～135.5 亿 m³ 范围内。为了维持湖泊良好的生态状况，要求必须存在一定的水量。根据功能要求不同，本着以现状为依据的原则，考虑景观娱乐、观光旅游的需要，以 100 亿 m³ 作为健康的临界值，其他级别根据需要人为设定。

（3）湖泊自身状态指数：呼伦湖的主要功能包括渔业用水和景观娱乐用水。参考《地表水环境质量标准》（GB 3838—2002），制订的呼伦湖生态系统健康评价等级标准见表 2.33。

表 2.33　　　　　　　　呼伦湖生态系统健康评价等级标准

准则层	指标层	单位	等 级				
			很健康	健康	亚健康	微病态	病态
湖泊系统	湖泊水循环周期	d	900	1800	2500	3000	4000
	湖泊蓄水量	亿 m³	120	100	90	80	70
	结构能质	J/L	30	25	20	15	10

续表

准则层	指标层	单位	等　　级				
			很健康	健康	亚健康	微病态	病态
湖泊结构	浮游植物数量	万个/L	1500	2500	3000	3500	4000
	浮游动物数量	个/L	15000	10000	6000	4000	2000
	浮游生物多样性指数		3	2	1.5	1	0.5
湖泊自身状态	SD	m	2.5	1	0.5	0.3	0.1
	DO	mg/L	5	3	2.5	2	1
	BOD_5	mg/L	4	6	8	10	12
	TN	mg/L	0.05	0.1	0.15	0.2	0.25
	TP	mg/L	1	1.5	1.75	2	2.25

其余指标根据呼伦湖的现状水平年的基本情况以及有限的历史资料，选取一个适宜的数值作为健康的标准，选取最差的数值作为微病态的标准，然后在两者之间取插值作为亚健康的标准。健康和微病态标准向上或向下浮动一定比例定义为很健康或病态标准。

2.4.3.2　评价等级特征描述

生态系统健康级别的特征描述见表 2.34。

表 2.34　　　　　　　　呼伦湖生态系统健康级别特征描述

评价级别	特　性　描　述
很健康	水体适合于人类直接接触，不会对人类有任何伤害
	水体颜色无任何异常变化，呈清澈的蓝色
	透明度很高，无任何异嗅，无任何漂浮的浮膜、油膜和聚集的其他物质
健康	水体适合于游泳，完全满足渔业、景观用水要求
	水体不适宜与人类长期直接接触，短期接触后不会有伤害
	水体颜色无异常变化，呈蓝色或微绿色
	透明度高，无异嗅，无明显漂浮的浮膜、油膜和影响人类视觉的聚集物
	景观、娱乐功能良好
亚健康	水体不适宜与人类直接接触，短期接触后无伤害
	水体颜色略微变化，呈微绿色，出现影响视觉的浮游藻类
	透明度降低，略微有异嗅，出现明显的浮膜、油膜和聚集物，但不会令人有不良反应
	景观、娱乐功能受一定影响
微病态	水体不适宜人类直接接触，接触后对人体有伤害
	水体颜色明显变化，呈绿色，有大面积的藻类
	透明度差，有异味，出现大面积的浮膜、油膜和聚集物
	景观、娱乐用水受严重影响
病态	水体禁止与人类直接接触，接触后会有明显的不良反应
	水体藻类异常繁殖，呈绿色或黄色
	透明度极差，有刺鼻的异味，有大面积的浮膜、油膜和聚集物，严重影响视觉功能
	景观、娱乐功能丧失

2.4.3.3 指标权重的确定

采用层次分析法对权重进行确定，该方法较好地实现了定性分析与定量分析的结合。在构造判断矩阵的过程中选用了专家调查法，充分利用了专家的经验，而对数据进行处理时，有严密的数学理论作支撑。因此，该方法能够在一定程度上消除主观因素带来的影响，使权重的确定更加具有客观性。

应用 MATLAB7.0.1 编程，计算各准则层和指标层的权重。

1. 指标层

（1）湖泊系统指标判断矩阵见表 2.35。

表 2.35   **呼伦湖系统指标判断矩阵**

系统指标	湖泊水循环周期	湖泊蓄水量	结构能质
湖泊水循环周期	1	2	1/3
湖泊蓄水量	1/2	1	1/4
结构能质	3	4	1

程序输出：$w=(0.2395, 0.1373, 0.6232)$，$CR=0.0176$。$CR=0.0176<0.1$，满足一致性要求，接受此判断矩阵。

（2）湖泊结构指标判断矩阵如表 2.36 所示。

表 2.36   **湖泊结构指标判断矩阵**

结构指标	浮游植物数量	浮游动物数量	物种多样性指数
浮游植物数量	1	1	1/2
浮游动物数量	1	1	1/2
物种多样性指数	2	2	1

程序输出：$w=(0.25, 0.25, 0.5)$，$CR=0$。$CR=0<0.1$ 满足一致性要求，接受此判断矩阵。

（3）湖泊自身状态指标判断矩阵如表 2.37 所示。

表 2.37   **湖泊自身状态指标判断矩阵**

自身状态指标	SD	DO	BOD_5	TP	TN
SD	1	1/3	1/3	1/5	1/4
DO	3	1	1	1/3	1/2
BOD_5	3	1	1	1/2	1/3
TP	5	3	2	1	1
TN	4	2	3	1	1

程序输出：$w=(0.0601, 0.1465, 0.1466, 0.3297、0.3172)$，$CR=0.0172$。$CR=0.0172<0.1$ 满足一致性要求，接受此判断矩阵。

2. 准则层

准则层判断矩阵如表 2.38 所示。

表 2.38 准则层判断矩阵

准则层	湖泊系统	湖泊结构	湖泊自身状态
湖泊系统	1	2	2
湖泊结构	1/2	1	1
湖泊自身状态	1/2	1	1

程序输出：$w=(0.25,0.25,0.5)$，$CR=0$。$CR=0<0.1$ 满足一致性要求，接受此判断矩阵。

各层指标权重构成统计于表 2.39。

表 2.39 呼伦湖生态系统健康评价各层指标权重统计

目 标 层	准 则 层	指 标 层	
生态系统健康评价	湖泊系统指标 0.25	湖泊水循环周期	0.2395
		湖泊蓄水量	0.1373
		结构能质	0.6232
	湖泊结构指标 0.25	浮游植物数量	0.25
		浮游动物数量	0.25
		浮游生物多样性指数	0.5
	湖泊自身状态指标 0.5	SD	0.0601
		DO	0.1465
		BOD_5	0.1466
		TP	0.3297
		TN	0.3172

2.4.3.4 模糊评价

采用模糊模式识别模型，运用 MATLAB7.0.1 对模糊识别模型编写程序，对呼伦湖生态系统健康进行评价，$p=1$ 代表采用海明距离，$p=2$ 代表采用欧式距离，该评价过程说明如下。

1. 确定指标层对准则层的各级别隶属度

（1）湖泊系统指标。

输入向量为

$$x=\begin{bmatrix}2350\\93\\22\end{bmatrix}$$

$$y=\begin{bmatrix}900 & 1800 & 2500 & 3000 & 4000\\120 & 100 & 90 & 80 & 70\\30 & 25 & 20 & 15 & 10\end{bmatrix}$$

$$w=(0.2395,0.1373,0.6232)$$

计算得湖泊系统指标对生态系统健康个级别的隶属度向量为

$$p=1, \boldsymbol{u}=[0,0.2189,0.7811,0,0]$$
$$p=2, \boldsymbol{u}=[0,0.2724,0.7276,0,0]$$

（2）湖泊结构指标。

输入向量为：

$$\boldsymbol{x}=\begin{bmatrix} 2800 \\ 7000 \\ 1.8 \end{bmatrix}$$

$$\boldsymbol{y}=\begin{bmatrix} 1500 & 2500 & 3000 & 3500 & 4000 \\ 1500 & 1000 & 6000 & 4000 & 2000 \\ 3 & 2 & 1.5 & 1 & 0.5 \end{bmatrix}$$

算得湖泊结构指标对三态系统健康个级别的隶属度向量为

$$p=1, \boldsymbol{u}=[0,0.3765,0.6235,0,0];$$
$$p=2, \boldsymbol{u}=[0.0304,0.0548,0.1194,0.3409,0.4544]。$$

（3）湖泊自身状态指标。

输入向量为

$$\boldsymbol{x}=\begin{bmatrix} 0.093 \\ 2.1 \\ 5.6 \\ 0.15 \\ 1.31 \end{bmatrix}$$

$$\boldsymbol{y}=\begin{bmatrix} 2.5 & 1 & 0.5 & 0.3 & 0.1 \\ 5 & 3 & 2.5 & 2 & 1 \\ 4 & 6 & 8 & 10 & 12 \\ 1 & 1.5 & 1.75 & 2 & 2.25 \end{bmatrix}$$

$$w=(0.0601,0.1465,0.1466,0.3297,0.3172)$$

算得湖泊结构指标对三态系统健康个级别的隶属度向量为

$$p=1, u=[0.1289,0.7038,0.1046,0.0419,0.0208]$$
$$p=2, u=[0.0469,0.083,0.1655,0.3718,0.3329]$$

2. 确定准则层对目标层的各级别隶属度

通过指标层对准则层隶属度的计算后，用准则层各准则重要性程度构成的权重矩阵与指标层对准则层隶属度矩阵相乘，得到评价指标准则层对评价目标的隶属度向量，计算过程如下。

（1）$p=1$ 时。

$$\boldsymbol{U}=\boldsymbol{u}\cdot\boldsymbol{w}=[0.25 \quad 0.25 \quad 0.5]\cdot\begin{bmatrix} 0 & 0.2189 & 0.7811 & 0 & 0 \\ 0 & 0.3765 & 0.6235 & 0 & 0 \\ 0.1289 & 0.7038 & 0.1046 & 0.0419 & 0.0208 \end{bmatrix}$$

$$=[0.0644 \quad 0.5008 \quad 0.4035 \quad 0.0210 \quad 0.0104]$$

根据最大隶属度原则，即选择评价集中最大的数值所对应的等级 $w=(0.25,0.25,$

0.5)作为评判的最终结果，呼伦湖生态系统健康状态属于 2 级即健康状态。

（2）$p = 2$ 时。

$$U = u \cdot w = \begin{bmatrix} 0.25 & 0.25 & 0.5 \end{bmatrix} \cdot \begin{bmatrix} 0 & 0.2724 & 0.7276 & 0 & 0 \\ 0.0304 & 0.0548 & 0.1194 & 0.3409 & 0.4544 \\ 0.0469 & 0.083 & 0.1655 & 0.3718 & 0.3329 \end{bmatrix}$$

$$= \begin{bmatrix} 0.031 & 0.1233 & 0.2945 & 0.2711 & 0.2801 \end{bmatrix}$$

根据最大隶属度原则，即选择评价集中最大的数值所对应的等级作为评判的最终结果，呼伦湖生态系统健康状态属于 3 级即亚健康状态。

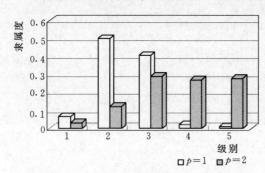

图 2.66　模糊模式识别模型 $p = 1$ 和 $p = 2$
级别隶属度分布

呼伦湖是一个以保护草原生态系统和湿地自然生态系统，以及保护珍稀鸟类的综合性自然保护区，通过生态健康评价，由图 2.66 可以看出，当 $p = 1$ 时，即采用海明距离计算时，该湖目前处于健康状态，当 $p = 2$ 时，即采用欧式距离计算时，该湖处于亚健康状态。当 p 取海明距离时，分布范围为 0.0104～0.5008，当取欧式距离时，分布范围为 0.031～0.2945，前者隶属度离散化程度较强，后者较为集中，比较而言，前者结果更为之直观、清晰，且与当地实际情况较吻合。

参 考 文 献

[1]　Semina H J. The Size of Phytoplankton Cells in the Pacific Ocean [J]. Internationale Revue der Gesamten Hydrobiologie und Hydrographie，1972，57（2）：177 - 205.

[2]　Tilman D. Resource Competition between Pkanktonic Algae：An Exeperimental and Theoretical Approach [J]. Ecology，1977，58：338 - 348.

[3]　Horne A J，Goldman C R. Limnology（Second Edition）. NewYork：McGraw - Hill，Inc. 1994.

[4]　Huisman J，Jonker R R，Zonneveld C，Weissing J W. Competition for Light Between Phytoplankton Species：Experimental Tests of Mechanistic Theory [J]. Ecology，1999，80：211 - 212.

[5]　Scheffer M S，Rinaldi A，Gragnani L R Mur，Van Nes E H. On the Dominance of Filamentous Cyanobacteria in Shallow，Turbid Lakes [J]. Science，1997，195：260 - 262.

[6]　Eloff J. N，Steinitz Y，Shilo M. Photooxidation of Cyanobacteria in Natural Condition [J]. Applied Environmental Microbiology，1976，31（1）：119 - 126.

[7]　张锡辉. 水环境修复工程学原理与应用 [M]. 北京：化学工业出版社，2002.

[8]　王志红，崔福义. pH 与水库水富营养化进程的相关性研究 [J]. 给水排水，2004，30（5）：37 - 41.

[9]　刘培桐. 环境学导论 [M]. 北京：高等教育出版社，1985.

[10]　王孟，邹红娟，马经安. 长江流域大型水库富营养化特征及成因分析 [J]. 长江流域资源与环境，2004，13（5）：477 - 481.

[11]　Lauridsen T L，Lodge D M. Avoidance by Daphnia Magna of Fish and Macrophytes：Chemical

Cues and Predators-mediated Use of Macrophyte Habitat [J]. Limnology and Oceanography, 1996, 41 (4): 794 - 798.

[12] Griado F G, Becares E, Alaze F C, et al. Plant-associated Invertebrates and Ecological Quality in Some Mediterranean Shallow Lakes: Implications for the Application of the EC Water Framework Directive [J]. Aquatic Conservation: Marine and Freshwater Ecosystems, 2005, 15: 31 - 50.

[13] Fryshore. The Bacitracins: Properties, Biosynthesis and Fermentation [J]. In Vandamme EF (ed), Biotechnology of Industrial Antibiotics, Marcel Dekker, Inc Basel, 655 - 694.

[14] 康康. 水体中藻类增殖与 TN/TP 的相关性研究 [D]. 重庆: 重庆大学, 2007.

[15] 孙凌, 金相灿, 钟远, 等. 不同氮磷比条件下浮游藻类群落变化 [J]. 应用生态学报, 2006, 17 (7): 1218 - 1223.

[16] 周涛, 李正魁. 太湖浮游植物与营养盐相互关系 [J]. 农业环境科学学报, 2013, 32 (2): 327 - 332.

[17] Presing M, Herodek S, et al. Nitrogen Uptake and the Importance of Internal Nitrogen Loading in Lake Balaton [J]. Freshwater Biology, 2001, 46 (1): 125 - 139.

[18] 杨柳, 章铭, 刘正文. 太湖春季浮游植物群落对不同形态氮的吸收 [J]. 湖泊科学, 2011, 23 (4): 605 - 611.

[19] Berg G M, Balode M, Purina I, et al. Plankton Community Composition in Relation to Availability and Uptake of Oxidized and Reduced Nitrogen [J]. Aquat Microb Ecology, 2003, 30: 263 - 274.

[20] 周鹏瑞. 环境因子对三峡库区次级河流回水区藻类生长影响的研究 [D]. 重庆: 重庆大学, 2011, 25 - 26.

[21] 吾玛尔·阿布力孜. 额河银鲫食性的初步研究 [J]. 干旱区研究, 2000, 17 (1): 64 - 66..

[22] 赵颖. 水文、气象因子对藻类生长影响作用的试验研究 [D]. 南京: 河海大学, 2006, 34 - 40.

[23] 聂国朝. 襄阳护城河水体中溶解氧含量研究 [J]. 水土保持研究, 2004, 11 (1): 60 - 63.

[24] 刘佳佳. 河口边滩湖泊营养盐及藻类生长动力学研究——以崇明北湖为例 [D]. 上海: 同济大学, 2008, 18 - 20.

[25] 李卫平, 李畅游, 史小红, 等. 内蒙古乌梁素海氮、磷营养元素分布特征及地球化学环境分析 [J]. 资源调查与环境, 2008, 29 (02): 1865 - 1869.

[26] 张功强, 王开云, 任檩. 乌梁素海的环境现状及其污染原因初探 [J]. 水文勘测, 2008, 2: 5 - 7.

[27] 王洪虎. 不同植物对水流结构变化影响规律试验研究 [D]. 武汉: 长江科学院, 2012, 55 - 57.

[28] 段晓男, 王效科, 欧阳志云, 等. 乌梁素海野生芦苇群落生物量及影响因子分析 [J]. 植物生态学报, 2004, 28 (2): 246 - 251.

[29] 代进峰. 乌梁素海水环境现状评价与趋势预测的研究 [D]. 呼和浩特: 内蒙古农业大学, 2008.

[30] 史小红. 乌梁素海营养元素及其存在形态的数值模拟分析 [D]. 呼和浩特: 内蒙古农业大学, 2007.

[31] Aizaki M, Otsuki A, Fukushina T, et al. Application of Modified Carlson's Trophic State Index to Japanese Lakes and Its Relationships to Other Parameters Related to Trophic State [J]. Research Report from the National Institute Environmental Studies, 1981, 23: 13 - 31.

[32] 李祚泳, 张辉军. 我国若干湖泊水库的营养状态指数 TSIc 及其与各参数的关系 [J]. 环境科学学报, 1993, 13 (4): 391 - 397.

[33] 王明翠, 刘雪芹, 张建辉. 湖泊富营养化评价方法及分级标准 [J]. 中国环境监测, 2002, 18 (5): 47 - 49.

[34] 揣小明. 我国湖泊与富营养化和营养物磷基准与控制标准研究 [D]. 南京: 南京大学, 2011.

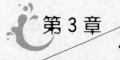

第3章
低温及冰封条件下湖泊营养盐的分布规律

3.1 呼伦湖水体中营养盐含量分析

目前，水体富营养化污染日益严重，国内外的学者对此也开展了大量的研究，但是这些研究主要是集中在非冰封条件下进行的，而对于湖泊低温及冰封条件下营养盐分布规律的研究较为薄弱。同时，冰封条件下的氮、磷和重金属的研究仅限于底泥和水体中，而对于水体和冰体中营养元素的存在形式及对于富营养化潜在影响的研究较少。本节以呼伦湖为研究对象，采集冰封期冰体和水体样品进行分析，掌握氨氮、硝酸盐氮、总氮、可溶性磷、总磷以及化学需氧量在冰层和水体中的分布情况，可为研究湖泊冰封期污染物的分布奠定理论基础。

3.1.1 水体中营养盐的含量及分布特征

通过分别测定冰层下 0.5m 和沉积物上 0.5m 处的均匀混合水样中氨氮、硝酸盐氮、总氮、可溶性磷和总磷的浓度，分析其在湖泊冰封期的分布特征，各形态氮磷含量如图 3.1 所示。

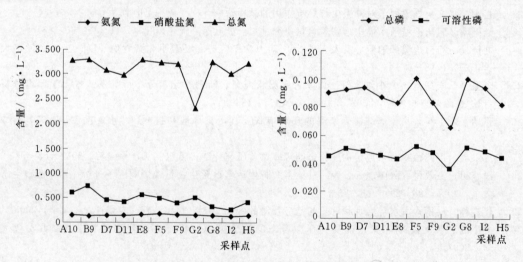

图 3.1　水体中营养盐的含量及分布图

由图 3.1 可知，呼伦湖水体中的无机氮的浓度较低，约占总氮的 18.000%，可溶性磷约占总磷的 53.409%。其中，氨氮的浓度在 F5 点最高为 0.175mg/L，I2 点的浓度最低为 0.113mg/L，各点的浓度均值为 0.144mg/L，占总氮的 5.500%；硝酸盐氮的浓度在 B9 点最高为 0.620mg/L，I2 点硝酸盐氮的浓度最低为 0.140mg/L，浓度均值为 0.327mg/L，占总氮的 12.500%；亚硝酸盐氮未检出；总氮的浓度在 G8 点最高为 2.945mg/L，G2 点的浓度最低为 1.800mg/L，各点的浓度均值为 2.628mg/L；可溶性磷和总磷的变化趋势基本一致，两者浓度的最高值均在 F5 点分别为 0.053mg/L 和 0.101mg/L，最低值均在 G2 点分别为 0.035mg/L 和 0.065mg/L。

从变异系数上看，硝酸盐氮的变异系数最大，为 39.585%，这主要是由于 A10 和 B9 点位于新开河的入湖口处，水体中溶解氧含量较高，水体中的有机污染物在细菌的作用下分解比较彻底，致使该区域硝酸盐氮的含量明显高于其他区域；其他营养盐的变异系数较小，均在 10.000% 左右，这表明呼伦湖水体中营养盐的空间变异性较小。

从总体上看，水体中营养盐浓度在该湖中部的 F5 和 G8 点的浓度最高，而在西南沿岸的 G2 和 I2 点浓度最低，这主要由于 G2 和 I2 两点紧靠岸边，在风力扰动及水流的影响下，水的复氧能力较强，其中溶解氧始终处于高含量水平，这可为好氧微生物的生长繁殖提供较为有利的条件，而好氧微生物可以将水体中的有机物质分解彻底，进而可以提高水体的自净能力。

3.1.2 水体中有机物的含量及分布特征

呼伦湖冰封期水体中各采样点化学需氧量如图 3.2 所示，其均值为 148.227mg/L，各点的变异系数为 9.785%，表明该时期湖区 COD 的空间变异性较小；D7 和 E8 两点 COD 最低为 138mg/L；I2 点 COD 最高为 191.000mg/L，这主要是由于该点位于克鲁伦河的入湖口处，由内蒙古 2006 年环境质量公报可知该流域的有机污染较为严重，特别是在河流的冰封期，河水的自净能力低下，并且由于河冰的排污效应致使大量的有机物

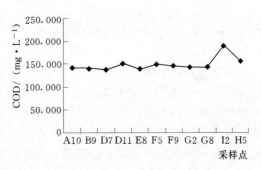

图 3.2 冰封期水体中各点化学需氧量及分布图

由冰体迁移至冰下水体，进而导致该河流的入湖口处有机污染较其他区域明显。

3.2 呼伦湖冰体中营养盐含量分析

运用冰芯钻采集冰样，并将不同位置的冰样破碎后均匀混合以代表该采样点的冰样，将其置于室温条件下完全融化，测定并分析冰融水中各形态营养盐和有机物的含量及空间分布。

3.2.1 冰体中营养盐的含量及分布特征

由图 3.3 可知，呼伦湖冰封期各点冰体中总氮含量均值为 0.836mg/L，其中 A10 点最高为 1.360mg/L，D7 点最低为 0.445mg/L；无机氮含量约占总氮的 49.967%，即和有机氮的含量基本相等，可溶性磷约占总磷的 52.126%。其中，冰体中氨氮的浓度在 F5 点最高为 0.171mg/L，I2 点的浓度最低为 0.119mg/L，各点的浓度均值为 0.139mg/L，约占总氮的 16.634%；硝酸盐氮的浓度在 B9 点最高为 0.570mg/L，I2 点硝酸盐氮的浓度最低为 0.025mg/L，浓度均值为 0.279mg/L，约占总氮的 33.333%；亚硝酸盐氮未检出。

各点冰体中总磷的浓度均值为 0.040mg/L，A10 点总磷含量最高为 0.081mg/L，H5 点最低为 0.029mg/L；可溶性磷和总磷的变化趋势基本一致，可溶性磷浓度的最高值在

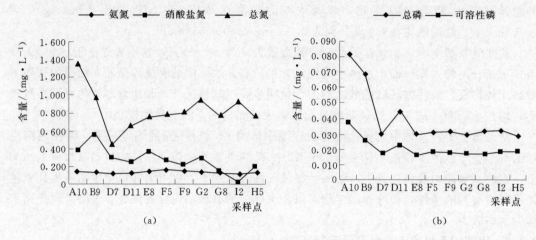

图 3.3　冰封期冰体中营养盐的含量及分布图

A10 点，为 0.038mg/L，最低值在 E8 点，为 0.016mg/L，各点的浓度均值为 0.021mg/L。

　　从变异系数上看，硝酸盐氮的变异系数最大，为 48.005%；总磷的变异系数次之，为 42.704%；可溶性磷和总氮的变异系数分别为 29.223% 和 26.105%。这主要是由于新开河的水源主要为该流域的生活污水和工业废水，这些污废水通过污水处理厂的处理通过新开河流入呼伦湖，但是污水处理厂在低温条件下对污染物的去除效率低等原因造成的。另外，在湖泊冰封期河湖水温度低，水体的自净能力减弱，致使新开河各污染物的浓度较高。新开河流入呼伦湖后，在入湖口区域便快速形成冰晶从而携带较多污染物进入冰体，这就使得入湖口区域即 A10 和 B9 点冰体中营养盐的含量较高。

3.2.2　冰体中有机物的含量及分布特征

　　由图 3.4 可知，呼伦湖冰封期各点冰体中 COD 的均值为 48.732mg/L，各采样点的

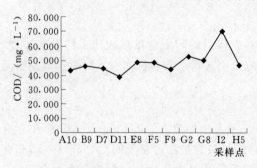

图 3.4　冰体中 COD 含量分布图

变异系数为 16.547%，表明呼伦湖各采样点冰体中 COD 的差异性不大。其中，D11 点的 COD 值最低为 39.000mg/L；I2 点的最高为 71.300mg/L，这同样是由于克鲁伦河水体中 COD 值较高，同时由于低温条件下河湖水体的自净能力很低，克鲁伦河水流入呼伦湖之后，水体在与湖水混合之前便结晶，这就导致大量的有机物被俘获在冰体中，致使该点冰体中的有机物含量同样高于其他采样点的。

3.3　湖体冰生长过程中污染物的含量变化研究

　　冰封时间长是高纬度湖泊的重要特征。湖泊冰封期湖水温度低，湖水中存在的微生物数量较少，且微生物对污染物的生物降解能力极低；冰层覆盖使湖水中污染物的挥发、迁移和光解能力降低，自然曝气形成的复氧过程几乎完全停止，溶解氧浓度处于最低值，几

乎没有氧参与污染物的降解作用。因此，湖泊冰封期的污染特征也必将有别于畅流期的，也有研究指出，湖泊冰封期污染物在冰体和水体中的含量有很大的差异，这表明湖冰在生长过程中污染物在湖泊各相体系中发生了迁移。

本节以乌梁素海为例，研究湖体冰生长过程中污染物的含量变化情况。

3.3.1 冰生长过程中污染物的迁移机理（以 TDS 为例）

溶解性总固体（TDS，total dissolved solids）是指在水中溶解的各类有机物或无机物的总称。其主要成分有钾、钙、钠、镁离子和碳酸根离子、碳酸氢根离子、硝酸根离子和氯离子。由于乌梁素海湖泊地处干旱、半干旱地区，该区域降水稀少、地表径流补给不丰、蒸发强度超过湖水的补给量，因此 TDS 含量高是该区域湖泊最主要的污染特征。下面通过绘制 TDS 轮廓线（图 3.5）来描述乌梁素海湖泊结冰过程中 TDS 的迁移机理。

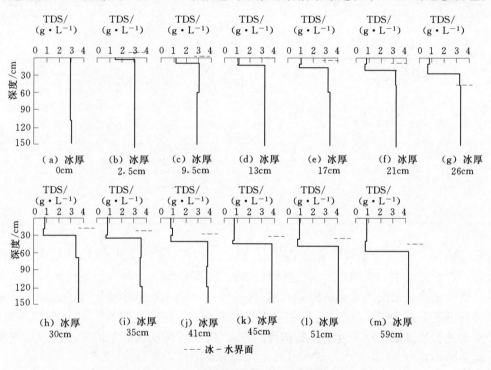

图 3.5 不同冰厚度下的 TDS 轮廓线

3.3.1.1 TDS 在冰-水之间的迁移

由图 3.5 知，冰封期湖泊冰下水体中 TDS 的含量远高于非冰封期水体的含量，而冰封期冰体中 TDS 的含量远低于水体中的含量。这表明在湖泊结冰过程中，TDS 由冰体迁移至冰下水体，结冰过程有排 TDS 效应。这是由于湖水在结冰过程中，细小、平整且不含杂质的冰晶首先形成，而后这些冰晶相互连接合并形成柔性冰。伴随着温度的持续降低，柔性冰相互结合变厚，形成坚硬冰盖。在冰-水界面附近，水分子在氢键作用下缔结析出，附着在冰层下表面冰冻结成冰，同时，由于湖冰对 TDS 的排斥效应，使得 TDS 由冰体迁移至水体，这将导致冰-水界面处水分子的浓度远远低于整个液相中的浓度而 TDS 的浓度却远高于整个液相中的 TDS 浓度。在浓度差的推动下，液相中的水分子向固液界面处扩散，固液界面处的 TDS 向液相扩散，如图 3.6 所示。但是，上面的结晶理论和冰体中仍含有 TDS 的事实不相符，尽管冰体 TDS 的含量低于水体的，如图 3.7 所示。这是由于在冰生长过程中，一种被称为 TDS 包的物质被俘获在纯净的冰体之间。TDS 包的俘获过程和盐包的相似，这在 Weeks and Ackley（1989）中进行了详细的描述。冰生长速率、水体 TDS 含量、冰体结构和冰下水环流等因素都会影响被俘获在纯净冰体之间的 TDS 包体积。温度极低时，冰的生长速率迅速增加，将会有更多的 TDS 包被俘获在冰体中。随着冰厚度的增加，冰和大气之间的热交换作用减弱导致冰生长速率减小。这时就会有较少的 TDS 包被俘获在冰体中，这正和图 3.5（a）～图 3.5（f）描述的相一致，即随着冰厚度的增加冰体的 TDS 含量降低。

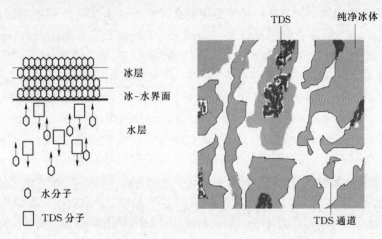

图 3.6　水分子和 TDS 分子的迁移　　　　图 3.7　冰结构剖面图

湖冰的排 TDS 效应也可以通过固液平衡理论来解释。图 3.8 中 $DABE$ 是湖水的冷冻曲线图。D 点是纯水的凝固点。当湖水的温度由 T_0 降至 T_A 时，湖水开始结冰（湖水 TDS 含量越高，湖水的凝固点会有所降低）。在此过程中，湖水的浓度由 C_0 增加至 C_A 随着气温继续降低至 T_B，冰晶形成、生长并从水体中析出。E 点为共晶点，T_E 为共晶点温度。随着温度的持续降低，将会发生共晶转换，导致 TDS 不断从冰体中析出，而冰晶不断从冰下浓缩液中析出。

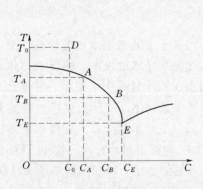

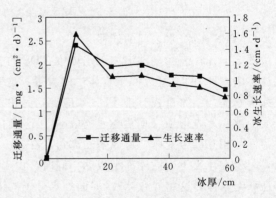

图 3.8　温度-浓度平衡曲线　　　　图 3.9　冰-水界面的迁移通量和冰生长率的变化趋势

同时也可以通过计算 TDS 在冰-水界面的平均迁移通量 $[mg/(cm^2 \cdot d)]$ 来定量描述 TDS 的迁移。如图 3.9 示，迁移通量随冰厚的变化呈现先增加后降低的趋势，这和冰生长速率的变化趋势相似，这表明冰-水界面迁移通量和冰生长速率之间呈线性正相关关系（图 3.10），这可以通过结冰过程和 TDS 的迁移来解释。图 3.11 所示的是两根不同时间采集的冰柱，其中 H_{i1} 和 H_{i2} 表示两根冰柱的高度，H_{w1} 和 H_{w2} 分别是冰下水柱的高度，H 是两次采样时间中冰柱增加的高度。随着冰生长速率的增快，相同时间间隔下 H 值将会变大，也就是排 TDS 的冰体体积增大，将会有更多的 TDS 被排至水体。这表明，生长速率是影响 TDS 迁移的决定性因素之一。

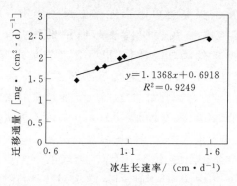 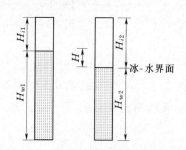

图 3.10 冰-水界面迁移通量和冰生长率的关系　　图 3.11 不同采样时间的冰柱示意图

根据 Cox and Weeks（1988）和 Nakawo and Sinha（1981）的野外观测试验可知，对固定冰体而言，生长速率决定有效分凝系数的大小为

$$k_{eff} = \begin{cases} \dfrac{0.26}{0.26+0.74e^{-7243v}} & (v > 3.6 \times 10^{-5} \text{cm/s}) \\ 0.8925+0.0568\ln v & (3.6 \times 10^{-5} \geqslant v \geqslant 2.0 \times 10^{-6} \text{cm/s}) \\ 0.12 & (v < 2.0 \times 10^{-6} \text{cm/s}) \end{cases} \tag{3.1}$$

对低盐度海水而言，海冰盐度受海水盐度的影响非常小。污染物在冰体中的迁移不仅受冰生长速率的影响，还会受到冰体内部物理、化学和生物过程的影响。

另外，在假设 TDS 在采样点的迁移过程可以代表整个湖泊的前提下，冰生长过程中乌梁素海湖泊中 TDS 在冰-水界面的迁移总量可以通过平均迁移通量、迁移时间和界面面积来计算求得。

$$M = 10^4 f_a A t \tag{3.2}$$

式中：M 为迁移总量，kg；f_a 为平均迁移通量，$f_a = 1.46 \text{mg}/(cm^2 \cdot d)$；$A$ 为湖泊总面积，$A = 333.48 \text{km}^2$；t 为迁移总时间，$t = 75d$。

计算结果显示，冰生长过程中，有 36015840 kg（相对标准误差为 4.48%）的 TDS 由乌梁素海的水体迁移至冰体。湖冰的排 TDS 效应有利于低温生态系统中微生物的存在，在这个系统中有许多微生物生活在冰体中。也有研究表明，TDS 的浓缩过程有利于冰晶纹理间甚至是在沃斯托克湖冰下极端环境中的微生物的生长。

3.3.1.2 TDS 在冰层内部的迁移

TDS 排除过程中所经过的通道称为 TDS 通道（图 3.7）。由图 3.5（a）～图 3.5（f）

所描述的 TDS 轮廓可知，当冰芯长度为 2.5cm 时，其 TDS 含量为 1.48g/L，高于接下来 4 根冰芯的 TDS 含量，这 4 根冰芯的 TDS 含量也随着长度的增加而逐渐减小。当冰芯长度增加至 21cm 时 [图 3.5 (f)]，冰芯的 TDS 含量不再有明显的降低而是从冰芯的顶部至底部均匀分布。这表明 TDS 在冰体内部的迁移仅仅发生在冰体形成的初期（0～21cm）而后大部分的 TDS 系统将转化成独立于冰体的 TDS 饱和气室，TDS 几乎不再迁移。在大部分冰芯底部的 TDS 含量稍低于冰芯上部的（图 3.5），这是由取样过程中不可避免的误差导致的，即在采样过程中，冰下水体上升的水流穿透冰芯底部，洗脱了冰芯底部的 TDS。

通过建立整根冰芯的平均 TDS 和冰厚度的关系也可以描述冰生长过程中 TDS 的迁移过程（图 3.12）。冰体 TDS 和冰厚的拟合曲线表明随着冰厚度的增加，冰体 TDS 降低且呈负指数的变化趋势。随着冰厚度的增加，冰体 TDS 含量先是迅速降低而后基本固定，这和 Fedotov（1973）所描述的南极海冰盐度与冰厚度的关系一致：当海冰厚度为 5cm 时，对应海冰的盐度为 25‰，冰厚增加至 50cm 时，海冰的盐度迅速降至 7.5‰，在实验结束时（170d），海冰的厚度增加至 150cm，而对应海冰的盐度仅以极低的速率降低到 5‰。

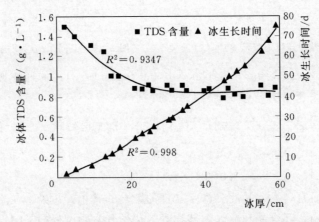

图 3.12　乌梁素海湖泊冰体 TDS 含量和生长速率与冰厚度的关系

以上现象明显表明，冰层内部 TDS 的迁移主要发生在冰的形成初期（0～21cm），随着冰厚度的继续增加，TDS 几乎不再迁移，其浓度在整根冰柱中几乎是均匀分布。冰体中 TDS 的迁移过程主要受到冰体结构和冰生长速率的影响。随着冰厚度的增加，冰体和大气之间的热交换速率明显降低，进而导致冰生长速率的降低。降低的生长速率导致体积较大而较低 TDS 含量的冰晶体的形成。另外，图 3.7 所示的 TDS 的排出通道的空间密度由冰的生长速率决定：生长速率越小，单位面积冰面内排 TDS 的通道越少。因此，随着冰厚的增加，冰体的 TDS 含量降低，且几乎没有 TDS 迁移的发生，而这些排 TDS 系统转化成为一系列的 TDS 饱和气室。

3.3.1.3　TDS 在冰下水体中的迁移

图 3.5 所示的 TDS 轮廓线表明，在冰的整个生长过程中，冰下水体的 TDS 含量几乎是均匀的而没有分层现象。随着冰层厚度的增加，冰下水体的 TDS 含量也逐渐升高。这

是很容易理解的，因为在结冰过程中，有越来越多的 TDS 被排斥至水体，尽管随着冰厚度的增加更少的 TDS 被俘获在冰体中。从冰体中排斥出的 TDS 起初活跃在冰-水界面，然后在浓度差的推动作用下，扩散至整个水体，使得 TDS 在冰下水体中均匀分布。

3.3.1.4　TDS 在水体和沉积物之间的迁移

假设结冰前水体中 TDS 质量和结冰之后冰、水中 TDS 质量之和相等，这就可以通过冰体的厚度、冰体密度、冰体 TDS 含量和水体密度来计算冰下水体的 TDS，即

$$2.95 \times 10^{-3} \times 150A = (150 - T) \times 10^{-3} AT_w + 10^{-3} T_i TA \frac{\rho_i}{\rho_w} \tag{3.3}$$

式中：150 为研究区域的水体深度，cm；A 为研究区域的水，cm^2；2.95 为结冰前水体的 TDS 含量，g/L；T_i、T_w 分别为结冰后冰体和水体的 TDS 含量，g/L；T 为冰层厚度，cm；ρ_i 为冰体密度，g/cm^3；ρ_w 为水体密度，$1.0g/cm^3$（TDS 含量和温度对水体密度的影响忽略不计）。

式（3.3）可以表示为

$$T_w = \frac{442.5 - T\rho_i T_i}{150 - T} \tag{3.4}$$

利用冰厚度分别为 9.5cm、21cm、31cm、41cm、50cm 和 59cm 时 ρ_i 和 T_i 的野外观测数据可以计算对应冰厚时冰下水体的 TDS 含量。

由图 3.13 可知，TDS 实测值小于计算值，且两者的差值随着冰厚的增加而增大。差值的存在表明假设"结冰之前水体中 TDS 质量和结冰之后冰、水中 TDS 质量之和相等"是不成立的，即在结冰过程中部分 TDS 迁移至冰-水体系之外。从理论上可以分析，在结冰过程中由于湖冰的排 TDS 效应导致冰下水体的 TDS 的浓度增加，水和沉积物之间的浓度差使得两者之间产生浓度势，导致部分 TDS 由水体迁移至沉积物。

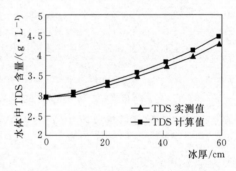

图 3.13　TDS 计算值和实测值关系

该迁移过程也可以通过 Langmuir 吸附模型来描述，其经典方程如下

$$S = \frac{S_{max} C}{k + C} \tag{3.5}$$

式中：S 为达浓度平衡时沉积物中 TDS 的含量，mg/g；S_{max} 为沉积物对 TDS 的最大吸附量，mg/g；C 为达浓度平衡时水体中 TDS 的含量，mg/L；k 为经验常数，mg/L。

式（3.5）可以变形为

$$S = \frac{S_{max}}{\dfrac{k}{C} + 1} \tag{3.6}$$

式 (3.7) 表明，S 随着 C 的增加而增大，即水体盐度的增加导致沉积物 TDS 含量的升高。而随着冰厚度的增加，部分 TDS 被排斥至水体，水体 TDS 的升高导致一部分 TDS 迁移至沉积物，致使沉积物中 TDS 的浓度升高。在整个冰生长过程中，水-沉积物之间始终存在着 TDS 浓度的平衡，该平衡随着冰厚度的增加不断被打破，始终处于动态平衡状态。但是，TDS 向沉积物的迁移不仅仅是简单的沉降和溶解作用，而是物理、化学和生物作用的耦合作用。与非冰封期相比，低温、低溶解氧含量和冰下水的低扰动都将影响 TDS 向沉积物的迁移。用平均迁移通量仍可定量描述 TDS 从水体迁移至沉积物的量（图 3.14）。迁移通量和冰生长速率的关系如图 3.15 所示，它和图 3.10 所描述的冰-水界面的迁移通量与生长速率的关系类似。

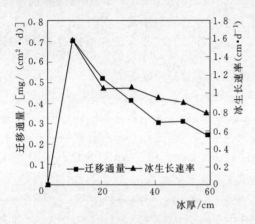

图 3.14　界面迁移通量和冰生长率　　　图 3.15　界面迁移通量和
　　　　　的变化趋势　　　　　　　　　　　　冰生长率的关系

同样的，在前面假设成立的前提下，整个冰生长过程中 TDS 在乌梁素海湖泊水和沉积物之间的迁移总量也可以用式（3.2）进行计算。计算可得迁移总量为 60440950kg（相对标准误差为 7.34%），占冰水之间迁移总量的 16.78%，即有 83.22%（29971745kg）的 TDS 残留在水中。

3.3.2　冰生长过程中 pH 值的变化

pH 值，即氢离子浓度指数（hydrogen ion concentration）是指溶液中氢离子的总数和总物质的量的比。它是表示溶液酸性或碱性程度的数值，即所含氢离子浓度的常用对数的负值。pH 值是水的最基本性质，其对水质变化、水生生物生长繁殖、水处理效果、金属腐蚀性、水中溶解物能否生成沉淀物以及农作物生长等都有重要的影响。所以 pH 值是表征水质状况的一项重要指标。下面通过绘制冰生长过程中不同冰厚度时 pH 值的轮廓线（图 3.16）来研究结冰过程中 pH 值的变化。

由图 3.16 中 pH 值的轮廓线可知，结冰前湖水的 pH 值为 7.71，呈弱碱性，pH 值随水体深度的增加几乎不变化；在冰的生长初期，水体 pH 值的变化不明显 [图 3.16 (b) ~ 图 3.16 (e)]，其值均在 7.7~7.8 之间；随着冰的继续生长，水体的 pH 值升高较快，其值介于 7.8~8.0 之间（冰厚为 35cm 时除外）。冰体的 pH 值明显高于水体的，其值均大于 8.0，最大值为 8.5。但是，随着冰厚度的增加，冰体的 pH 值并没有明显的变化规律，

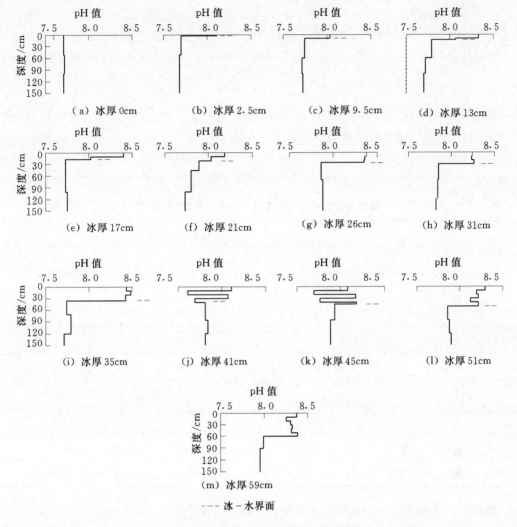

图 3.16 不同冰厚度下的 pH 轮廓线

并且在不同的冰层，pH 值的变化也没有规律，特别是冰厚为 41cm 和 45cm 时，在冰厚度方向上，pH 值有很大的波动 [图 3.16 （j）～图 3.16 （k）]。

由此可见，结冰过程中 pH 值的变化过程不能用结冰过程的排 TDS 效应机理来解释。在结冰的过程中，冰体的 pH 值明显高于冰体的，这是由于结冰过程中，H^+ 也由冰体向水体迁移，但是冰下水体的 pH 值没有呈现逐渐降低的趋势，这是由于冰下水体中存在着 CO_2、H_2CO_3、HCO_3^-、CO_3^{2-}，其化学形态和各形态之间存在如下平衡：化学形态：CO_2（g）、H_2CO_3、HCO_3^-、CO_3^{2-}

化学平衡：
$$CO_2 + H_2O \longrightarrow H_2CO_3$$
$$H_2CO_3 \longrightarrow H^+ + HCO_3^-$$
$$HCO_3^- \longrightarrow H^+ + CO_3^{2-} \tag{3.7}$$

$$
平衡式：
\begin{cases}
K_H = \dfrac{[H_2CO_3]}{P_{CO_2}} \\[2mm]
K_1 = \dfrac{[H^+][HCO_3{}^-]}{[H_2CO_3]} \\[2mm]
K_2 = \dfrac{[H^+][CO_3{}^{2-}]}{[HCO_3{}^-]}
\end{cases}
\tag{3.8}
$$

从表 3.1 可以看出，随着溶液 HCO_3^- 和 CO_3^{2-} 含量的增加，水体的 pH 值也随之升高，因为 HCO_3^- 和 CO_3^{2-} 在水中水解而生成 OH^-，即

$$
CO_3^{2-} + H_2O \longrightarrow HCO_3^- + OH^-
$$
$$
HCO_3^- + H_2O \longrightarrow H_2CO_3 + OH^- \tag{3.9}
$$

表 3.1　　　　　　　　　碳酸盐体系中各成分含量分配比与水体的 pH 值

pH 值	占总碳百分数		
	CO_2	HCO_3^-	CO_3^{2-}
4	99.70	0.30	—
5	97.00	3.00	—
6	69.92	30.08	
7	24.99	74.98	0.03
8	3.22	96.70	0.08
9	0.32	95.84	3.84
10	0.02	71.43	28.55
11	—	20.00	80.00

碳酸盐体系对于水体的调节极其重要。水体力求保持其 pH 值的稳定性，影响水体缓冲能力的缓冲体系有：① CO_3^{2-}—HCO_3^-—CO_2 缓冲体系；② Ca^{2+}—$CaCO_3$ 缓冲体系；③离子交换缓冲体系；④有机酸、腐殖质缓冲体系。

正是由于这些缓冲体系的作用，导致尽管结冰过程对 H^+ 有一定的排斥作用，但是冰下水体的 pH 值没有呈现逐渐降低的趋势。

从表 3.2 看出，水生植物的光合作用及呼吸过程将影响水体中 CO_2 的含量，水生植物进行光合作用所需要的游离 CO_2 由重碳酸根分解产生，即

$$
2HCO_3^- \longrightarrow CO_3^{2-} + CO_2 + H_2O \tag{3.10}
$$

光合作用大量消耗水中的 CO_2，使平衡向右移动，结果水中积累了 CO_3^{2-}，使 pH 值升高，这种情况多发生在白天表层水内；相反，在植物呼吸过程中会积累 CO_2，上式向左移动，pH 值下降，晚上及深水层内这一过程占优势。但冬季冰下水体中水生植物增殖缓慢，冰层对光线的吸收和反射以及过低的水温，导致冰下水生植物的光合作用和呼吸作用微弱，对 pH 值的影响较小。

表 3.2　　　　　　　　　　　　　生物学过程对水体 pH 值的影响

生物学过程	示意反应	对 pH 值的影响
碳同化	$HCO_3^- \to CO_2 \to$ 有机碳	消耗 HCO_3^-，pH 值降低
NO_3^- 同化	$NO_3^- \to$ 有机氮（生物量）$\to OH^-$	生成 OH^-，pH 值升高
NH_4^+ 同化	$NH_4^+ \to$ 有机氮（生物量）$\to H^+$	生成 H^+，pH 值降低
氨化作用	有机氮 $\to NH_4^+ + OH^-$	生成 OH^-，pH 值升高
硝化作用	$NH_4^+ \to NO_3^- + H^+$	生成 H^+，pH 值降低
脱氮作用	$NO_3^- \to N_2 + OH^-$	生成 OH^-，pH 值升高
呼吸作用	有机碳 $\to CO_2$	生成 CO_2，pH 值降低
有机物好气分解作用	有机碳 $\to CO_2 \to HCO_3^-$	生成 HCO_3^-，pH 值升高

3.3.3　冰生长过程中总氮及各形态氮的含量变化

氮是生物生长所必需的营养元素，水体中的氮元素只有发生转变才能被有效利用，如生物生长所需要的硝态氮、亚硝态氮、氨氮等。硝态氮是有机物分解的最终产物，其稳定性最高；亚硝态氮是氮循环的中间产物；氨氮则以游离态存在于水体中，其含量较大程度的影响植物和鱼类的生长，氨氮含量的高低在一定程度上决定了水环境特征和生态效应。但是，如果水体中氮的含量过高，会打破原有的氮平衡，促进某些适应新条件的藻类种属大量生长，吸收水中的氧气，并覆盖了大面积水面，使得水生植物和藻类使水体缺氧，发臭，水质恶化，鱼类及其他生物大量死亡。

3.3.3.1　氮的存在形态

冰生长过程中冰体和水体中氮的形态组成见表 3.3。由表 3.3 可知，冰生长过程中冰体和水体中氮均以 NH_4^+ 形式为主，分别占总氮的 42.4% 和 48.3%，其次为 NO_3^- 和 NO_2^-，这是由于冬季冰-水体系的温度较低，浮游植物相对较少，对 NH_4^+ 的利用量较低，这使得 NH_4^+ 的含量相对较高；而硝化反应的最适宜温度为 30℃，5℃ 以下硝化反应几乎完全停止，这导致 NO_3^- 和中间产物 NO_2^- 含量相对较低。

表 3.3　　　　　　　　　冰生长过程中冰体和水体中氮的形态组成

样品位置	项目	样本数	ρ_{max}/ $(mg \cdot L^{-1})$	ρ_{min}/ $(mg \cdot L^{-1})$	$\bar{\rho}$/ $(mg \cdot L^{-1})$	标准偏差	百分比/%
冰体 （取各层均值）	TN	6	0.91	0.56	0.675	0.124	100
	NO_3^-	6	0.21	0.15	0.168	0.024	24.9
	NO_2^-	6	0.04	0.03	0.038	0.004	5.7
	NH_4^+	6	0.33	0.26	0.286	0.030	42.4
水体 （取各层均值）	TN	6	1.49	1.30	1.39	0.079	100
	NO_3^-	6	0.33	0.26	0.297	0.026	21.4
	NO_2^-	6	0.05	0.04	0.048	0.004	3.5
	NH_4^+	6	0.70	0.64	0.67	0.021	48.3

3.3.3.2　TN 的时空分布特征

图 3.17 所示为冰生长过程中 ρ_{TN} 的时空变化曲线。由图可见，在整个冰生长过程中，ρ_{TN} 的检出范围为 0.53～1.75mg/L，ρ_{TN} 的平均值为 1.03mg/L。

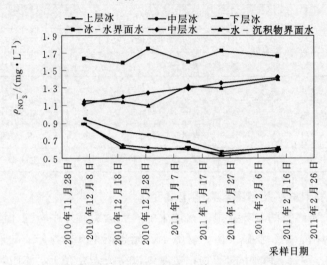

图 3.17　冰生长过程中 ρ_{TN} 的时空变化曲线

从空间分布上看：水体中 ρ_{TN} 明显高于对应冰层中的（冰体和水体中 ρ_{TN} 的均值分别为 0.68mg/L 和 1.39mg/L，即水体中 ρ_{TN} 是冰体的 2.06 倍），该现象是由于冰的生长过程对 TN 有排斥作用，致使部分 TN 在结冰过程中由冰体迁移至水体。但是从冰体和水体 ρ_{TN} 的数据对比上看，湖冰的排 TN 效应较排 TDS 减弱；在冰体内部，上层冰体的 ρ_{TN} 高于中层、下层冰体的（上、中、下三层冰体的 ρ_{TN} 均值分别为 0.73mg/L、0.65mg/L、0.64mg/L），这是由于在冰的生长初期，冰的生长速率较快，较多的 TN 被俘获在冰体中，而随着冰厚度的增加，冰体和大气之间的热交换速率明显降低，进而导致冰生长速率的降低，降低的生长速率导致体积较大而较低 TN 含量的冰晶体的形成，从而导致上层冰体的 ρ_{TN} 高于中层、下层冰体的，但随着冰厚的增加上层冰体的 ρ_{TN} 与中层、下层冰体的 ρ_{TN} 的差值逐渐变小；在水层内部，冰-水界面水的 ρ_{TN} 明显高于中层和水-沉积物界面水的 ρ_{TN}（冰-水界面水、中层水、水-沉积物界面水的 ρ_{TN} 均值分别为 1.66mg/L、1.27mg/L、1.24mg/L），这是由于结冰过程中，部分被排斥而不能进入冰晶的 TN 活跃在冰-水界面；中层和水-沉积物界面水的 ρ_{TN} 相差不大。

从时间分布上看：冰层的 ρ_{TN} 在整体上呈现下降的趋势；表层冰的 ρ_{TN} 在整个冰生长过程下降明显，ρ_{TN} 从结冰初期的 0.95mg/L 下降至 2011 年 1 月 7 日的 0.58mg/L，上层冰 ρ_{TN} 的标准偏差为 0.135，高于其他位置 ρ_{TN} 的标准偏差，ρ_{TN} 的下降是由于随着冰厚度的增加，冰的生长速率降低，较少的 TN 被俘获在冰体中。同时也表明：在冰生长过程中，TN 在冰体内部发生了迁移，由表层冰体向中层、下层冰体迁移；中层、下层冰体的 ρ_{TN} 也呈现下降的趋势，但其降低速率明显低于表层冰体的，且随着冰体厚度的增加，两者的 ρ_{TN} 差值逐渐减小，这是由于冰生长速率的降低和冰体内部 TN 的迁移双重作用造成的；冰-水界面水的 ρ_{TN} 没有明显的变化，在整个冰生长过程中 ρ_{TN} 值在 1.58～1.75mg/L

波动，ρ_{TN} 的标准偏差为 0.067，低于其他位置 ρ_{TN} 的标准偏差；中层和水-沉积物界面水的 ρ_{TN} 在整个冰生长过程中在总体上呈现升高的趋势，中层水的 ρ_{TN} 呈持续上升的趋势，这是由于随着冰层厚度的增加，越来越多的 TN 被排斥至中层和水-沉积物界面水中，使得水体中 ρ_{TN} 升高，而对于水-沉积物界面水中的 ρ_{TN} 而言，其将还会受到水-沉积物之间 TN 交换作用的影响。

3.3.3.3 NO_3^- 的时空分布特征

图 3.18 所示为冰生长过程中 $\rho_{NO_3^-}$ 的时空变化曲线。由图可见，在整个冰生长过程中，$\rho_{NO_3^-}$ 的检出范围为 0.14～0.39mg/L，$\rho_{NO_3^-}$ 的平均值为 0.23mg/L。

从空间分布上看：水体中 $\rho_{NO_3^-}$ 明显高于对应冰层中的（冰体和水体中 $\rho_{NO_3^-}$ 的均值分别为 0.17mg/L 和 0.30mg/L，即水体中 $\rho_{NO_3^-}$ 是冰体的 1.77 倍），该现象同样是由于湖冰的排 NO_3^- 效应，致使部分 NO_3^- 在结冰过程中由冰体迁移至水体。在冰体内部，上层冰体的 $\rho_{NO_3^-}$ 也高于中层、下层冰体的（上、中、下三层冰体的 $\rho_{NO_3^-}$ 均值分别为 0.73mg/L、0.65mg/L、0.64mg/L，即上层冰体的 $\rho_{NO_3^-}$ 均值分别是中层、下层冰体的 1.12 倍和 1.14 倍），但随着冰厚的增加上层冰体的 $\rho_{NO_3^-}$ 与中层、下层冰体的 $\rho_{NO_3^-}$ 的差值并没有变小趋势；在水层内部，冰-水界面水的 $\rho_{NO_3^-}$ 明显高于中层和水-沉积物界面水的（冰-水界面水、中层水、水-沉积物界面水的 $\rho_{NO_3^-}$ 均值分别为 0.35mg/L、0.27mg/L、0.28mg/L），这是由于结冰过程中，部分被排斥而不能进入冰晶的 NO_3^- 活跃在冰-水界面；中层和水-沉积物界面水的 $\rho_{NO_3^-}$ 相差不大。

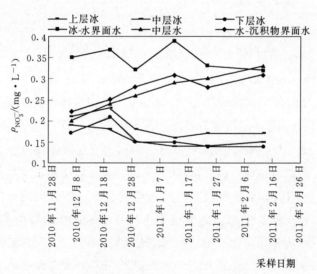

图 3.18　冰生长过程中 $\rho_{NO_3^-}$ 的时空变化曲线

从时间分布上看：冰层的 $\rho_{NO_3^-}$ 在整体上呈现下降的趋势；各层冰的 $\rho_{NO_3^-}$ 在整个冰生长过程的变化趋势相近，上、中、下三层冰体的 $\rho_{NO_3^-}$ 的标准偏差分别为 0.027、0.021、0.027。冰-水界面水的 $\rho_{NO_3^-}$ 变化趋势不明显，在整个冰生长过程中 $\rho_{NO_3^-}$ 值在 0.32～0.39mg/L 波动，$\rho_{NO_3^-}$ 的均值为 0.35，标准偏差为 0.029，低于中层和水-沉积物界面水

$\rho_{NO_3^-}$ 的标准偏差；中层和水-沉积物界面水的 $\rho_{NO_3^-}$ 在整个冰生长过程中在总体上呈现升高的趋势，中层水的 $\rho_{NO_3^-}$ 呈持续上升的趋势，这是由于随着冰层厚度的增加，越来越多的 NO_3^- 被排斥至中层和水-沉积物界面水中，使得水体中 $\rho_{NO_3^-}$ 升高，由于浮游植物对硝态氮的消耗以及水-沉积物之间 NO_3^- 交换作用使水-沉积物界面水的 $\rho_{NO_3^-}$ 的变化趋势较复杂。

3.3.3.4　NO_2^- 的时空分布特征

图 3.19 所示为冰生长过程中 $\rho_{NO_2^-}$ 的时空变化曲线。由图可见，在整个冰生长过程中，$\rho_{NO_2^-}$ 的检出范围为 0.03～0.07mg/L，$\rho_{NO_2^-}$ 的平均值为 0.043mg/L。

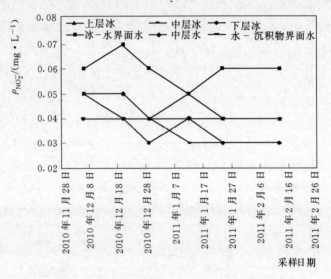

图 3.19　冰生长过程中 $\rho_{NO_2^-}$ 的时空变化曲线

从空间分布上看：水体中 $\rho_{NO_2^-}$ 高于对应冰层中的，但增加的趋势并不明显，冰体和水体中 $\rho_{NO_2^-}$ 的均值分别为 0.038mg/L 和 0.048mg/L，即水体中 $\rho_{NO_2^-}$ 是冰体中的 1.26 倍，该比值在各形态氮的水/冰的 $\rho_{NO_2^-}$ 中为最低，这表明湖冰的排 NO_2^- 效应明显低于 NH_4^+ 和 NO_3^- 的。在冰体内部，上层冰体的 $\rho_{NO_2^-}$ 也高于中层、下层冰体的（上、中、下三层冰体的 $\rho_{NO_2^-}$ 均值分别为 0.045mg/L、0.35mg/L、0.035mg/L，中层、下层冰体的 $\rho_{NO_2^-}$ 均值相同，上层冰体的 $\rho_{NO_2^-}$ 均值分别是中层、下层冰体的 1.29 倍），但随着冰厚的增加上层冰体的 $\rho_{NO_2^-}$ 与中层、下层冰体的 $\rho_{NO_2^-}$ 的差值变化并不明显；在水层内部，冰-水界面水的 $\rho_{NO_2^-}$ 仍高于中层和水-沉积物界面水的（冰-水界面水、中层水、水-沉积物界面水的 $\rho_{NO_2^-}$ 均值分别为 0.060mg/L、0.043mg/L、0.042mg/L，即冰-水界面水的 $\rho_{NO_2^-}$ 分别是中层和水-沉积物界面水的 1.40 倍和 1.43 倍）；中层和水-沉积物界面水的 $\rho_{NO_2^-}$ 相差很小。

从时间分布上看：冰层的 $\rho_{NO_2^-}$ 在整体上呈现下降的趋势，但下降的趋势并不明显；各层冰的 $\rho_{NO_2^-}$ 在整个冰生长过程的变化趋势相近，上、中、下三层冰体的 $\rho_{NO_2^-}$ 的标准偏差相同，均为 0.0055。冰-水界面水的 $\rho_{NO_2^-}$ 变化趋势不明显，在整个冰生长过程中 $\rho_{NO_2^-}$ 值在 0.05～0.07mg/L 波动，$\rho_{NO_2^-}$ 的均值为 0.06mg/L，标准偏差为 0.0063，明显高于中层和水–沉积物界面水 $\rho_{NO_2^-}$ 的标准偏差；中层和水–沉积物界面水的 $\rho_{NO_2^-}$ 在整个冰生长过程中基本稳定在 0.04mg/L，这是由于尽管随着冰层厚度的增加，越来越多的 TN 被排斥至中层和水–沉积物界面水中，但 NO_2^- 的消耗量相对较大，使得水体中 $\rho_{NO_2^-}$ 基本稳定，两者的标准偏差分别为 0.0052 和 0.0041。

3.3.3.5　NH_4^+ 的时空分布特征

图 3.20 为冰生长过程中 $\rho_{NH_4^+}$ 的时空变化曲线。由图可见，在整个冰生长过程中，$\rho_{NH_4^+}$ 的检出范围为 0.20～0.75mg/L，$\rho_{NH_4^+}$ 的平均值为 0.48mg/L。

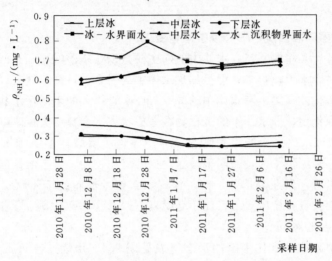

图 3.20　冰生长过程中 $\rho_{NH_4^+}$ 的时空变化曲线

从空间分布上看：水体中 $\rho_{NH_4^+}$ 明显高于对应冰层中的 $\rho_{NH_4^+}$，冰体和水体中 $\rho_{NH_4^+}$ 的均值分别为 0.29mg/L 和 0.67mg/L，即水体中 $\rho_{NH_4^+}$ 是冰体的 2.35 倍，该比值在各形态氮的水/冰中为最高，这表明湖冰的排 NH_4^+ 效应明显强于 NO_3^-、NO_2^- 的。在冰体内部，上层冰体的 $\rho_{NH_4^+}$ 明显高于中层、下层冰体的（上、中、下三层冰体的 $\rho_{NH_4^+}$ 均值分别为 0.32mg/L、0.27mg/L、0.27mg/L，中层、下层冰体的 $\rho_{NH_4^+}$ 值相同，上层冰体的 $\rho_{NH_4^+}$ 均值是中、下层冰体的 1.19 倍），随着冰厚的增加上层冰体的 $\rho_{NH_4^+}$ 与中层、下层冰体的 $\rho_{NH_4^+}$ 的差值几乎没有明显变化；在水层内部，冰–水界面水的 $\rho_{NH_4^+}$ 明显高于中层和水–沉积物界面水的 $\rho_{NH_4^+}$（冰–水界面水、中层水、水–沉积物界面水的 $\rho_{NH_4^+}$ 均值分别为 0.73mg/L、0.65mg/L、0.64mg/L），这是由于结冰过程中，部分被排斥而不能进入冰晶的 NH_4^+ 活跃在冰–水界面；但随着冰厚的增加，两者间的差值逐渐减小，在 2011 年 1 月 24 日后，冰–水界面水、中层水、水–沉积物界面水的 $\rho_{NH_4^+}$ 均值几乎相等，这是由于随着冰厚度的增加，有更多的 NH_4^+ 被排斥到冰下水体中，致使冰下水体的 $\rho_{NH_4^+}$ 逐渐升高；中层和水–沉积物界面水的 $\rho_{NH_4^+}$ 相差不大。

从时间分布上看：冰层的 $\rho_{NH_4^+}$ 在整体上呈现先下降后升高的趋势，这是由于湖冰有较强的排效应，冰生长前期由于随着冰厚度的增加，冰的生长速率降低，较少的 NH_4^+ 被俘获在冰体中，而冰生长后期由于冰下水体中 $\rho_{NH_4^+}$ 明显升高，会有更多的 NH_4^+ 更容易地被俘获在冰体中，致使冰体的 $\rho_{NH_4^+}$ 有升高的趋势；各层冰的 $\rho_{NH_4^+}$ 在整个冰生长过程的变化趋势相近，上、中、下三层冰体的 $\rho_{NH_4^+}$ 的标准偏差分别为 0.032、0.028、0.032。冰-水界面水的 $\rho_{NH_4^+}$ 变化趋势不明显，在整个冰生长过程中 $\rho_{NH_4^+}$ 值在 0.68～0.80mg/L 波动，$\rho_{NH_4^+}$ 的均值为 0.73mg/L，标准偏差为 0.044，高于中层和水-沉积物界面水 $\rho_{NH_4^+}$ 的标准偏差；中层和水-沉积物界面水的 $\rho_{NH_4^+}$ 在整个冰生长过程中在总体上呈现升高的趋势，这也是由于随着冰层厚度的增加，越来越多的 NH_4^+ 被排斥至中层和水-沉积物界面水中，使得水体中 $\rho_{NH_4^+}$ 升高。

3.3.4　冰生长过程中总磷及各形态磷的含量变化

磷是生物生长所必需的元素，水体中的磷主要是以各种磷酸盐和有机磷形式存在，其存在于腐殖质生物和水生植物中，但是如果水体中的磷含量过高，就会导致富营养化的产生，使得水环境恶化。乌梁素海水体中的磷一方面来自排入的生活污水和工业废水。另一方面产生于其内源作用，即水体中的沉积物在还原状态下会释放大量磷酸盐，从而增加水体中磷的含量，使该水生态系统迅速恶化，即使停止了磷酸盐外源排入，问题也难以解决。这是由于多年来沉积了大量的高磷酸盐含量的沉积物，它在不溶性的铁盐保护层的作用下通常不参与混合。但在夏季分层时，深层水含氧量低而处于还原状态，保护作用消失，磷酸盐向水中大量释放所致。目前，乌梁素海的磷含量已达到富营养化的等级。

3.3.4.1　磷的存在形态

冰生长过程中冰体和水体中磷的形态组成见表 3.4。由表 3.4 可见，冰体和水体中 TP 的平均含量分别为 0.198mg/L 和 0.300mg/L。各组分中以 DTP 为主，分别占总磷的 91.6％ 和 95.2％。PO_4^{3-} 含量分别仅为 35.0％ 和 39.8％。这是因为水体结冰后，湖泊因流速变小以及风对水体的扰动作用消失，这易于颗粒物沉积，致使结冰过程中的磷多以溶解态存在。

表 3.4　　　　　　　　　冰生长过程中冰体和水体中磷的形态组成

样品位置	项目	样本数	$\rho_{max}/$ (mg·L^{-1})	$\rho_{min}/$ (mg·L^{-1})	$\bar{\rho}/$ (mg·L^{-1})	标准偏差	百分比/ ％
冰体 (取各层均值)	TP	6	0.21	0.18	0.198	0.011	100
	DTP	6	0.19	0.17	0.182	0.005	91.6
	PO_4^{3-}	6	0.08	0.06	0.069	0.005	35.0
水体 (取各层均值)	TP	6	0.31	0.29	0.300	0.009	100
	DTP	6	0.30	0.27	0.286	0.007	95.2
	PO_4^{3-}	6	0.15	0.08	0.120	0.024	39.8

3.3.4.2　TP 的时空分布特征

图 3.21 所示为冰生长过程中 ρ_{TP} 的时空变化曲线。由图可见，在整个冰生长过程中，ρ_{TP} 的检出范围为 0.18～0.36mg/L，ρ_{TP} 的平均值为 0.25mg/L。

从空间分布上看：水体中 ρ_{TP} 明显高于对应冰层中的，冰体和水体中 ρ_{TP} 的均值分别为

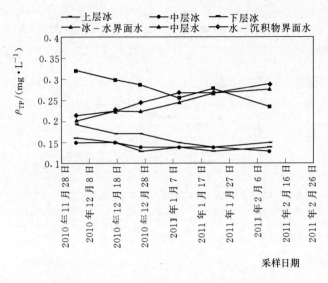

图 3.21 冰生长过程中 ρ_{TP} 的时空变化曲线

0.20mg/L 和 0.30mg/L，即水体中 ρ_{TP} 是冰体的 1.50 倍，该比值小于 TN 的，这表明湖冰的排 TN 效应强于 TP 的。在冰体内部，冰生长前期上层冰体的 ρ_{TP} 高于中层、下层冰体的，而后期即 2011 年 1 月 24 日之后上层冰体的 ρ_{TP} 开始低于中层、下层冰体的，（上、中、下三层冰体的 ρ_{TP} 均值分别为 0.21mg/L、0.19mg/L、0.19mg/L，中层、下层冰体的 ρ_{TP} 值相同，上层冰体的 ρ_{TP} 均值是中、下层冰体的 1.11 倍）；在水层内部，冰-水界面水的 ρ_{TP} 在冰生长前期高于中层和水-沉积物界面水的，而后期低于中层和水-沉积物界面水的（冰-水界面水、中层水、水-沉积物界面水的 ρ_{TP} 均值分别为 0.32mg/L、0.29mg/L、0.30mg/L），冰-水界面水的 ρ_{TP} 与中层和水-沉积物界面水 ρ_{TP} 的差值较 TN 的明显变小，这是由于湖冰的排 TP 效应较排 TN 效应减弱，TP 在冰-水界面的活跃度低于 TP 的；中层和水-沉积物界面水的 ρ_{TP} 相差不大。

从时间分布上看：表层冰的 ρ_{TP} 呈现先下降的趋势，最初高于中层、下层冰体的，而在 2011 年 1 月 24 日之后开始低于中层、下层冰体的，这是由于湖冰生长速率降低和 TP 在冰体内部的迁移共同导致的；中层、下层冰的 ρ_{TP} 在整个冰生长过程的变化趋势相近，其标准偏差分别为 0.0075、0.012。除 2011 年 1 月 24 日冰-水界面水的 ρ_{TP} 值之外，在整个冰生长过程中的其他时段，ρ_{TP} 呈下降状态，其值由最初的 0.36mg/L 降至最后的 0.28mg/L，ρ_{TP} 的均值为 0.32mg/L，标准偏差为 0.029，高于中层和水-沉积物界面水 ρ_{TP} 的标准偏差；中层和水-沉积物界面水的 ρ_{TP} 在整个冰生长过程中在总体上呈现升高的趋势，这也是由于随着冰层厚度的增加，越来越多的 TP 被排斥至中层和水-沉积物界面水中，使得水体中 ρ_{TP} 升高。

3.3.4.3 DTP 的时空分布特征

图 3.22 所示为冰生长过程中 ρ_{DTP} 的时空变化曲线。由图可见，在整个冰生长过程中，ρ_{DTP} 的检出范围为 0.17～0.35mg/L，ρ_{DTP} 的平均值为 0.23mg/L。

从空间分布上看：水体中 ρ_{DTP} 明显高于对应冰层中的，冰体和水体中 ρ_{DTP} 的均值分别

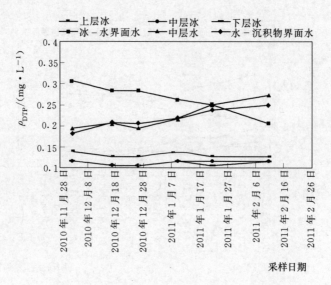

图 3.22　冰生长过程中 ρ_{DTP} 的时空变化曲线

为 0.18mg/L 和 0.29mg/L，即水体中 ρ_{DTP} 是冰体的 1.57 倍，该比值和水/冰 ρ_{TP} 的比值相近，这是由于 DTP 是 TP 的主要组成部分。在冰体内部，上层冰体的 ρ_{DTP} 始终明显高于中层、下层冰体的（上、中、下三层冰体的 ρ_{DTP} 均值分别为 0.19mg/L、0.18mg/L、0.18mg/L，中层、下层冰体的 ρ_{DTP} 值相同，上层冰体的 ρ_{DTP} 均值是中层、下层冰体的 1.06 倍），且两者的差值变化不明显；在水层内部，冰-水界面水的 ρ_{DTP} 在冰生长前期明显高于中层和水-沉积物界面水的，而后期即 2011 年 1 月 24 日后，冰-水界面水的 ρ_{DTP} 开始低于中层和水-沉积物界面水的（冰-水界面水、中层水、水-沉积物界面水的 ρ_{DTP} 均值分别为 0.31mg/L、0.28mg/L、0.27mg/L）；中层和水-沉积物界面水的 ρ_{DTP} 相差不大。

从时间分布上看：各冰层的 ρ_{DTP} 值变化平稳，没有明显波动，上、中、下层冰 ρ_{DTP} 的标准偏差分别为 0.0052、0.0052、0.0055；冰-水界面水的 ρ_{DTP} 值在整个冰生长过程中呈下降趋势，其值由最初的 0.35mg/L 降至最后的 0.26mg/L，ρ_{DTP} 的均值为 0.26，标准偏差为 0.031，高于中层和水-沉积物界面水 ρ_{DTP} 的标准偏差；中层和水-沉积物界面水的 ρ_{DTP} 在整个冰生长过程中在总体上呈现升高的趋势，这也是由于随着冰层厚度的增加，越来越多的 DTP 被排斥至中层和水-沉积物界面水中，使得水体中 ρ_{DTP} 升高。

3.3.4.4　PO_4^{3-} 的时空分布特征

图 3.23 所示为冰生长过程中 $\rho_{PO_4^{3-}}$ 的时空变化曲线。由图可见，在整个冰生长过程中，$\rho_{PO_4^{3-}}$ 的检出范围为 0.06~0.15mg/L，$\rho_{PO_4^{3-}}$ 的平均值为 0.10mg/L。

从空间分布上看：水体中 $\rho_{PO_4^{3-}}$ 高于冰层中的，冰体和水体中 $\rho_{PO_4^{3-}}$ 的均值分别为 0.07mg/L 和 0.13mg/L，即水体中 $\rho_{PO_4^{3-}}$ 是冰体的 1.82 倍，该比值高于水/冰 ρ_{DTP} 的比值，这表明湖冰排 PO_4^{3-} 的效应明显高于排 DTP 的效应。在冰体内部，上层冰体的 $\rho_{PO_4^{3-}}$ 在 2011 年 1 月 12 日之前高于中层、下层冰体的，而之后低于中层、下层冰体的（上、中、下三层冰体的 $\rho_{PO_4^{3-}}$ 均值分别为 0.08mg/L、0.07mg/L、0.07mg/L，中层、下层冰体的

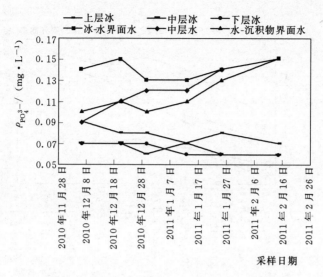

图 3.23 冰生长过程中 $\rho_{PO_4^{3-}}$ 的时空变化曲线

$\rho_{PO_4^{3-}}$ 值相同，上层冰体的 $\rho_{PO_4^{3-}}$ 均值是中层、下层冰体的 1.14 倍），这是由于随着冰厚度的增加，冰生长速率降低，越来越少的 PO_4^{3-} 被俘获在冰体中，冰体在冰生长过程中 PO_4^{3-} 由上层向中下层迁移；在水层内部，冰-水界面水的 $\rho_{PO_4^{3-}}$ 高于中层和水-沉积物界面水的（冰-水界面水、中层水、水-沉积物界面水的 $\rho_{PO_4^{3-}}$ 均值分别为 0.31mg/L、0.28mg/L、0.27mg/L），两者差值随着冰厚度的增加而逐渐减小，直至冰达最厚时冰-水界面水、中层水、水-沉积物界面水的 $\rho_{PO_4^{3-}}$ 相等；中层水的 $\rho_{PO_4^{3-}}$ 高于水-沉积物界面水的。

从时间分布上看：表层冰的 $\rho_{PO_4^{3-}}$ 呈下降趋势，其值由最初的 0.09mg/L 降至 0.07mg/L，平均值为 0.08mg/L，标准偏差为 0.0075；冰-水界面水的 $\rho_{PO_4^{3-}}$ 值在整个冰生长过程中在 0.13～0.15mg/L 间波动，平均值为 0.14mg/L，标准偏差为 0.0089，明显低于中层和水-沉积物界面水 $\rho_{PO_4^{3-}}$ 的标准偏差；中层和水-沉积物界面水的 $\rho_{PO_4^{3-}}$ 在整个冰生长过程中在总体上呈现升高的趋势，这也是由于随着冰层厚度的增加，越来越多的 PO_4^{3-} 被排斥至中层和水-沉积物界面水中，使得水体中 $\rho_{PO_4^{3-}}$ 升高。

3.3.5 冰生长过程中叶绿素 a 的含量变化

叶绿素 a 是一种参与光合作用的最重要的色素。光合作用过程中，叶绿素 a 从光中吸收能量将 CO_2 和水合成碳水化合物，并将光能转变为化学能。叶绿素 a 存在于所有能营光合作用的生物体内，包括绿色植物、真核的藻类和原核的蓝绿藻（蓝菌）。目前，世界经济合作与发展组织（OECD）通过大量验证实验选定叶绿素 a 作为浮游植物现存量的重要指标，被广泛应用于湖泊富营养化监测与评价的工作中。

在冰生长过程中，通过监测不同冰厚度时，上层冰、中层冰、下层冰、冰-水界面水、中层水、水-沉积物界面水的叶绿素 a 含量（$\mu g/L$），探讨冰生长过程中叶绿素 a 的含量变化。图 3.24 所示为冰生长过程中 $\rho_{叶绿素a}$ 的时空变化曲线。由图可见，在整个冰生长过程中，$\rho_{叶绿素a}$ 的检出范围为 18.42～51.07 $\mu g/L$，$\rho_{叶绿素a}$ 的平均值为 32.43 $\mu g/L$。

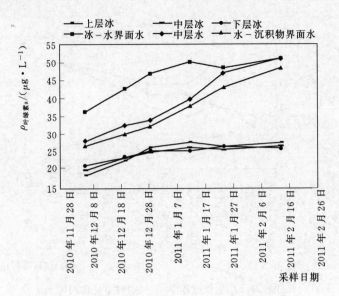

图 3.24　冰生长过程中 $\rho_{\text{叶绿素a}}$ 的时空变化曲线

3.3.5.1　冰生长过程中叶绿素 a 的时间分布特征

从时间分布上看：冰层的 $\rho_{\text{叶绿素a}}$ 在整体上呈现先上升后基本稳定的趋势，上、中、下三层冰的变化趋势基本相同；三层冰的标准偏差为 3.67、2.51、2.01，上层冰体的明显高于中层、下层冰体的，这表明上层冰的 $\rho_{\text{叶绿素a}}$ 数值的跳跃性较大，六个采样时间中，前两个和最后两个样品上层冰的 $\rho_{\text{叶绿素a}}$ 低于中层、下层的，而中间两个样品上层冰的 $\rho_{\text{叶绿素a}}$ 高于中层、下层的，这表明在结冰过程中，叶绿素 a 在冰体内部发生了迁移。在结冰过程中水体的 $\rho_{\text{叶绿素a}}$ 缓慢增长，水体中各层营养物质丰富，浮游植物都以一定的速率增长，但由于冰下水温的限制，水体 $\rho_{\text{叶绿素a}}$ 增长速度较慢；水体 $\rho_{\text{叶绿素a}}$ 的升高主要是由于随着冰层厚度的增加，越来越多的叶绿素 a 被排斥至冰下水体中，使得水体中 $\rho_{\text{叶绿素a}}$ 升高，而对于水-沉积物界面水中的 $\rho_{\text{叶绿素a}}$ 而言，其将还会受到水-沉积物之间叶绿素 a 交换作用的影响；冰-水界面水、中层水和水-沉积物界面水的标准偏差分别为 5.60、8.96 和 8.31，冰-水界面水的标准偏差明显低于后两者的，这表明冰-水界面水中 $\rho_{\text{叶绿素a}}$ 值随冰厚度的变化不明显。

3.3.5.2　冰生长过程中叶绿素 a 的空间分布特征

从空间分布上看：水体中 $\rho_{\text{叶绿素a}}$ 明显高于对应冰层中的（冰体和水体中 $\rho_{\text{叶绿素a}}$ 的均值分别为 24.57μg/L 和 40.29μg/L，即水体中 $\rho_{\text{叶绿素a}}$ 是冰体中的 1.64 倍），该现象是由于冰的生长过程对叶绿素 a 有排斥作用，致使部分叶绿素 a 在结冰过程中由冰体迁移至水体。但是从冰体和水体 $\rho_{\text{叶绿素a}}$ 的数据对比上看，湖冰的排叶绿素 a 的效应较排 TDS 和 TN 的效应减弱，但较湖冰的排 TP 的效应有所增强。在冰体内部，三层冰 $\rho_{\text{叶绿素a}}$ 的平均值分别为 24.80μg/L、24.34μg/L、24.57μg/L，上层冰的 $\rho_{\text{叶绿素a}}$ 均值略高于中层、下层冰体的，中层、下层冰体的 $\rho_{\text{叶绿素a}}$ 差别不大，这是由于在冰的生长初期，冰的生长速率较快，较多的叶绿素 a 被俘获在冰体中，而随着冰厚度的增加，冰体和大气之间的热交换速率明显降低，进而导致冰生长速率的降低，降低的生长速率导致体积较大而较低叶绿素 a 含量的冰晶体的形成，从而导致上层冰体的 $\rho_{\text{叶绿素a}}$ 高于中层、下层冰体的，同时这也受到水体中一部分叶绿素 a 悬浮在上层水体，随着结冰过程而进入上层冰的影响。在水层内部，冰-水界面水的 $\rho_{叶绿素a}$ 明显高于中层和水-沉积物界面水的 $\rho_{叶绿素a}$。（冰-水界面水、中层水、水-沉积物界面水的 $\rho_{叶绿素a}$ 均值分别为 $45.87\mu g/L$、$35.68\mu g/L$、$36.32\mu g/L$），这是由于结冰过程中，部分被排斥而不能进入冰晶的叶绿素 a 活跃在冰-水界面；冰-水界面水的 $\rho_{叶绿素a}$ 与中层和水-沉积物界面水 $\rho_{叶绿素a}$ 的差值随着冰厚的增加而逐渐减小，中层和水-沉积物界面水 $\rho_{叶绿素a}$ 相差不大。

3.3.5.3 叶绿素 a 与 TN、TP 的关系

磷和氮是湖泊浮游植物生长所必需的营养元素，叶绿素 a 是浮游植物生物量的重要指标，它们之间的关系对研究湖泊富营养化的限制因素有重要意义。冰生长过程中冰体和水体中叶绿素 a 与 TN、TP 的关系如图 3.25 和图 3.26 所示。

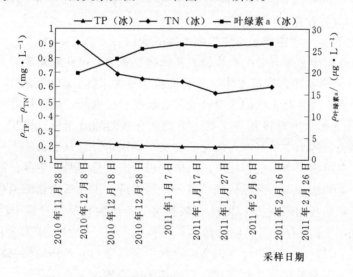

图 3.25　冰生长过程冰体中 $\rho_{叶绿素a}$ 与 ρ_{TP}、ρ_{TN} 的关系

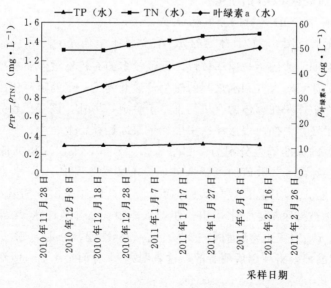

图 3.26　冰生长过程水体中 $\rho_{叶绿素a}$ 与 ρ_{TP}、ρ_{TN} 的关系

由图 3.25 可见，乌梁素海湖泊冰生长过程中冰体中叶绿素 a 与 TN、TP 的变化并没有明显的规律，这是由于单位体积冰体中浮游植物的数量极少且其生长活性很低，其对氮、磷元素的依赖性不明显，即氮、磷不是限制浮游植物生长的主要因素。冰体中叶绿素 a、TN、TP 的浓度主要与冰生长过程中湖冰对其的排斥作用有关，而湖冰的排斥效应主要与三者的物理结构、化学组成、电荷等以及气温、太阳辐射等环境因素相关。

由图 3.26 可见，乌梁素海湖泊冰生长过程中水体中叶绿素 a 与 TN、TP 的变化规律基本一致，都随着时间的推移即冰层厚度的增加而升高，这主要是由于冰层厚度的增加，被排斥至水体的叶绿素 a 与 TN、TP 的量也持续增加。水体中 TN 与 TP 浓度之比的平均值约为 4.62，且随着冰厚度的增加，两者的比值也逐渐升高。同时，由于冰下水体中浮游植物对氮、磷等营养盐的依赖，而水体中 $\rho_{叶绿素a}$ 又依赖于浮游植物的存在量，因此 $\rho_{叶绿素a}$ 随着 ρ_{TN}、ρ_{TP} 的升高而逐渐增加。

3.3.6　冰生长过程中化学需氧量与生化需氧量的变化

水中的还原性物质主要有各种有机物、硫化物、亚硝酸盐和亚铁盐等，但以有机物为主。因此，COD 常常被作为衡量水体中有机物质含量的指标。COD 越大，说明水体受有机物的污染越严重，这些有机物来源可能是有机肥料、农药、化工厂等。

BOD_5 是一个表示水中有机物等需氧污染物质含量的综合指标。BOD_5 指的是在规定的条件下，微生物分解水中的某些可氧化的物质，特别是分解有机物的生物化学过程中所消耗的溶解氧。有机物在微生物作用下的降解过程一般可分为两个阶段：第一阶段中有机物转化为 CO_2、氨和水；第二阶段为硝化过程，即氨进一步在亚硝化细菌和硝化细菌的作用下，转化为亚硝酸盐和硝酸盐。BOD_5 一般指第一阶段生化反应过程中的耗氧量。水体中 BOD_5 值越高说明水中有机污染物质越多，污染越严重。若水体中 BOD_5 值过高，将造成水中溶解氧缺乏，同时，无机物可能会经过水中厌氧菌的分解作用而引起腐败现象，产生硫化氢、甲烷、氨和硫醇等恶臭气体，最终使水体变质发臭。

3.3.6.1　冰生长过程中 COD 的变化

1. 冰生长过程中 COD 的时间分布特征

从时间分布上看（图 3.27）：冰层的 ρ_{COD} 在整体上呈现先下降后基本稳定的趋势，这是由于在冰生长初期，冰的生长速率较快，导致较多的有机物被俘获在冰体中，而后随着冰层厚度的增加，冰层对大气和水之间的热量传递起到了一定的阻碍作用，导致冰体的生长速率较稳定，而被俘获在冰体的有机物也趋于稳定，另外，该变化趋势也表明，有机物在冰体内也发生了迁移，即由表层冰向中层、下层冰迁移；上、中、下三层冰的变化趋势基本相同，三层冰的标准偏差分别为 2.05、2.22、2.60，上层冰体的低于中层、下层冰体的，这表明上层冰的 ρ_{COD} 数值的跳跃性较小。在结冰过程中，冰-水界面水、中层水和水-沉积物界面水的 ρ_{COD} 均随着冰厚的增加而上升，这同样是由于随着冰层厚度的增加，越来越多的有机物被排斥至冰下水体中，使得水体中 ρ_{COD} 升高；冰-水界面水、中层水和水-沉积物界面水 ρ_{COD} 的变化趋势基本一致，三者的标准偏差分别为 10.30、9.52 和 9.72，冰-水界面水的标准偏差略高于后两者的，这表明冰-水界面水中 ρ_{COD} 值随冰厚度的变化较为明显。

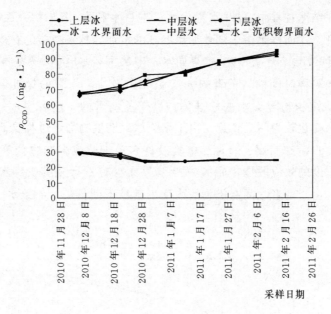

图 3.27　冰生长过程中 ρ_{COD} 的时空变化曲线

2. 冰生长过程中 COD 的空间分布特征

从空间分布上看（图 3.27）：水体中 ρ_{COD} 明显高于对应冰层中的，冰体和水体中 ρ_{COD} 的均值分别为 25.30mg/L 和 79.27mg/L，即水体中 ρ_{COD} 是冰体的 3.13 倍，该比值明显高于 TDS、氮及各形态氮、磷及各形态磷和叶绿素 a 的浓度，表明冰的生长过程对 COD 排斥作用最强。在冰体内部，三层冰 ρ_{COD} 的平均值分别为 25.18mg/L、25.41mg/L、25.32mg/L，中层冰的 ρ_{COD} 均值略高于上层、下层冰体的，上层、下层冰体的 ρ_{COD} 差别不大，与湖冰中 TDS、氮及各形态氮、磷及各形态磷和叶绿素 a 的分布规律有着明显的不同，这可能是由于有机物的结构、化学组成、电荷等因素导致其在冰层中的分布有异于其他污染物的。在水层内部，冰-水界面水、中层水、水-沉积物界面水的 ρ_{COD} 均值分别为 78.82μg/L、78.86μg/L、80.11μg/L，即自上而下 ρ_{COD} 逐渐升高，这是由于冰封期水体 COD 的削减模式与畅流期的有很大的区别，COD 的削减除了生物降解和沉淀作用外，还包括冰层的冻结作用。对 COD 削减最显著的是沉淀作用，各作用对 COD 的削减影响程度依次为：沉淀作用＞冻结作用＞生物降解作用，正是由于 COD 的沉淀作用，导致水-沉积物界面水的 ρ_{COD} 高于上层水的。

3.3.6.2　冰生长过程中生 BOD₅ 的变化

1. 冰生长过程中 BOD₅ 的时间分布特征

从时间分布上看（图 3.28）：冰层的 ρ_{BOD_5} 在整体上呈现下降的趋势，但下降的幅度较小，这同样是由结冰速率的减小和有机物在冰体内部发生了迁移导致的；上、中、下三层冰的变化趋势基本相同，三层冰的标准偏差为 0.26、0.26、0.29，下层冰体的高于上层、中层冰体的，这表明下层冰的 ρ_{BOD_5} 数值的跳跃性较大，同时也有研究表明，在冰芯采集过程中，上涌的水流可能会进入下层冰体，使得下层冰体的 ρ_{BOD_5} 受到冰下水体的干扰而产生较大误差。在结冰过程中，冰-水界面水、中层水和水-沉积物界面水的 ρ_{BOD_5} 均随着冰厚的增加而上升，这同样是由于随着冰层厚度的增加，越来越多的有机物被排斥至冰下水体中，使得水体中 ρ_{BOD_5} 升高；冰-水界面水、中层水和水-沉积物界面水 ρ_{BOD_5} 的变化趋势基本一致，相同采样时间内，三者的 ρ_{BOD_5} 值相差较小，三者的标准偏差分别为 1.12、1.09 和 1.26，水-沉积物界面水的标准偏差高于前两者的，这表明水-沉积物界面水中 ρ_{BOD_5} 值随冰厚度的变化较为明显，这是由于湖泊冰封期生物降解过程受低水温、低溶解氧和弱光照的影响，水栖细菌属、真菌、藻类及许多单细胞或多细胞低等微生物的活性极低，其对有机物浓度的效应缓慢，而水-沉积物界面水的 ρ_{BOD_5} 主要受到水与沉积物之间的交换作用的影响，由于两者之间有机物的浓度平衡被不断打破，导致水-沉积物界面水的 ρ_{BOD_5} 值波动较大。

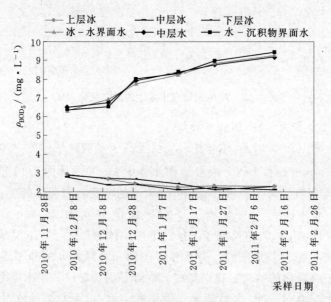

图 3.28　冰生长过程中 ρ_{BOD_5} 的时空变化曲线

2. 冰生长过程中 BOD$_5$ 的空间分布特征

从空间分布上看（图 3.28）：水体中 ρ_{BOD_5} 明显高于对应冰层中的，冰体和水体中 ρ_{BOD_5} 的均值分别为 2.44mg/L 和 7.91mg/L，即水体 ρ_{BOD_5} 是冰体的 3.24 倍，该比值高于 COD 的，表明冰的生长过程对 BOD$_5$ 的排斥作用强于对 COD 的。在冰体内部，三层冰 ρ_{BOD_5} 的平均值分别为 0.26mg/L、0.26mg/L、0.29mg/L，下层冰的 ρ_{BOD_5} 均值略高于上层、中层冰体的，上层、中层冰体的 ρ_{BOD_5} 差别不大，这可能是由于湖冰对 BOD$_5$ 的排斥作用较强，导致冰下水体的 ρ_{BOD_5} 较快升高，随着冰厚度的增加，生长速率降低，尽管被俘获在冰体中 BOD$_5$ 的比例降低，但由于水体的绝对 ρ_{BOD_5} 值升高，导致更多的有机物被俘获在冰体中，导致下层冰体中的 ρ_{BOD_5} 高于中层、上层冰体的。在水层内部，冰-水界面水、中层水、水-沉积物界面水的 ρ_{BOD_5} 均值分别为 7.89mg/L、7.91mg/L、7.94mg/L，即自上而下 ρ_{BOD_5} 逐渐升高，这同样是由于冰封期水体的生物降解作用微弱，而由于冰层的覆盖阻碍了风对水体的扰动，同时由于该时段的入湖水流下，水体几乎静止，这也有利于 BOD_5 的沉淀，进而导致水-沉积物界面水的 ρ_{BOD_5} 高于中层和水-沉积物界面水的。

3.3.6.3　冰生长过程中 ρ_{BOD5}/ρ_{COD} 值的变化特征

BOD_5 与 COD 两项指标各有特点。BOD_5 反映的是可被微生物氧化分解的有机物量，而 COD 则反映的是有机物全部氧化分解所需的氧量，但不能反映出只能被微生物分解的那部分有机物的量。因此，对于研究某湖泊的水质成分和研究湖泊中有机物的性质，两项指标都非常重要。而 ρ_{BOD_5}/ρ_{COD} 表征的是湖泊水的可生化性，分析研究该比值的机理及其变化特征，对于分析湖泊水体污染的水质特征，研究水质的模型结构与参数，拟定水污染的控制方式与深度，以及制定合理可行的水污染修复方式等方面都有着直接的指导意义。所以在水污染控制系统的规划和实施过程中，对 ρ_{BOD_5}/ρ_{COD} 的研究是探讨湖泊水质基本特征的一项重要课题。该研究通过监测冰生长过程中不同冰厚度时，上层冰、中层冰、下层冰、冰-水界面水、中层水、水-沉积物界面水的 ρ_{BOD_5}/ρ_{COD}，探讨结冰过程对湖泊水体可生化性的影响。

图 3.29 所示为冰生长过程中 ρ_{BOD_5}/ρ_{COD} 的变化曲线。由图知，ρ_{BOD_5}/ρ_{COD} 的值介于 0.085～0.115 之间，这表明，乌梁素海湖泊水体的 ρ_{BOD_5} 远远低于 ρ_{COD}，这是由多方面的原因造成的，一方面，湖泊水体中许多能被 $K_2Cr_2O_7$ 强氧化剂氧化的有机物不一定能被微生物微弱的化学作用所氧化；另一方面，湖泊水体中的某些无机物离子，如硫代硫酸盐（$S_2O_3^{2-}$），硫化物（S^{2-}），亚铁离子（Fe^{2+}）以及亚硝酸盐（NO_2^-）可被 $K_2Cr_2O_7$ 氧化，却不能通过监测 BOD_5 的实验法测出，因此 COD 值主要包括两个部分，即能被微生物降解的有机质（COD_B）和不能被微生物降解的物质（COD_{NB}），该关系可用下式表示

$$COD = COD_B + COD_{NB} \tag{3.11}$$

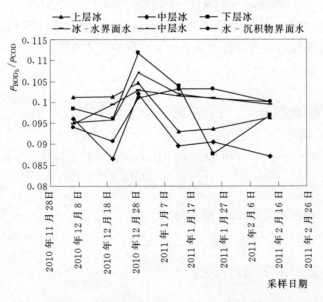

图 3.29　冰生长过程中 ρ_{BOD_5}/ρ_{COD} 的变化曲线

同时，BOD_5 与 COD 两项指标间的关系，也可以借助有机质的生物降解过程和生化理论对 COD 的机理来分析。有机物的降解过程可表示为以下几个反应式：

（1）有机物的氧化分解（有氧呼吸）。

$$C_xH_yO_z + \left(x + \frac{y}{4} - \frac{z}{2}\right)O_2 \xrightarrow{\text{酶}} x\,CO_2 + \frac{1}{2}y\,H_2O + 能量 \tag{3.12}$$

（2）原生质的同化合成（以氨为氮源）。

$$n(C_xH_yO_z) + NH_3 + \left(nx + \frac{n}{4}y - \frac{n}{2}z\right)O_2 \xrightarrow{\text{酶}} C_5H_7\,NO_2 + (nx - 5)CO_2 \tag{3.13}$$

（3）原生质的氧化分解（内源呼吸）。

$$(C_5H_7\,NO_2)_n + 5nO_2 + \left(nx + \frac{n}{4}y - \frac{n}{2}z\right)O_2 \xrightarrow{\text{酶}} 2nH_2O + 5n\,CO_2 + n\,NH_3 + 能量 \tag{3.14}$$

上述生化反应过程可用如图 3.30 所示关系图作简单的说明。

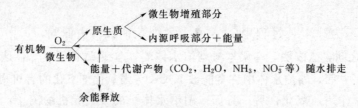

图 3.30　有机物的好气分解图示

由图 3.30 可知：可被生物降解的全部有机质是可被微生物氧化分解的有机质与微生物原生质体内自身（氧化分解、同化合成）所消耗的有机质之和。其数学表达式为

$$BOD_u = a\,COD_B + bc\,COD_B = (a + bc)COD_B \tag{3.15}$$

式中：BOD_u 为有机物彻底氧化的最终生化需氧量；a 为所吸收的有机物用于氧化的比例系数；b、c 为原生质体内自身同化合成和氧化分解的比例系数。

根据反应数学模式

$$y_t = L_0(1 - 10^{-Kt}) \tag{3.16}$$

式中：y_t 为时间 t 的 BOD 值；L_0 为最终 BOD；t 为反应时间。

当 $t = 5$ 天时，则有

$$BOD_5 = BOD_u(1 - 10^{-5K}) \tag{3.17}$$

$$BOD_u = \frac{BOD_5}{1 - 10^{-5K}} \tag{3.18}$$

将式（3.18）代入式（3.15），整理得

$$COD_B = \frac{BOD_5}{(1 - 10^{-5K})(a + bc)} \tag{3.19}$$

将式（3.19）代入式（3.11），并令

$$\frac{1}{(1 - 10^{-5K})(a + bc)} = k \tag{3.20}$$

则有：

$$COD = k\,BOD_5 + COD_{NB} \tag{3.21}$$

将式（3.21）两边同时除以 COD 可得

$$1 = k\frac{BOD_5}{COD} + \frac{COD_{NB}}{COD} \tag{3.22}$$

即

$$k\frac{BOD_5}{COD} = \frac{COD - COD_{NB}}{COD} \tag{3.23}$$

将式（3.11）代入式（3.23），则有

$$\frac{BOD_5}{COD} = \frac{1}{k}\frac{COD_B}{COD} \tag{3.24}$$

式中 $\frac{BOD_5}{COD}$ 反应有机物的可生物降解程度，式（3.23）可作为评价水体生化程度的基本公式；式中 $\frac{1}{k}$ 的物理意义为：当 $COD_B = COD$，即 $COD_{NB} = 0$ 时的 $\frac{BOD_5}{COD}$ 的值。

由于研究区域冰封期没有外源污染的输入，且冰下水体中微生物因为低温度、低溶解氧的条件其生物活性极其低下，因此可以推测水体中的有机物组成相对稳定，则 ρ_{BOD_5}/ρ_{COD} 的数值应该较为稳定。但是由图 3.29 可知，各部位水体的 ρ_{BOD_5}/ρ_{COD} 随着冰层厚度的增加而有着较大的变化。上层冰、中层冰、下层冰、冰-水界面水、中层水、水-沉积物界面水的 ρ_{BOD_5}/ρ_{COD} 均值分别为 0.098、0.092、0.099、0.100、0.100、0.099，冰融水和冰下水体的 ρ_{BOD_5}/ρ_{COD} 均值分别为 0.097 和 0.100，这表明冰融水的可生化性低于冰下水体的，这是由于冰生长过程中，湖冰对 BOD_5 的排斥作用高于对 COD 的排斥，结冰过程中有更大比例的 BOD_5 被排斥至冰下水体中，导致冰下水体中 ρ_{BOD_5}/ρ_{COD} 值高于冰体中的。

1. 冰生长过程中 BOD_5 与 COD 的关系

根据 BOD_5 与 COD 的相关模式，可以将 COD 作为 Y 变量（纵坐标），BOD_5 为 X 变量（横坐标），将得到不同位置和不同采样时间的 COD 与 BOD_5 的拟合关系线，如图 3.31 所示。

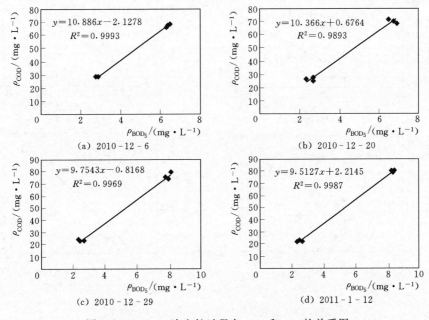

图 3.31（一） 冰生长过程中 ρ_{BOD_5} 和 ρ_{COD} 的关系图

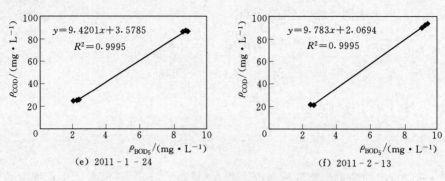

（e）2011 - 1 - 24　　　　　　　　　（f）2011 - 2 - 13

图 3.31（二）　冰生长过程中 ρ_{BOD_5} 和 ρ_{COD} 的关系图

从图 3.31 中可以清楚地看到，在冰生长过程中，乌梁素海湖泊冰体和水体的 COD 与 BOD$_5$ 之间均呈较好的线性相关关系，相关系数 R 在 0.9893～0.9995 之间。图中拟合关系表达式中的一次项系数表示不可被生物降解的有机物的量 COD$_{NB}$＝0 时 ρ_{COD}/ρ_{BOD_5} 的值。

另外，由于多数水样含有较多的耗氧物质，其耗氧量可能超过水中溶解氧，因此，在监测 BOD$_5$ 含量前需要对待培养的水样进行稀释，而稀释倍数的选择很重要，稀释倍数过大或过小都会对测定结果影响都很大，只有耗氧在一定范围内，即 5d 前后溶解氧差值大

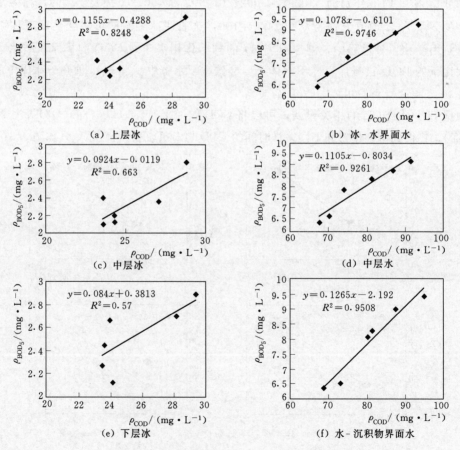

图 3.32　不同采样位置 ρ_{BOD_5} 和 ρ_{COD} 的关系图

于等于 2 且 5d 后溶解氧值大于 1 时，所测得的 BOD_5 的含量才可靠。而如果稀释比不合理，当 5d 后发现测得的数据不可靠时，样品已超过监测的有效期，所带来的损失将会无法弥补。因此，通过建立两者的拟合关系，即可以根据 COD 值快速估算出 BOD_5 值，并以此值作为中间值确定合适的稀释比。

2. 不同采样位置 BOD_5 与 COD 的关系

由图 3.32 可知，在冰生长过程中，乌梁素海湖泊不同采样位置上 COD 与 BOD_5 之间也呈较好的线性关系，R^2 在 0.57～0.9746 之间。冰体和水体相比，冰融水的 COD 与 BOD_5 的相关性明显低于冰下水体的，这表明冰体内 ρ_{COD}/ρ_{BOD_5} 的变化较大，这也是由于湖冰对 COD 和 BOD_5 的排斥效应不同导致两者的比值有所差异。在冰体内部，自冰体上层至下层，两者的相关系数逐渐减小，这是由于随着冰厚度的增加，在冰层的隔热作用下，冰的生长速率减小，进而导致湖冰对 COD 和 BOD_5 的排斥效应相差较大。在水体内部，COD 与 BOD_5 的相关关系明显大于冰体的，其 R 在 0.9261～0.9746 之间。另外，拟合表达式中的一次项系数表示不可被生物降解的有机物的量 $COD_{NB}=0$（但从理论上讲 COD_{NB} 不可能为恒 0，而是一个随机变量，对于水体在同一断面取样，取样的时间、取样的环境条件、测定中的误差以及测试反应进行的程度等都会使 COD 值具有随机性，从而使 COD_{NB} 也具有随机性，但并不意味着两个值不具有确定性）时，ρ_{COD}/ρ_{BOD_5} 的值。该值自冰层上部至下部逐渐减小，而自冰-水界面水至水-沉积物界面水逐渐增大。

3.4 呼伦湖冰体和水体的对比分析

由图 3.33 知，除 I2 点冰体和水体中氨氮的含量相等外，其他各点水体中各形态营养盐和有机物的含量均大于冰体中的。其中水体中氨氮、硝酸盐氮、总氮、可溶性磷、总磷和有机物含量的均值分别是其对应冰体中的 1.029 倍、1.172 倍、3.144 倍、2.238 倍、2.200 倍、3.042 倍，即除无机氮外，水体中营养盐和有机物的含量均是冰体中含量的 2 倍以上。

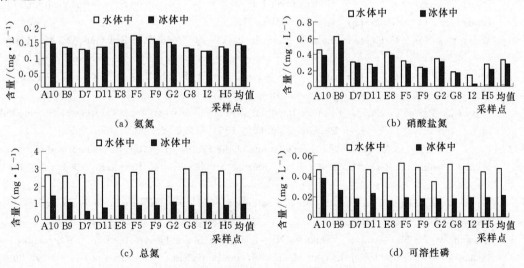

图 3.33（一） 水体和冰体中营养盐和有机物含量的对比分析图

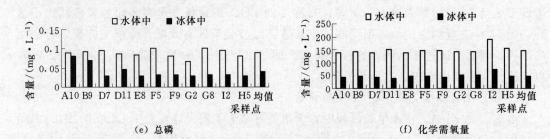

（e）总磷　　　　　　　　　　　　　　　　　　（f）化学需氧量

图 3.33（二）　水体和冰体中营养盐和有机物含量的对比分析图

参 考 文 献

［1］ Lu P，Li Z J，Cheng B，et al. Sea Ice surface Features in Arctic Summer 2008：Aerial Observations ［J］. Remote Sensing of Envieonment，2010，114（4）：693－699.

［2］ 李志军，贾青，黄文峰，等. 水库淡水冰的晶体和气泡及密度特征分析 ［J］. 水利学报，2009，40（11）：1333－1338.

［3］ Beltaos S. Progress in the Study and Management of River Ice Jams ［J］. Cold Regions Science and Technology，2008，51（1）：2－19.

［4］ Makshtas，A P. The Heat Balance of Arctic Ice in Winter. Leningrad：Gidrometeoizdat ［M］. English translation，International Glaciological Society，Cambridge，U. K.，1991.

［5］ Martin S. A Field Study of Brine Drainage and Oil Entrainment in First-year Sea Ice ［J］. Journal of Glaciology，1979，22（88）：473－502.

［6］ 黄继国，傅鑫廷，王雪松，等. 湖水冰封期营养盐及浮游植物的分布特征 ［J］. 环境科学学报，2009，29（8）：1678－1683.

［7］ 黄继国，彭祥捷，俞双，等. 水体结冰期营养盐和叶绿素 a 的分布特征 ［J］. 吉林大学学报（理学版），2008，46（6）：1231－1236.

［8］ 姜慧琴. 乌梁素海营养盐在冰体中的空间分布及其在冻融过程中释放规律的试验研究 ［D］. 呼和浩特：内蒙古农业大学，2011，52－54.

［9］ Roger P，Gregory A L. 2009. Effect of Salt Exclusion from Lake Ice on Seasonal Circulation ［J］. Limnology and Oceanography，54（2）：401－412.

［10］ Wang Y J，Sun Z D. Lakes in the Arid Areas in China ［J］. Arid Zone Research，2007，24（4）：422－427；

［11］ Maykut，G A. 1986. The Surface Heat and Mass Balance ［M］. In The Geophysics of Sea Ice（N. Untersteiner，Ed.）. New York：Plenum Press，p. 395－463.

［12］ Olivier L，Pascal T，Eugenie B，et al. Potential of Freezing in Wastewater Treatment：Soluble Pollutant Application ［J］. Water Research，2001，2（35）：541－547.

［13］ Cox G F N，Weeks W F. Numerical Simulations of the Profile Properties of Undeformed First-year Sea Ice during the Growth Season ［J］. Journal of Geophysical Research，1988，93：12449－12460.

［14］ Nakawo，M，Sinha N K. Growth Rate and Salinity Profile of First-sea Ice in the High Arctic ［J］. Journal of Glaciology，1981，27（96）：315－330.

［15］ Kawamura T，Shirasawa K，Ishikawa N，et al. Time Series Observations of the Structure and Properties of Brackish Ice in the Gulf of Finland，the Baltic Sea ［J］. Annals of Glaciology，2001，33：1－4.

[16] Thomas D N，Dieckmann G S. Biogeochemistry of Antarctic Sea Ice [J]. Oceanography and Marine Biology：an Annual Review，2002，40：143 - 169.

[17] Price P B. A Habitat for Psychrophiles in Deep Antarctic Ice [C]. Proceedings of the National Academy of Sciences of the United States of America. 2000，97（3）：1247 - 1251.

[18] 范成新，张路，秦伯强. 太湖沉积物-水界面生源要素迁移机制及定量化——1. 铵态氮释放速率的空间差异及源-汇通量 [J]. 湖泊科学，2004，16（1）：11 - 20.

[19] 高红杰，康春莉，张歌珊，等. 间甲酚在冰相中分布和释放规律的室内模拟研究 [J]. 科学技术与工程，2008，8（10）：2731 - 2735.

[20] 陈永川，汤利. 沉积物-水体界面氮磷的迁移转化规律研究进展 [J]. 云南农业大学学报，2005，20（4）：527 - 533.

[21] 王宪恩，董德明，赵文晋，等. 冰封期河流中有机污染物削减模式 [J]. 吉林大学学报（理学版），2003，7（3）：392 - 395.

[22] 宋在兰. 浅论 COD 与 BOD_5 相关关系模式的建立 [J]. 四川环境，2000，19（2）：53 - 57.

第4章
典型湖泊沉积物生源要素的地球化学循环

4.1 呼伦湖沉积物营养盐的分布特征

4.1.1 呼伦湖沉积物样品的采集

根据湖泊面积大小、形状特征和水体流向及入湖河流等情况，在呼伦湖设置 11 个沉积物采样点，具体布点如图 4.1 所示。2008 年 12 月采用全球定位系统定位，利用柱状采泥器，共采集表层 15cm 的沉积物样品 21 个。样品是在冬季于冰冻湖面各采样点位破冰钻孔进行采集，然后放入聚乙烯塑料袋中密封，运回实验室冷冻保存。

图 4.1 呼伦湖沉积物采样点分布

4.1.2 呼伦湖沉积物营养盐的分布特征

图 4.2 反映了呼伦湖表层沉积物中各采样点 TN、TP 和 TOC（总有机碳）的分布状况。沉积物中 TN 的含量为 0.06%～0.17%，新开河（A10）、乌尔逊河（F9）和克鲁伦河（I2）入湖点均值为 0.07%，其他采样点均值为 0.16%；TP 的含量为 0.02%～0.10%，三条河流入湖点均值为 0.03%，其他点均值为 0.08%。TN 的含量整体高于 TP 的，且两者在各采样点含量的总体变化趋势基本相同。湖西北边缘的 B9 和 D7 点 TN 含量最高，约为入湖点均值的 2 倍多，靠近乌尔逊河入口的 E8 点 TP 含量最高，约为入湖点均值的 3 倍多。

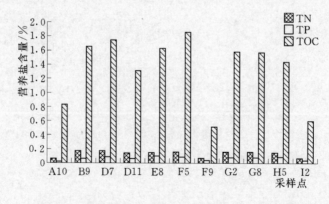

图 4.2 呼伦湖不同采样点表层沉积物营养盐含量

TOC 含量的变化反映了沉积物腐殖质的变化，也可反映出湖泊的营养化程度。全湖 TOC 含量为 0.51%～1.86%，三条河流入湖点的均值为 0.64%，其他采样点均值为 1.60%。湖西南边缘 F5 点 TOC 的含量最高，约为三条河流入湖点（A10、F9、I2）TOC 含量均值的 3 倍。

总之，三条河流入湖点 TN、TP 和 TOC 含量的均值都远低于其他采样点均值，主要可能与近年来呼伦湖水位下降，水量减少，湖水基本停止向外排水和大面积围网养殖以及湖周放牧的影响等因素有关。

4.2 乌梁素海沉积物营养盐的分布特征

4.2.1 乌梁素海沉积物样品的采集

将乌梁素海在空间上以 2km×2km 的正方形网格剖分，利用网格的交点，以梅花形布置水样监测点，有 20 个连续监测数据点，具体布点如图 4.3（a）和图 4.3（b）所示。利用 GPS 定位监测点位置，采样时间为每年每月中旬。

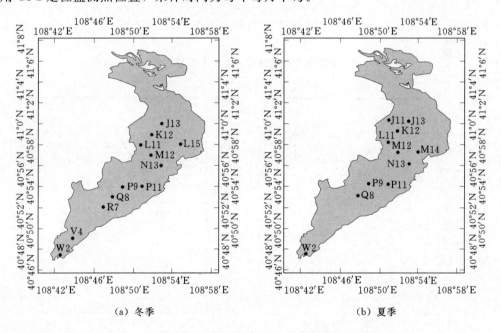

（a）冬季　　　　　　　　　　　（b）夏季

图 4.3　乌梁素海沉积物采样点分布

对乌梁素海进行了 2 次沉积物样品采集，利用 GPS 定点，自制底泥采样器采样，分别于 2009 年 1 月采集厚度约 20cm 的 13 个沉积物样品，2009 年 7 月在总排和湖区 12 个采样点，采集的沉积物柱芯样品为 40cm 左右。同时现场按 5cm 厚度对样品进行分层，装入样品袋，放置在提前准备好的低温箱体中保存。将沉积物样品进行自然风干、玻璃棒磨碎、剔除杂物、研钵研磨最后过 100 目筛，装入聚乙烯瓶中备用。

4.2.2 乌梁素海沉积物总氮及形态氮的分布特征

4.2.2.1 乌梁素海表层沉积物中总氮及形态氮的水平分布特征

对乌梁素海 11 个采样点的表层沉积物进行了总氮、氨氮以及硝态氮的含量进行了分析，利用 Surfer 进行等值线描述（图 4.4 和图 4.5）。分析结果表明，乌梁素海沉积物中的氮在沉积与积累的过程中受到了多种因素的影响，使得乌梁素海不同湖区沉积物中的氮素的空间分布特征有所差异。影响因素主要包括酸碱度、氧化还原性、盐度等湖泊水体与沉积物中的环境、沉积物在沉积过程中的速度以及粒度等沉积物自身的物理性质。

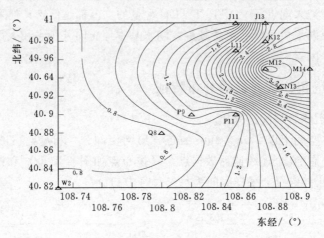

图 4.4　乌梁素海表层沉积物全氮水平分布图（单位：g/kg）

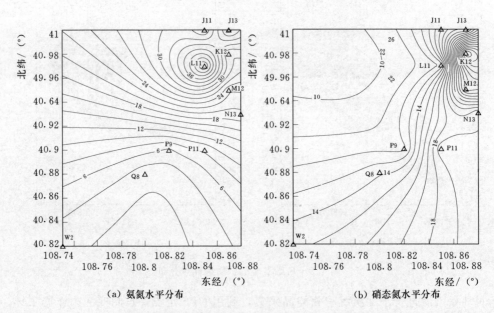

（a）氨氮水平分布　　　　　　　　　　　　　（b）硝态氮水平分布

图 4.5　乌梁素海表层沉积物氨氮、硝态氮水平分布图（单位：g/kg）

乌梁素海表层沉积物中总氮含量在 0.73～3.47g/kg，其平均值为 1.97g/kg，其空间变异系数为 0.54，具有较大的空间变异性，同时也表明沉积物中氮的来源具有多样性。在水平空间分布方向上，乌梁素海沉积物中总氮的分布特征主要表现为：湖泊各采样点从东北向西南逐渐递减，沿湖泊水体入口处向湖泊出口逐渐减少。沉积物中总氮含量的高值区出现在湖泊中心处以及湖泊西北方向，其中中心点处的 M12、N13 的值在 3.0～3.5g/kg 之间波动，湖泊西北方向的 J13、L11 处的总氮含量在 2.0～2.5g/kg 之间波动。主要是由于湖泊中心处的芦苇等挺水植物较为密集，且入口处的总氮含量较高，经过稀释一般会沉积于此，此外高值区的湖泊水动力条件较低，此时也较利于水体中总氮沉积。沉积物中总氮的低值区出现在湖泊西南部，含量主要在 $0.8\sim1.5\mathrm{g/kg}$ 之间波动。主要是由于从入口处所排入的污染物在运移过程中被上游所稀释与沉积，从而使得氮元素在到达湖泊尾部的过程中含量逐渐降低。

氨氮的含量在 $2.78\sim44.49\mathrm{mg/kg}$ 之间波动，其平均值为 $20.06\mathrm{mg/kg}$，变异系数为 0.75，具有较大的空间变异性。其空间分布特征与总氮具有相似性，主要表现为湖泊西北部含量高于西南部，湖泊水体入口处高于湖泊水体出口处。高值区出现在 L11 与 J13 的湖泊中心区域处，主要原因为，高值区的湖泊水体与沉积物处于强还原性，还原性的环境较利于氮素形成氨氮，也较利于其累积。

湖泊表层沉积物中硝态氮的分布特征与总氮、氨氮的分布也具有一定的相似性，其总体含量在 $11.75\sim33.28\mathrm{mg/kg}$，平均值 $18.41\mathrm{mg/kg}$，变异系数为 0.375，相对总氮与氨氮来说，其空间变异性相对较小。沉积物中硝态氮的高值区域出现在乌梁素海的东北部与湖泊中心处。特别是 K12 点处的硝态氮含量高达 $33.28\mathrm{mg/kg}$，M12 点的硝态氮含量高达 $26.49\mathrm{mg/kg}$。低值区为湖泊的西南部。造成这种现象的主要原因是，湖泊东北部的水深较深，受外界环境影响较少，处于相对稳定的沉积环境，比较有利用氮素的沉积。

总体上，乌梁素海表层沉积物中全氮与形态氮的分布特征具有相似性，均表现出从西北到西南、由排干入口到出口方向逐步递减的分布规律，体现了人为扰动程度与沉积物质量之间良好的响应关系。

4.2.2.2 乌梁素海沉积物柱芯中总氮及形态氮的垂向分布特征

沉积物中柱状样更能反映湖泊营养元素的沉积状况，所受外界环境影响的程度等，因此，对乌梁素海柱状沉积物进行了采样分析，由于 Q8 点沉积物粒度主要组成为亚砂土，更造成沉积物柱状样无法获取，使得沉积物采样点为 10 个，对此 10 个柱状沉积物进行分析。

乌梁素海柱状沉积物中总氮分布特征如图 4.6 所示，总体特征主要表现为：随着沉积深度的增大，总氮含量逐渐减小，底层总氮量相对较低，表层含量达到极大值。但各采样点的波动特征又存在的一定的差异性。主要原因为：乌梁素海所处河套地区每年引黄河水灌溉大约为 $(35\sim40)\times10^3\mathrm{m}^3$，而灌溉水的利用系数只有 $0.2\sim0.3$，大部分水都以入渗的形式进入浅层地下水，河套地区近年来每年的化肥用量逐年上升，而化肥的利用率较低，据巴彦淖尔市土肥站测试：氮肥有效利用率在 $26\%\sim29\%$ 之间，所以，残余在灌区土壤中的氮肥溶解到灌溉水中，使农田退水中的总氮的含量非常高。而乌梁素海的氮素污染主要是由于农田退水的影响，从而使得乌梁素海沉积物中的氮污染逐年增大。此外，近年来乌梁素海的工业活动使得人类向乌梁素海排放的氮素明显增加。

乌梁素海沉积物柱芯氨氮、硝态氮含量分布特征如图 4.7 和图 4.8 所示，不同采样点氨氮垂向变化有所差异，各采样点 NO_3^--N 垂向分异均比较小，除 P9、P11 及 W2 点位于西南湖区氨态氮总体含量较低，垂向变化特征不明显外，总体表现出随深度增加而含量递减的趋势。

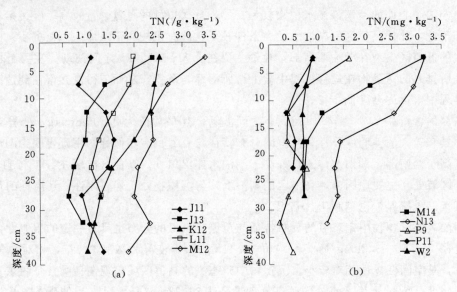

图 4.6　乌梁素海沉积物柱芯全氮垂向分布图

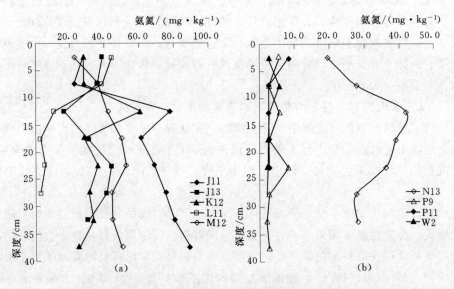

图 4.7　乌梁素海沉积物柱芯氨氮垂向分布图

4.2.3　乌梁素海沉积物总磷的分布特征

乌梁素海表层沉积物中各监测点的总磷的空间分布具有较大的差异，但从总体上来看，主要特点是从湖心向湖区四周递增的趋势。这一现象表明磷在沉积物中的积累过程中会受到湖泊环境与水动力条件的影响，从图 4.9 可以得出，总磷含量在 $0.18\sim1.21g/kg$，均值是 $0.56g/kg$，变异系数为 0.68，变异系数较大，此特征同时也反映出乌梁素海沉积物中磷的来源有不同方式，具有多样性。

乌梁素海表层沉积物（$0\sim5cm$）的总磷含量在湖泊西北部、东部明水区，主要是 J11、M14 以及 P11 点处较高，湖泊中部挺水植物密集区域以及西南部的明水区域为低值

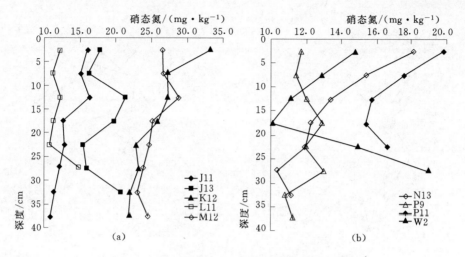

图 4.8 乌梁素海沉积物柱芯硝氮垂向分布图

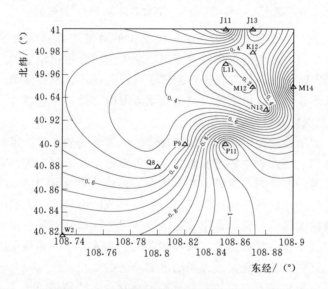

图 4.9 乌梁素海表层沉积物总磷水平分布图

区。主要是由于湖泊水动力条件、芦苇等挺水植物的吸收等多种因素造成。

乌梁素海沉积物柱状样的总磷垂向分布如图 4.10 所示,磷在湖泊沉积物中的垂向变化较为复杂,而且由于受沉积环境、早期成岩作用和人类活动等多种因素的共同作用,不同采样点 TP 的垂向变化存在较大差异。

(1) 乌梁素海北部区域的 J11、J13、K12、M12 和 N13 点的柱状样中总磷含量具有相似的特征,随深度的增加含量逐渐增大。主要原因可能与沉积物的土壤特性相关,北部区域沉积物底层的土壤为黄色黏土,其对磷的吸附相对来讲较大,此外,也可能与湖泊早期成岩作用相关。

(2) 乌梁素海东部与南部区域的 L11、M14、P9、P11 及 W2 点的柱状样中总磷含量具有相同的特征,随深度的增加含量逐渐减少。据巴彦淖尔市土肥站测试:磷肥有效利用

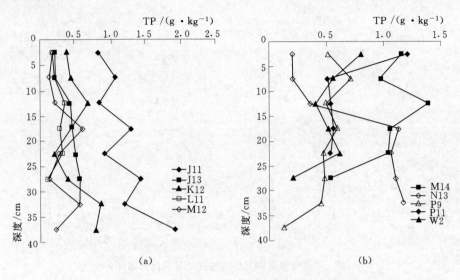

图 4.10　乌梁素海沉积物柱芯总磷垂向分布图

率在 $18\%\sim22\%$ 之间，所以说，残余在灌区土壤中的磷肥溶解到灌溉水中，使农田退水中的总磷的含量非常高。从而使得乌梁素海沉积物中的磷含量逐年增大。此外，近年来乌梁素海的工业活动明显增加，如乌拉山化肥厂、五原化肥厂、磴口化肥厂等几十家化肥化工的大量工业废水不断排入乌梁素海，使得乌梁素海磷含量逐年递增。

4.2.4　乌梁素海沉积物有机质的分布特征

营养元素氮、磷等在湖泊沉积物中的运移、转化等会受到多种因素的影响，特别是有机质起着重要的作用。沉积物中的有机质的来源主要包括外源与内源，外源主要是外界水源循环过程中所携带的颗粒态与溶解态的有机质，内源主要来源于湖泊水体中水生植物、浮游动物和微生物等死亡后的残体在沉积过程中所形成的有机质。大量的研究表明，有机质与湖泊富营养化的关系十分密切，主要是由于有机质在矿化过程中需要消耗水体中的氧气，与此同时其过程中还会释放出氮、磷和碳等营养物质，从而使得湖泊环境中的营养物质增加，最终使得湖泊水质恶化，造成湖泊富营养化的发生。

乌梁素海表层沉积物中有机质的含量分布也具有一定的特征（图 4.11），主要表现在有机质高值区域分布在湖泊挺水植物密集区，西北部与西南部沿水流方向逐渐降低，此外，西南端开阔水域的水草密集区域的 Q8 点处也为其高值区域。主要是由于湖泊中芦苇等挺水植物过量生长，而秋冬季节，挺水植物的根部等残体会逐渐分解，从而形成了腐殖质层，因此有机质含量较大。另一方面，进入乌梁素海的废水主要通过西北岸的总排干、八排干与九排干进入湖泊，流入湖中的废水除了携带营养物质外，也会携带大量的有机物质，在湖泊西北部的植物多，水动力条件较弱，水流速度小，致使乌梁素海偏北部沉积物中的有机质含量达。全湖沉积物中有机质含量为 $1.48\%\sim6.24\%$，均值是 3.85%，变异系数为 0.39，相对较小，说明有机质的来源相对较稳定与单一。

乌梁素海沉积物柱芯有机质垂向分布如图 4.12 所示，10 个沉积物柱芯采样点总体上均表现出随深度增加而递减的趋势，局部层位有机质含量出现波动，可能是由于陆源有机质输入年份差异导致。

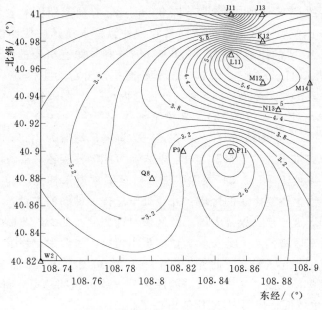

图 4.11 乌梁素海表层沉积物有机质水平分布图

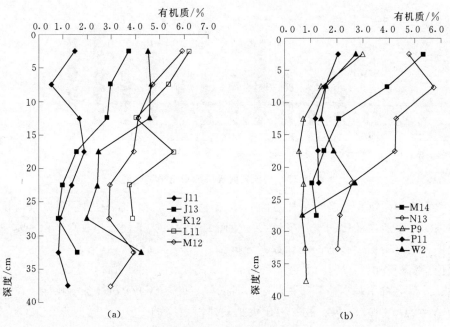

图 4.12 乌梁素海沉积物柱芯有机质垂向分布图

4.3 内蒙古典型湖泊沉积物碳-氮-磷耦合分析

4.3.1 碳-氮耦合及环境意义

　　C 与 N 含量之比 C/N 比值在某种程度上可以反映出营养盐类型及主要物质来源，不同来源的有机质中 C/N 比值具有明显的差异，细菌等微生物的 C/N 比值在 2～4 之间，非维管植物 C/N 比值在 4～10 之间，含纤维束的维管陆生植物 C/N 比值大于 20，大多数高等植物具有较高的 C/N 比值，高达 50 以上。因此，在研究湖泊生态系统与环境特征演变的过程中，C/N 比值用于区分有机质的来源为外源输入还是内源产生。此外，根据沉积物有机质及其 C 和 N 的组成差别，可以区分内源和外源有机质的比例。一般认为，C 与 N 质量分数之比 $w(C)/w(N) > 10$ 时，沉积物有机质外源为主；$w(C)/w(N) < 10$ 时，以内源有机质为主，$w(C)/w(N) \approx 10$ 时，外源与内源有机质基本达到平衡状态。

通过数据分析与计算（图 4.13），乌梁素海表层沉积物各个采样点的 C/N 比值为 7.83~20.45，并且以大于均值 $w(C)/w(N) > 10$ 为主，均值为 12.70，数据表明，乌梁素海表层沉积物中有机质的主要来源为外源输入，可能为地表径流输入以及湖泊水生植物的贡献。其高值区域位于 L11、Q8 及 W2 点。从乌梁素海采样点图布设可以看出，L11 点处于乌梁素海中水生植物密集的区域，并且处于总排干即湖泊主要入水口，使得有机质含量较高。Q8、W2 点处于乌梁素海的西南区域，这部分所受的外源影响以及人类影响相对较低，但是其所在区域的水底分布着大量的沉水植物，主要为龙须眼子菜等。这些植物的死亡与分解造成了其含量较高。此外，由于 W2 点处的水体相对静止，使得有机质易于沉积于此，造成其含量较高。还有一部分的原因是，从沉积物总氮含量图中可知，Q8 与 W2 点的总氮含量也较低，使得 C/N 比值出现了高值。

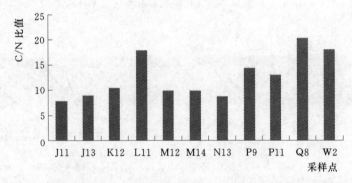

图 4.13 乌梁素海表层沉积物碳氮比值

乌梁素海表层沉积物各个采样点的 C/N 比值多数大于 10，表明了乌梁素海富营养化进程中内源污染所占的比例与贡献较大，从而为采用机械工程措施收割芦苇和水草阻止富营养化进程的方案提供必需的基础数据分析。

呼伦湖沉积物的 C/N 比值在 7.7~15.0 之间变化（图 4.14），全湖均值为 10.2，说明内源、外源有机质基本达到平衡状态。各采样点的 $w(C)/w(N)$ 各不相同，位于新开河入口的 A10 点 $w(C)/w(N)$ 最高，其次是湖西南边缘的 F5 点，这两点 $w(C)/w(N)$ 均大于 10，D7 与 G8 的 $w(C)/w(N)$ 值也稍高于 10，这说明了，这几处监测点的沉积物中有机质的来源主要以外源为主；位于乌尔逊河（F9）和克鲁伦河（I2）入口点 $w(C)/w(N)$ 最小，均值为 7.8，其沉积物的内源有机质比重较大；D7、E8 和 G8 点 $w(C)/w(N)$ 约为 10，外源与内源有机质基本达平衡。其原因可能与呼伦湖湖区春季干旱多大风，夏季温凉短促，秋季降温急剧、霜冻早，冬季严寒漫长的气候特点有关，这样的气候特征决定了湖体水草稀少，藻类浮游生物生长期短，从而抑制了浮游生物的种类和数量。

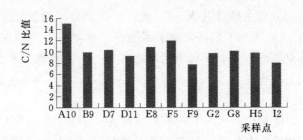

图 4.14　呼伦湖表层沉积物碳氮比值

乌梁素海、呼伦湖表层沉积物中 TN 与 TOC 相关性研究表明，二者之间具有极显著的正相关关系，相关系数分别为 0.852 和 0.934。这是由于碳、氮都是生物体的有机组成元素，在生物体内含量较恒定，且具有同源性，其来源均为有机物，同时也表明氮主要以有机氮的形式存在。

4.3.2　碳-磷耦合及环境意义

乌梁素海表层沉积物 C 与 P 含量之比 C/P 比值在 9.79～199.74 之间变化（图 4.15），平均值为 73.93，西南湖区（P9、P11、Q8、W2 点）及排干入口下游（J11 点）C/P 值较低，湖区中部（M12 点）、西北部（L11 点）芦苇区及 N13 点 C/P 值较高。生物死亡后，磷快速地分解释放，而碳的释放则较慢，因此表层沉积物中 C/P 比值相对较高。

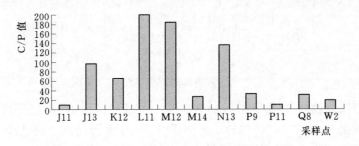

图 4.15　乌梁素海表层沉积物 C/P 比值

呼伦湖表层沉积物 TOC/TP 值在 11.94～42.46 之间变化（图 4.16），平均值为 21.17，位于新开河入口的 A10 点 TOC/TP 值最高，乌尔逊河入口的 F9 点最低。

乌梁素海沉积物中 TOC/TP 值远高于呼伦湖，而且乌梁素海 TOC 的含量远高于 TP

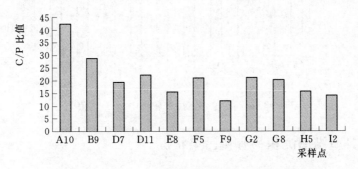

图 4.16　呼伦湖表层沉积物 C/P 比值

的含量，沉积物中的有机质主导着 TOC/TP 值的变化趋势。相关分析表明：乌梁素海沉积物中 TOC 与 TP 的线性关系不够好，相关系数低，这主要因为磷在沉积物中的存在形态比较复杂，且在乌梁素海主要以无机磷的形态存在；而呼伦湖沉积物中 TOC 与 TP 具有极显著的正相关关系。

4.3.3　氮磷的比值分析

沉积物中 N、P 含量及比值（N/P 比值）通常为水中 N、P 的聚积、沉积及沉积物溶出、释放两种动态过程的综合反映。N/P 比值从某种程度上反映了湖泊的富营养状态。

乌梁素海表层沉积物 N/P 比值在 0.75～18.48 之间变化（图 4.17），平均值为 6.55，它的水平分布表现出与 C/P 比值相似的变化特征，也即西南湖区及排干入口下游 N/P 比值较低，湖区中部、西北部芦苇区及 N13 点 N/P 比值较高。J11 点磷的含量较高，而氮的含量相对较低，且两者含量较接近；西南湖区四个采样点氮磷含量都较低，且相差较小，故 N/P 比值低，由此表明西南湖区的富营养化程度较低。

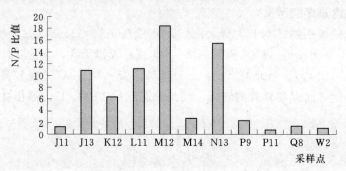

图 4.17　乌梁素海表层沉积物中 N/P 比值

呼伦湖表层沉积物 N/P 比值在 1.45～2.93 之间变化（图 4.18），平均值为 2.04，它的水平分布表现出与 C/P 比值相似的变化特征，即位于新开河入口的 A10、B9 点 C/P 比值最高，乌尔逊河入口的 E8、F9 点最低。

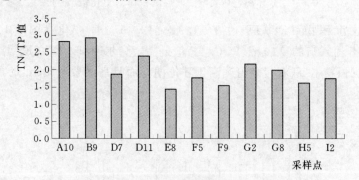

图 4.18　呼伦湖表层沉积物中 N/P 比值

4.4　内蒙古典型湖泊沉积物有机污染状况

有机指数通常被用作水域沉积物环境状况的指标：有机指数＝$w(OC) \times w(ON)$。其中，$w(OC)$ 为有机碳质量分数，%；$w(ON)$ 为有机氮质量分数，%，$w(ON) = 0.95w$

（TN）。w(ON) 也是衡量湖泊表层沉积物是否遭受氮污染的重要指标。参照国内相关标准，结合实际情况制定水体沉积物有机指数评价标准见表4.1。采用有机指数法对乌梁素海和呼伦湖表层（0～10cm）沉积物有机污染状况进行评价，见图4.19和表4.2。

表 4.1 水体沉积物有机指数评价标准

等级	I	II	III	IV
有机指数类型	<0.05，清洁	0.05～0.20，较清洁	0.20～0.50，尚清洁	≥0.50，有机污染
w(ON)/%，类型	<0.033，清洁	0.033～0.066，较清洁	0.066～0.133，尚清洁	≥0.133，有机氮污染

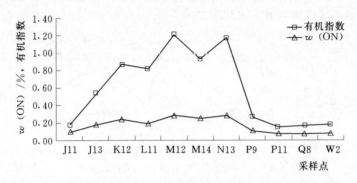

图 4.19 乌梁素海沉积物各采样点有机指数和 w(ON) 分布特征

表 4.2 乌梁素海沉积物有机污染评价

采样点	w(ON)/%	有机氮污染级别	有机指数	有机污染级别
J11	0.08	III	0.08	II
J13	0.17	IV	0.38	III
K12	0.23	IV	0.64	IV
L11	0.20	IV	0.64	IV
M12	0.28	IV	0.90	IV
M14	0.27	IV	0.66	IV
N13	0.27	IV	0.89	IV
P9	0.13	III	0.17	III
P11	0.08	III	0.07	II
Q8	0.09	III	0.11	II
W2	0.06	III	0.09	II
平均值	0.18	IV	0.41	III

根据表4.2对乌梁素海表层沉积物各采样点的有机污染状况进行分析，结果表明：整体上看，全湖的有机指数均值为0.41，在0.07～0.90之间，处于尚清洁状态；w(ON)的平均值是0.18%，大于0.133%，属于有机氮污染状态。针对各采样点而言，湖泊东北部（除J11、J13点外）有机指数均大于0.50，处于有机污染状态；东北湖区（除J11点外）w(ON) 均大于0.133%，处于有机氮污染状态。乌梁素海西南部的有机指数均较低，

均低于 0.5，处于较清洁或尚清洁状态，$w(ON)$ 值与有机指数的趋势大体相同，小于0.133%，级别为Ⅲ，属于尚清洁。

根据表 4.3 对呼伦湖沉积物各采样点进行分析，结果如图 4.20 所示。整体上看，全湖的有机指数不高，均值为 0.18，处于较清洁状态；$w(ON)$ 的均值为 0.125%，属于尚清洁范畴。针对各采样点而言，三条河流的入口有机污染级别为（A10、F9、I2）点有机指数均小于 0.05，有机污染级别为Ⅰ，清洁状态；$w(ON)$ 介于 0.052%～0.071%，有机氮污染级别为Ⅱ和Ⅲ，较清洁和尚清洁状态。其他采样点有机指数均介于 0.20～0.50，有机污染级别为Ⅲ，尚清洁状态；而有机氮的污染程度较有机质严重，$w(ON)$ 都高于0.133%，有机氮污染级别为Ⅳ，有机氮污染严重。

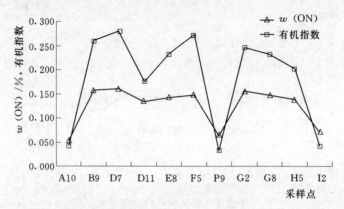

图 4.20　呼伦湖沉积物各采样点有机指数和 $w(ON)$ 分布特征

表 4.3　　　　　　　　　　　　　呼伦湖沉积物有机污染评价

采样点	$w(ON)$/%	有机氮污染级别	有机指数	有机污染级别
A10	0.052	Ⅱ	0.04	Ⅰ
B9	0.159	Ⅳ	0.26	Ⅲ
D7	0.161	Ⅳ	0.28	Ⅲ
D11	0.135	Ⅳ	0.18	Ⅱ
E8	0.143	Ⅳ	0.23	Ⅲ
F5	0.148	Ⅳ	0.27	Ⅲ
F9	0.063	Ⅱ	0.03	Ⅰ
G2	0.156	Ⅳ	0.25	Ⅲ
G8	0.148	Ⅳ	0.23	Ⅲ
H5	0.140	Ⅳ	0.20	Ⅱ
I2	0.071	Ⅲ	0.04	Ⅰ
平均值	0.125	Ⅲ	0.18	Ⅱ

总体而言，有机氮污染与有机污染具有相似的变化趋势，乌梁素海的有机氮污染与有机污染均大于呼伦湖。

乌梁素海和呼伦湖均表现出有机氮污染较为严重的趋势，尽管有机质污染状况还不突出，但如果不进行有效控制外源污染的排放与输入，尤其是氮的输入，其污染程度必然逐渐加重，从而对上覆水造成严重威胁，因此湖泊有机污染必须予以重视。

参 考 文 献

［1］ Krishnaumurhy R V，Bhallacharya S K，Kusumgar S. Palaeoclimatic Changes Deduced from 13C/12C and C/N Ratios of Karewa Lake Sediments，India ［J］. Nat，1986，323（11）：150 - 152.

［2］ 杨丽原，王晓军，刘恩峰. 南四湖表层沉积物营养元素分布特征［J］. 海洋湖沼通报，2007（2）：40 - 44.

［3］ 万国江，白占国，王浩然，等. 洱海近代沉积物中碳-氮-硫-磷的地球化学记录［J］. 地球化学，2000，29（2）：189 - 197.

［4］ 冯峰，王辉，方涛，等. 东湖沉积物中微生物量与碳、氮、磷的相关性［J］. 中国环境科学，2006，26（3）：342 - 345.

［5］ 李卫平，李畅游，贾克力，等. 内蒙古呼伦湖沉积物营养元素分布及环境污染评价［J］. 农业环境科学学报，2010，29（2）：339 - 343.

［6］ 孙顺才，黄漪平. 太湖［M］. 北京：海洋出版社，1993：224 - 228.

第5章 典型湖泊沉积物重金属分布和污染评价

通过各种途径进入水体的重金属很容易被水体悬浮物或沉积物所吸附、络合或共沉淀，从而在水底的沉积物中富集，致使沉积物中重金属浓度相对于水中要高几个数量级。在某种程度上，沉积物中重金属的变化体现了该区生态环境地质演化的趋势。

5.1 湖泊沉积物重金属分布特征

5.1.1 呼伦湖沉积物重金属分布特征

选取呼伦湖11个采样点的表层（0～10cm）沉积物样品，对7种重金属元素（Cu、Zn、Pb、Cr、Cd、Hg、As）在2008年12月的监测数据进行分析。表5.1列出了呼伦湖沉积物重金属含量统计结果，图5.1所示为呼伦湖沉积物采样点重金属含量分布曲线。

表5.1 呼伦湖沉积物重金属含量统计结果（$n=21$）

金属元素	最小值/ (mg·kg^{-1})	最大值/ (mg·kg^{-1})	均值/ (mg·kg^{-1})	标准差/ (mg·kg^{-1})	变异系数
Cu	3.39	31.92	23.44	7.42	0.32
Pb	4.45	55.29	22.34	9.78	0.44
Cr	9.33	50.76	36.37	10.92	0.30
Zn	10.20	105.60	68.80	24.56	0.36
Cd	<0.01	0.78	0.41	0.28	0.68
As	4.26	31.55	10.36	5.99	0.58
Hg	0.002	0.039	0.019	0.01	0.56

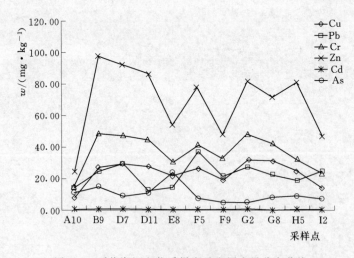

图5.1 呼伦湖沉积物采样点重金属含量分布曲线

整体上看，呼伦湖表层沉积物中 7 种重金属的含量由多到少依次为：Zn＞Cr＞Cu＞Pb＞As＞Cd＞Hg，其中 Cr、Zn 和 Cd 在 B9 点含量最高，Pb 在 F5 点含量最高，As 在 E8 点含量最高，Cu 在 G2 点含量最高。从这七种重金属的变异系数来看，Cd 的空间变异系数（0.68）最大，由于沉积物 Cd 在东北部新开河入口附近 B9 点的含量高（0.78mg/kg）而其他采样点较低导致的。同时，As 和 Hg 的变异系数也比较大分别为 0.58、0.56，主要原因是 As 的含量在 E8 点（24.18mg/kg）远高于其他点，而 Hg 含量在克鲁伦河入湖口处的 I2 点（0.002mg/kg）远低于其他点，其他重金属的变异系数在 0.30～0.44。

总之，呼伦湖沉积物中的 7 种重金属的空间分异性相对较小，且除 Cd 外，其他 6 种重金属含量均低于《土壤环境质量标准》（GB 15618—1995）一级自然背景值。

5.1.2 乌梁素海沉积物重金属时空分布特征

选取乌梁素海湖区的 11 个采样点采样，取表层 10cm 内的沉积物样，对 2 种常量金属元素（Fe 和 Mn）和 7 种重金属元素（Cu、Zn、Pb、Cr、Cd、Hg 和 As）分别在 2011 年的夏季和冬季进行取样，并对数据进行分析。乌梁素海夏季和冬季 11 个采样点沉积物金属元素含量统计分布见表 5.2 和表 5.3，含量分布如图 5.2 和图 5.3 所示。

表 5.2　　　　　　乌梁素海夏季沉积物重金属含量统计结果（$n=20$）

金属元素	最小值/(mg·kg⁻¹)	最大值/(mg·kg⁻¹)	均值/(mg·kg⁻¹)	标准差/(mg·kg⁻¹)	变异系数
Cu	13.47	26.30	18.60	4.74	0.25
Pb	2.39	12.47	5.74	3.01	0.52
Cr	28.03	46.14	36.19	5.62	0.16
Zn	47.49	86.06	65.44	12.93	0.20
Cd	0.06	0.21	0.12	0.04	0.35
As	13.96	47.29	27.16	14.07	0.52
Hg	0.18	0.48	0.31	0.09	0.28

表 5.3　　　　　　乌梁素海冬季沉积物重金属含量统计结果（$n=20$）

金属元素	最小值/(mg·kg⁻¹)	最大值/(mg·kg⁻¹)	均值/(mg·kg⁻¹)	标准差/(mg·kg⁻¹)	变异系数
Cu	18.90	39.62	31.78	6.09	0.19
Pb	0.70	27.02	21.28	7.87	0.37
Cr	41.19	69.65	56.13	9.14	0.16
Zn	49.40	112.90	74.41	16.64	0.22
Cd	0.18	0.74	0.44	0.20	0.46
As	3.49	35.66	12.65	9.10	0.72
Hg	0.006	0.034	0.016	0.01	0.72

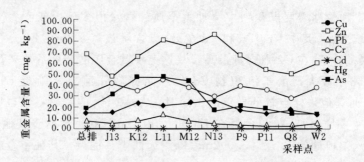

图 5.2　乌梁素海夏季表层沉积物重金属分布曲线

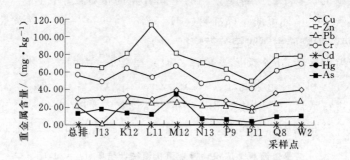

图 5.3　乌梁素海冬季表层沉积物重金属分布曲线

　　从整体来看，乌梁素海表层沉积物中 Fe、Mn 属于广泛分布的元素，其含量最多，分别高出其他金属元素约 $10^2 \sim 10^6$ 和 $10 \sim 10^3$ 倍。除 Hg、As 和 Cd 3 种微量且毒性较大的重金属元素外，其他重金属的含量由多到少依次为：Zn＞Cr＞Cu＞Pb。从沉积物重金属含量的季节变化来看，夏季 As 的含量较高，全湖均值为 27.16mg/kg，仅次于 Zn 和 Cr，尤其是在湖的西北部（K12、L11）和中部（M12）As 的含量最高达 47.29mg/kg。Hg 的含量相对于冬季要高出约 19 倍，平均值为 0.31mg/kg，尤其是 L11 点最高达 0.48mg/kg；冬季 Zn、Cr、Cu 和 Pb 的含量均高于夏季，尤其是 L11 点 Zn 的含量最高达 112.90mg/kg，W2 点 Cr、Cu 和 Pb 的含量最高，分别达 69.65mg/kg，而 As 的含量相对较低，均值为 12.65mg/kg。从沉积物重金属含量的空间变异性来看，As 的空间变异系数最大（夏季为 0.52，冬季为 0.72），其次是 Cd（夏季为 0.35，冬季为 0.46），冬季 Hg 的变异系数 0.62，其他金属元素的空间变异系数相对较小。

5.2　湖泊重金属元素的统计分析

5.2.1　相关分析

　　对于给定区域，沉积物中重金属元素含量及其相互间的比率具有相对稳定性，当沉积物的来源相同或相似时，重金属元素之间具有显著的相关性。通过重金属元素之间的相关分析，可以确定重金属的来源及其在沉积物中含量变化的控制因素，反映不同元素间沉积环境的相似性和受人为影响程度的强弱。对乌梁素海和呼伦湖沉积物各重金属元素间进行相关分析研究，其 Pearson 相关系数和双尾分析结果见表 5.4。

表 5.4　　　　　　　　　　乌梁素海沉积物金属元素相关分析结果

重金属元素	Fe	Mn	Cu	Zn	Pb	Cr	As	Cd
Mn	0.740**							
Cu	0.870**	0.778**						
Zn	0.538**	0.576**	0.523*					
Pb	0.706**	0.475*	0.743**	0.343				
Cr	0.819**	0.623**	0.812**	0.456*	0.750**			
As	0.077	−0.012	−0.115	0.140	−0.328	−0.150		
Cd	0.449*	0.281	0.545**	0.204	0.614**	0.524**	−0.293	
Hg	−0.458*	−0.274	−0.640**	−0.042	−0.724**	−0.553**	0.647**	−0.640**

*　显著相关（$P<0.05$）；

**　极显著相关（$P<0.01$）（双尾检验），P 为显著性检验值。

由乌梁素海表层底泥中不同重金属元素含量之间的相关性分析表明（表 5.4），Fe 作为主要的成岩物质与大多数重金属都存在显著相关性，Fe 与 Mn、Cu、Zn、Pb 和 Cr 之间具有极显著的相关性，与 Cd 和 Hg 有显著相关性，说明这些重金属元素易与铁氧化物相结合而在沉积物中积累。Cu、Zn 和 Cr 与 Mn 呈极显著相关，Pb 与 Mn 呈显著相关，说明在沉积物中 Mn 的氧化物或氢氧化物通过共沉淀或吸附导致了重金属元素积累。Cu、Cr、Pb、Cd 两两具有极显著的正相关关系，并且这些重金属元素之间相关性也较显著，说明底泥中这些重金属元素的污染源基本相同。Pb、Cd、As、Cu、Cr、Hg、Zn 等受人类活动影响较大，这些元素与其他重金属元素的相关性表明沉积物中重金属污染的来源主要是工业废水和生活污水（未经处理或者简单处理），因为乌梁素海接纳了大量上游城市（乌拉特前旗、临河、五原和磴口）的印染、造纸、化肥等行业的工业废水、生活污水和农业废水，这些废水中含有大量的重金属元素，因而导致乌梁素海底泥含有相同污染源的重金属元素。

表 5.5　　　　　　　　　　呼伦湖沉积物中重金属元素之间的相关系数

重金属元素	Fe	Mn	Cu	Zn	Pb	Cr	As	Cd
Mn	0.704**							
Cu	0.910**	0.799**						
Zn	0.837**	0.717**	0.823*					
Pb	0.359	0.405	0.297	0.337				
Cr	0.963**	0.672**	0.934**	0.854**	0.352			
As	0.033	0.142	−0.008	0.052	−0.373	−0.044		
Cd	0.393	0.071	0.282	0.262	0.128	0.424	−0.016	
Hg	0.246	0.247	0.119	0.182	0.030	0.191	0.492*	0.086

*　相关显著（$P<0.05$）；

**　相关极显著（$P<0.01$）（双尾检验），P 为相关系数。

对呼伦湖表层底泥中 7 种不同重金属含量之间的相关性分析结果表明（表 5.5），同乌梁素海类似 Fe 与 Mn、Cu、Zn 和 Cr 之间具有极显著的相关性，Cu 、Zn 、Cr 两两之间具有极显著的相关关系。因此，呼伦湖各采样点中 Zn、Cr、Cu 含量的变化趋势是一致的，即湖东北端（B9、D7、D11）和西南端（F5、G2、G8、H5）的含量偏高，而新开河（A10）、乌尔逊河（F9）及克鲁伦河（I2）的入口处的含量较低，但区域分布不明显。此外，As 和 Hg 也具有较显著的相关关系，但 As 的含量远高于 Hg。

5.2.2 重金属元素的聚类分析

聚类分析是一种研究分类问题的多元统计方法，在沉积物重金属环境地球化学研究中，可以揭示不同站位间重金属地化特征的相似程度，有助于分析和判别影响重金属含量及其分布特征的主要因素，与相关分析具有近似的功能，但比相关分析更为直观。本书运用 SPSS 软件中的分层聚类，以相关系数为距离测度方法，采用组间连接方法，对乌梁素海和呼伦湖表层沉积物中 Fe、Mn、Cu、Zn、Pb、Cr、Cd、Hg 和 As 进行 R-型聚类分析，分析结果如图 5.4 和图 5.5 所示。

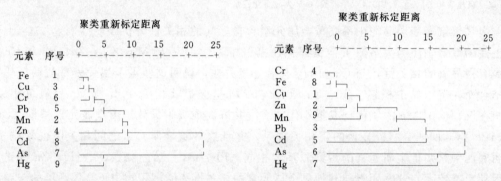

图 5.4 乌梁素海表层沉积物金属元素聚类分析 图 5.5 呼伦湖表层沉积物金属元素聚类分析

根据 R-型聚类分析结果，可以把乌梁素海和呼伦湖表层沉积物中的 9 种金属元素分为两类：Fe、Mn 为亲铁元素，来源于流域母质，属于较难迁移的惰性元素，与毒性较小的重金属元素 Cu、Zn、Pb Cr 和 Cd 联系较为紧密，聚成一类；Hg 和 As 为潜在环境毒性最强与较强的重金属元素，与人类活动关系紧密，聚成一类。

5.2.3 因子分析

沉积物中的重金属分布特征是多因子相互作用的综合反应，而因子分析是用来研究多个变量相关性的一种多元统计分析方法。它可以将原始变量综合成少数的几个因子，把庞杂的原始数据按照成因上的联系进行归纳，由果及因地理出几条比较客观的成因线索，在较少损失原始变量数据信息的前提下，用少量的因子代替原始变量，从而达到对原始变量的分类，以揭示原始变量之间的内在联系，为我们提供逻辑推理的方向，以导出正确的成因结论。

运用 SPSS 分析软件对乌梁素海和呼伦湖共同 12 种元素的表层沉积物的数据系列进行因子分析。采用因子分析中的主成分分析法，设置公因子最小方差贡献值（即最小特征值），经方差极大正交旋转后，公因子负载大于 1 的变量被选中，得到 F1、F2、F3 和 F4 共 4 个因子（表 5.6 和表 5.7），乌梁素海 4 个因子的累积方差贡献率为 85.414%，呼伦湖的为 87.920%，说明这 4 个因子反映了沉积物中重金属与营养盐含量的绝大部分组合特征。因子分析计算的结果（表 5.8 和表 5.9）是一个中间值，需要运用地球化学和环境学的知识加以解释，所以因子分析是一个客观计算与主观思维相结合的过程。

表 5.6   乌梁素海沉积物中元素的因子方差贡献

因子	初始特征值			提取的负载和总计			旋转后的负载和总计		
	总量	方差/%	累积方差/%	总量	方差/%	累积方差/%	总量	方差/%	累积方差/%
F1	5.533	46.110	46.110	5.533	46.110	46.110	4.302	35.847	35.847
F2	2.965	24.705	70.815	2.965	24.705	70.815	2.886	24.049	59.896
F3	1.135	9.455	80.270	1.135	9.455	80.270	1.567	13.057	72.953
F4	0.617	5.144	85.414	0.617	5.144	85.414	1.495	12.461	85.414

表 5.7   呼伦湖沉积物中元素的因子方差贡献

因子	初始特征值			提取的负载和总计			旋转后的负载和总计		
	总量	方差/%	累积方差/%	总量	方差/%	累积方差/%	总量	方差/%	累积方差/%
F1	6.791	56.590	56.590	6.791	56.590	56.590	6.243	52.027	52.027
F2	1.799	14.988	71.578	1.799	14.988	71.578	1.725	14.378	66.405
F3	1.117	9.310	80.888	1.117	9.310	80.888	1.318	10.983	77.387
F4	0.844	7.032	87.920	0.844	7.032	87.920	1.264	10.532	87.920

表 5.8   乌梁素海表层沉积物因子分析结果

沉积物	第一因子（F1）	第二因子（F2）	第三因子（F3）	第四因子（F4）
Fe	0.911	−0.262	0.168	0.047
Mn	0.884	0.262	−0.145	0.095
Cu	0.882	−0.260	0.047	0.250
Cr	0.832	−0.305	−0.030	0.172
Zn	0.718	0.330	0.072	0.076
Pb	0.656	−0.447	−0.011	0.415
TN	−0.125	0.934	0.055	−0.143
TOC	0.064	0.889	0.274	−0.217
Hg	−0.368	0.655	0.344	−0.485
TP	−0.029	−0.115	−0.919	−0.112
As	0.073	0.329	0.684	−0.481
Cd	0.337	−0.255	0.026	0.817

表 5.9   呼伦湖表层沉积物因子分析结果

沉积物	第一因子（F1）	第二因子（F2）	第三因子（F3）	第四因子（F4）
Cu	0.954	−0.069	0.161	0.060
Zn	0.854	−0.002	0.212	0.108
Pb	0.266	−0.011	0.023	0.925

沉积物	第一因子（F1）	第二因子（F2）	第三因子（F3）	第四因子（F4）
Cr	0.954	−0.048	0.400	0.132
Cd	0.199	0.087	0.865	0.032
As	0.121	0.736	−0.113	−0.535
Hg	0.103	0.885	0.146	0.102
Fe	0.867	0.036	0.358	0.134
Mn	0.899	0.207	−0.230	0.211
TN	0.941	0.220	0.121	0.045
TP	0.772	0.373	−0.319	0.043
TOC	0.825	0.393	0.076	0.107

乌梁素海第一因子的方差贡献率为 35.847%，高于其他 3 个因子，该因子包含 Fe、Mn、Cu、Cr、Zn 和 Pb 的含量。乌梁素海流域土壤主要由细砂、粉砂、亚砂土、亚黏土和黏质砂土等组成。元素 Fe、Mn 是黏土矿物的重要组成部分，黏土矿物来源于流域母岩风化，经地表径流的搬运到达湖泊水体，堆积于沉积物中，而一些重金属元素易于被细粒黏土矿物吸附而共存于沉积物中，故它们组成典型的黏土矿物组。Fe、Mn 又是氧化还原敏感元素，重金属常常通过 Fe、Mn 的氧化还原循环在氧化还原边界层富集。所以 Fe、Mn 又指示了沉积环境的氧化还原条件。呼伦湖第一因子的方差贡献率为 52.027%，远远高于其他 3 个因子，因而该因子对呼伦湖沉积物中营养盐与金属的组成与分布具有决定性的意义，该因子包含了所研究的大部分元素，有 Fe、Mn、Cu、Cr、Zn、TN、TP 和 TOC。呼伦湖营养盐——TN、TP 和 TOC 的含量较低，富营养化程度低于乌梁素海，且三者之间具有极显著的正相关关系。因此，认为 F1 因子代表沉积环境对重金属和营养盐分布的影响。

乌梁素海第二因子的方差贡献率为 24.049%，该因子包含的变量有有机质、TN 和 Hg 的含量。Hg 的污染源较复杂，造纸、医院、化工、电镀等行业排放的废水中含有大量的汞，燃煤及农业生产大量使用的含汞农药都可造成汞污染。而且，汞具有生物累积效应，在生物（微生物、藻类、水草等）的作用下富集，使得沉积物中 Hg 的污染历史长，且毒性大。由于有机质中腐殖酸等能有效地与重金属进行键合，且容易被矿物表面所吸附，因此有机质的中间架桥作用可以有效地决定沉积物中重金属的有机质结合态含量。有机质与毒性强的重金属相结合，会对生态环境产生更大的毒性。呼伦湖第二因子的方差贡献率为 14.378%，该因子包含的变量为 As 的含量和 Hg 的含量，呈极显著的正相关关系，且呼伦湖 As 的含量较高，这两种元素是对生态环境毒性较大的重金属。因此，认为 F2 因子代表潜在生态毒害性。

乌梁素海第三因子的方差贡献率为 13.057%，该因子包含的变量有 TP 和 As 的含量，呈负相关。医药、化肥、纺织和印染等行业排放的废水中含有大量的 As，煤的含 As 量也较高，其中 90% 以上的 As 通过煤的燃烧进入表生环境，河套灌区农业生产中使用的含 As 农药也是乌梁素海底泥 As 污染的来源之一。而 TP 与 As 之间呈明显的负相关关系，说明水体的富营养化又对沉积物中 As 的富集产生抑制作用，因此可以推断 F3 因子代表湖泊水环境的富营养化对沉积物中重金属 As 富集的影响。呼伦湖第三因子（方差贡献率为 10.983%）包含的变量只有 Cd 的含量，而乌梁素海第四因子（方差贡献率为 12.461%）包含的变量也只有 Cd 的含量，它与 Pb 的含量有一定的正相关关系。Cd 主要通过食物、水、空气等进入动物体内。环境中的 Cd 主要通过植物进入动物体内，它能与含羟基、氨基、琉基高分子有机物结合，使许多酶系统受到抑制，并具有较强的致畸、致癌和致突变作用，被有机体吸收后，自然排泄十分缓慢，生物半衰期长。呼伦湖第四因子（方差贡献率为 10.532%）包含的变量只有 Pb 的含量。

5.3　湖泊沉积物中重金属污染现状评价

水环境及沉积物表层的任何物理、生物扰动以及化学性质的变化均会影响到重金属的含量及其分布。表层沉积物在控制重金属的生物地球化学循环和能量流动以及维持生态系统平衡方面起着至关重要的作用。因此，了解表层沉积物重金属的污染现状并对其污染程度进行评价，为乌梁素海和呼伦湖区域生态环境的整治与改善提供科学依据，对水环境保护具有重要的理论与实际意义。

5.3.1　评价方法的选择及底泥背景值的确定

目前，水体沉积物重金属污染的评价方法较多，鉴于各自的适用条件及复杂的沉积环境，通过结合多种方法来评价沉积物的污染状况及潜在危害。采用综合污染指数法、潜在生态风险评价法以及地累积指数法对乌梁素海和呼伦湖表层沉积物重金属的污染水平进行评价，验证各方法的适用性，进一步分析重金属污染水平和潜在的生态危害。

1. 综合污染指数法

一般情况下，湖泊、河道底质污染程度选用均方根综合污染指数法进行评价，其公式如下

$$P = \sqrt{\frac{1}{n}\sum_{i=1}^{n}P_i^2} \tag{5.1}$$

$$P_i = \frac{C_i}{S_i} \tag{5.2}$$

式中：P 为污染综合指数，表示各种污染物的总体对底质的综合污染程度；n 为参加评价的污染物种类数；P_i 为沉积物中第 i 种污染物的污染指数；C_i 为沉积物中第 i 种污染物的实测含量，mg/kg；S_i 为评价标准，即所选背景值样本中第 i 种污染物含量，mg/kg。

依据 P 值将污染程度及级别划分为 6 个级别，具体划分情况见表 5.10。

表 5.10　　　　　　　　重金属污染综合指数与污染级别划分

类别	未污染	轻微污染	偏中度污染	中度污染	偏重度污染	重度污染	极度污染
P	$\leqslant 1$	$1\sim 2$	$2\sim 3$	$3\sim 4$	$4\sim 5$	$5\sim 6$	>6
级别	0	1	2	3	4	5	6

其依据是：沉积物中金属元素对生物的渗透效能不同，其校正丰度也不同；基于生物生产量指数（BPI）的灵敏度条件，即不同水质系统对金属污染的敏感性不同。

2. 潜在生态风险评价法

潜在生态风险评价法是 1980 年瑞典科学家 Håkanson 提出的沉积物评价方法，是评价底泥污染程度及其潜在生态危害的一种相对快速、简便和标准的方法。

潜在生态风险评价法基于元素丰度和释放能力的原则，评价假设了如下的前提条件：①元素丰度响应，即潜在生态风险指数（risk index，RI）随沉积物中金属污染程度的加重而增加；②多污染物协同效应，即沉积物的金属生态危害具有加和性，多种金属污染的潜在生态风险更大，Cu、Zn、Pb、Cd、Cr、As、Hg 是优先考虑对象；③各重金属元素的毒性响应具有差异，生物毒性强的金属对潜在生态危害指数值（RI）具有较高的权重，其依据是沉积物中金属元素对生物的渗透效能不同其校正丰度也不同；④基于生物生产量指数（BPI）的灵敏度条件，即不同水质系统对金属污染的敏感性不同。

根据潜在生态风险评价法，某一区域沉积物中第 i 种重金属的单项潜在生态危害系数 E_r^i 及沉积物中多种重金属的风险指数 RI 可分别表示为

$$E_r^i = T_r^i C_f^i = \frac{T_r^i C_s^i}{C_n^i} \tag{5.3}$$

$$RI = \sum_{i=1}^{n} E_r^i = \sum_{i=1}^{n} T_r^i C_r^i = \sum_{i=1}^{n} \frac{T_r^i C_s^i}{C_n^i} \tag{5.4}$$

式中：C_f^i 为第 i 种重金属的富集系数；C_s^i 为第 i 种重金属实测浓度；C_n^i 为第 i 种重金属的参照值，采用工业化以前沉积物中重金属的背景值；T_r^i 为第 i 种重金属的毒性系数，它主要反映重金属的毒性水平和生物对重金属污染的敏感程度，根据有关资料及重金属的污染特征，设定了 7 种重金属生物毒性响应因子，其数值顺序 Hg（40）＞Cd（30）＞As（10）＞Cu（5）＝Pb（5）＞Cr（2）＞Zn（1）。

表 5.11 为沉积物中重金属潜在生态风险评价指标与分级关系。

表 5.11　　　　　　　　　潜在生态风险评价指标与分级关系

潜在生态风险评价指标	阀值区间	风险分级	风险程度
危害系数	E_r^i＜40	Ⅰ	生态危害轻微
	40≤E_r^i＜80	Ⅱ	生态危害中等
	80≤E_r^i＜160	Ⅲ	生态危害较强
	160≤E_r^i＜320	Ⅳ	生态危害强
	E_r^i≥320	Ⅴ	生态危害很强
风险指数	RI＜150	A	低
	150≤RI＜300	B	中等
	300≤RI＜600	C	高
	RI≥600	D	较高

3. 地累积指数法

地累积指数（I_{geo}）是德国科学家 Muller 提出的一种研究水环境沉积物中重金属污染状况的定量指标，实质是从现在的重金属含量除去其相应的天然含量或背景含量，从而得到因人为活动所造成的重金属的总富集程度。I_{geo} 的计算公式为

$$I_{geo} = \log_2 \frac{C_n}{KB_n} \tag{5.5}$$

式中：C_n 为元素 n 在沉积物中的质量分数实测值，mg/kg；B_n 为沉积岩（即普通页岩）中该元素的地球化学背景值（表 5.12），mg/kg；K 为考虑各地岩石差异可能会引起背景值的变动而取的系数（一般取 1.5）。地累积指数共分为 7 级，即 0～6 级，表示污染程度由无至极强，见表 5.13。

表 5.12 地球化学背景值 单位：mg/kg

元素	Hg	Cd	As	Pb	Cu	Zn	Cr
页岩	0.35	0.3	13	20	45	95	90
中国陆壳	0.08	0.055	1.9	15	38	86	63

表 5.13 地累积指数与污染程度

污染程度	极强	强～极强	强	中～强	中	无～中	无
I_{geo}	＞5	4～5	3～4	2～3	1～2	0～1	＜0
污染分级	6	5	4	3	2	1	0

在研究湖泊沉积物的污染状况时，确定元素背景值是一个重要的环节，只有确定了各元素的背景值，才能确定沉积物是否污染，并了解其污染状况。各种评价结果除了取决于样品的测定浓度外，还与地球化学背景值的选择有关。相关研究表明，应以研究区沉积物自身背景值作为计算地累积指数的地球化学背景值和潜在生态危害系数中的背景值，如不能确定研究区的地球化学背景值，应在充分考虑该区沉积物的沉积特征、沉积物的粒度、沉积物的物质组成的基础上，尽量选择与该区沉积物地球化学特征与环境特征接近的地球化学背景值作为参考背景值。

目前，我国没有评价底泥中重金属含量的标准值，根据已有的对乌梁素海底泥重金属的研究资料，采用了 2005 年中国、瑞典、挪威合作的内蒙古河套农业经济区多目标农业化项目中提供的河套地区土壤背景值的地球化学基础资料作为乌梁素海底泥的环境背景值，见表 5.14。

表 5.14 河套地区沉积物金属含量背景值 单位：mg/kg

元素	Zn	Cu	Cd	Pb	Hg	Cr	As
含量	67.24	24.74	0.51	21.67	0.02	61.71	13.05

对于呼伦湖而言，由于缺乏周边环境土壤这 7 种重金属的背景值，而呼伦湖属于国家级湿地自然保护区，所以选用《土壤环境质量标准》（GB 15618—1995）的一级自然背景值为参比值，$w(Hg)$、$w(As)$、$w(Cu)$、$w(Zn)$、$w(Pb)$、$w(Cd)$、$w(Cr)$ 分别为 0.15mg/kg、15.00mg/kg、35.00mg/kg、100.00mg/kg、35.00mg/kg、0.20mg/kg 和 90.00mg/kg 来反映呼伦湖的相对污染程度。

5.3.2　综合污染指数法

根据污染指数评价式（5.1）和式（5.2）及河套地区土壤背景值和我国《土壤环境质量标准》（GB 15618—1995）的一级自然背景值，对乌梁素海和呼伦湖表层底泥重金属含量进行评价，即将沉积物样品重金属实测结果转换为各金属污染分指数 P_i 及污染综合指数 P，结果见表5.15、表5.16和表5.17。

综合污染指数法的评价结果表明：以河套地区土壤背景值为参照，乌梁素海夏季单种重金属 Hg 的污染级别最高，导致7种重金属的综合污染指数均较高，大都属于重度污染程度，有些点甚至达到极重度污染；冬季乌梁素海沉积物单种重金属的污染程度均较低，综合污染类别属于轻微污染。以我国 GB 15618—1995 的一级自然背景值为参照，呼伦湖表层沉积物重金属 Cd 的污染分指数较高，除 B9、D7 和 G2 点外，全湖处于未污染状态。

表5.15　　　　　　　　　乌梁素海表层沉积物重金属综合污染评价结果（夏季）

| 点位 | P_i | | | | | | | P | 级别 | 类别 |
	Cu	Zn	Pb	Cr	Cd	Hg	As			
J13	0.59	0.71	0.23	0.67	0.27	18.89	2.42	7.21	6	极重度污染
K12	0.97	0.98	0.33	0.57	0.41	15.17	3.62	5.92	5	重度污染
L11	0.86	1.21	0.58	0.75	0.26	23.96	3.62	9.18	6	极重度污染
M12	0.95	1.12	0.34	0.62	0.24	19.32	3.38	7.44	6	极重度污染
N13	1.06	1.28	0.22	0.46	0.18	15.00	1.25	5.73	5	重度污染
P9	0.69	0.99	0.17	0.63	0.12	11.50	1.59	4.42	4	偏重度污染
P11	0.58	0.80	0.11	0.58	0.16	9.00	1.40	3.47	3	中度污染
Q8	0.69	0.74	0.11	0.45	0.27	11.50	1.07	4.39	4	偏重度污染
W2	0.54	0.89	0.23	0.61	0.31	16.50	1.07	6.27	6	极重度污染

表5.16　　　　　　　　　乌梁素海表层沉积物重金属综合污染评价结果（冬季）

| 点位 | P_i | | | | | | | P | 级别 | 类别 |
	Cu	Zn	Pb	Cr	Cd	Hg	As			
J13	1.28	0.97	0.03	0.78	0.69	1.72	1.39	1.10	1	轻微污染
K12	1.36	1.19	1.23	1.04	0.35	0.29	1.04	1.01	1	轻微污染
L11	1.20	1.68	1.15	0.89	1.08	0.52	0.85	1.10	1	轻微污染
M12	1.58	1.20	1.20	1.07	1.10	0.68	2.73	1.49	1	轻微污染
N13	1.24	1.05	0.99	0.78	1.12	0.54	0.55	0.93	1	轻微污染
P9	1.12	0.93	1.04	0.84	1.45	0.43	0.43	0.95	1	轻微污染
P11	0.76	0.73	0.78	0.67	1.08	0.54	0.27	0.73	1	轻微污染
Q8	1.48	1.16	1.17	1.00	0.35	0.55	0.70	0.99	1	轻微污染
W2	1.60	1.17	1.25	1.13	1.12	1.50	0.76	1.24	1	轻微污染

表 5. 17 　　　　　　呼伦湖表层沉积物重金属综合污染评价结果

点位	P_i							P	级别	类别
	Cu	Zn	Pb	Cr	Cd	Hg	As			
A10	0.23	0.25	0.41	0.17	1.95	0.13	0.74	0.82	0	未污染
B9	0.78	0.98	0.71	0.54	3.85	0.14	0.98	1.61	1	轻微污染
D7	0.83	0.93	0.84	0.52	3.15	0.16	0.59	1.35	1	轻微污染
D11	0.80	0.86	0.35	0.49	1.75	0.15	0.73	0.88	0	未污染
E8	0.62	0.54	0.41	0.33	1.80	0.22	1.61	0.99	0	未污染
F5	0.75	0.78	1.07	0.46	1.85	0.22	0.49	0.94	0	未污染
F9	0.55	0.48	0.61	0.36	1.70	0.13	0.32	0.76	0	未污染
G2	0.91	0.82	0.79	0.53	3.70	0.07	0.32	1.52	1	轻微污染
G8	0.89	0.72	0.64	0.47	0.45	0.06	0.55	0.59	0	未污染
H5	0.71	0.82	0.54	0.36	1.90	0.05	0.60	0.89	0	未污染
I2	0.41	0.47	0.71	0.26	1.45	0.03	0.48	0.69	0	未污染

5.3.3 潜在生态危害指数法

采用 Lars Hakanson 提出的现代工业化前正常颗粒沉积物中重金属含量的最高背景值 $w(Hg)$、$w(As)$、$w(Cu)$、$w(Zn)$、$w(Pb)$、$w(Cd)$、$w(Cr)$ 分别为 0.25mg/kg、15.00mg/kg、30.00mg/kg、80.00mg/kg、25.00mg/kg、0.50mg/kg 和 60.00mg/kg，来反映湖泊的实际污染程度。选用河套地区土壤背景值为参比值，$w(Hg)$、$w(As)$、$w(Cu)$、$w(Zn)$、$w(Pb)$、$w(Cd)$、$w(Cr)$ 分别为 0.02mg/kg、13.05mg/kg、24.74mg/kg、67.24mg/kg、21.67mg/kg、0.51mg/kg 和 61.71mg/kg 来反映乌梁素海的相对污染程度，两者相结合能较好地反应湖泊潜在的生态危害程度。同时采用 2009 年冬季和夏季两次采样的数据进行评价，按潜在生态指数的计算公式式（5.3）和式（5.4），单项重金属的潜在生态危害系数（E_r^i）和 7 种重金属的潜在生态风险指数（RI）计算结果见表 5.18～表 5.21。

表 5. 18　　　乌梁素海表层沉积物重金属的潜在生态危害系数和风险指数（夏季）

采样点	E_r^i							RI
	Cu	Zn	Pb	Cr	Cd	Hg	As	
J13	2.44	0.59	2.97	1.39	8.41	60.45	21.04	97.29
K12	4.01	0.83	4.14	1.16	12.40	48.53	31.53	102.60
L11	3.53	1.01	5.07	1.54	8.05	76.66	31.48	127.35
M12	3.91	0.94	4.70	1.27	7.33	61.81	29.42	109.38
N13	4.38	1.08	5.38	0.96	5.40	48.00	10.86	76.05
P9	2.84	0.84	4.18	1.30	3.60	36.80	13.80	63.34
P11	2.39	0.67	3.36	1.20	4.80	28.80	12.15	53.37
Q8	2.85	0.62	3.12	0.93	8.40	36.80	9.33	62.06
W2	2.25	0.75	3.74	1.26	9.60	52.80	9.31	79.70
平均值	3.10	0.82	4.09	1.21	7.40	49.86	18.11	84.59

表 5.19　乌梁素海表层沉积物重金属的潜在生态危害系数和风险指数（冬季）

采样点	E_r^i							RI
	Cu	Zn	Pb	Cr	Cd	Hg	As	
J13	5.27	0.82	0.14	1.61	21.00	5.49	12.09	46.42
K12	5.62	1.00	5.35	2.13	10.80	0.94	9.07	34.91
L11	4.93	1.41	4.97	1.82	33.00	1.67	7.37	55.18
M12	6.51	1.01	5.19	2.20	33.60	2.18	23.77	74.46
N13	5.10	0.88	4.27	1.59	34.20	1.74	4.83	52.61
P9	4.61	0.78	4.50	1.72	44.40	1.37	3.77	61.15
P11	3.15	0.62	3.38	1.37	33.00	1.73	2.33	45.58
Q8	6.12	0.97	5.05	2.06	10.80	1.76	6.09	32.85
W2	6.60	0.98	5.40	2.32	34.20	4.80	6.58	60.89
平均值	5.30	0.93	4.26	1.87	26.58	2.58	8.43	49.95

表 5.20　乌梁素海表层沉积物重金属的潜在生态危害系数和风险指数（夏季）

采样点	E_r^i							RI
	Cu	Zn	Pb	Cr	Cd	Hg	As	
J13	2.96	0.71	1.13	1.35	8.25	755.60	24.19	794.18
K12	4.87	0.98	1.67	1.13	12.15	606.60	36.24	663.64
L11	4.29	1.21	2.88	1.50	7.89	958.30	36.19	1012.24
M12	4.74	1.12	1.70	1.24	7.19	772.60	33.81	822.40
N13	5.32	1.28	1.10	0.93	5.29	600.00	12.48	626.40
P9	3.44	0.99	0.84	1.26	3.53	460.00	15.86	485.92
P11	2.90	0.80	0.55	1.16	4.71	360.00	13.97	384.09
Q8	3.46	0.74	0.56	0.91	8.24	460.00	10.73	484.63
W2	2.72	0.89	1.13	1.22	9.41	660.00	10.70	686.07
平均值	3.76	0.97	1.32	1.17	7.25	623.31	20.81	658.61

表 5.21　乌梁素海表层沉积物重金属的潜在生态危害系数和风险指数（冬季）

采样点	E_r^i							RI
	Cu	Zn	Pb	Cr	Cd	Hg	As	
J13	6.38	0.97	0.16	1.56	20.59	68.68	13.90	112.25
K12	6.81	1.19	6.17	2.07	10.59	11.76	10.43	49.02
L11	5.98	1.68	5.74	1.77	32.35	20.86	8.48	76.86
M12	7.90	1.20	5.99	2.14	32.94	27.24	27.33	104.73
N13	6.18	1.05	4.93	1.55	33.53	21.76	5.55	74.55
P9	5.58	0.93	5.20	1.67	43.53	17.14	4.33	78.38
P11	3.82	0.73	3.90	1.33	32.35	21.64	2.67	66.46
Q8	7.42	1.16	5.83	2.01	10.59	21.96	7.00	55.96
W2	8.01	1.17	6.23	2.26	33.53	60.00	7.56	118.76
平均值	6.42	1.11	4.91	1.82	26.06	32.30	9.69	82.31

运用潜在生态风险指数法，以现代工业化前正常颗粒沉积物中重金属含量的最高背景值为参照，对乌梁素海表层底泥中的重金属进行评价（表 5.18 和表 5.19），结果表明：就各采样点而言，L11 点重金属 Hg 的潜在生态危害系数（E_r^i）和 7 种重金属的潜在生态风险指数（RI）都是最高的，分别为 76.66 和 127.35，10 个采样点中除 P9、P11 和 Q8 外，其他点重金属 Hg 的潜在生态危害系数 E_r^i 都超过 40，属于中等污染水平。就季节而言，夏季单种重金属的潜在生态危害以 Hg 的污染程度最为严重，其全湖 E_r^i 的平均值为 49.86，属于生态危害中等水平，而其他重金属元素均小于 40。采用这 7 种重金属元素的潜在生态风险指数来评价，其指数值变化介于 53.37～127.35 之间，平均值为 84.59，皆处于低生态风险状态。冬季单种重金属的 E_r^i 均值都小于 40，生态危害属于轻微水平，7 种重金属的 RI 变化范围为 32.85～74.46，均值为 49.95，都小于 150，处于低生态风险状态。除了 Hg 和 As 以外，冬季其他重金属的 E_r^i 均值都高于夏季，尤其是 Cd，其 E_r^i 变化范围为 10.80～44.40，均值为 26.58，远远高于夏季，而冬季 Hg 的 E_r^i 均值仅为 2.58，是夏季的 1/20。P9 点 Cd 的 E_r^i 最高，已超过 40，属于生态危害中等水平。

对呼伦湖表层沉积物重金属分别以现代工业化以前沉积物中重金属最高背景值和《土壤环境质量标准》（GB 15618—1995）一级自然背景值为参照，采用 2008 年冬季沉积物采样数据，按潜在生态指数的计算公式式（5.3）和式（5.4），单项重金属的潜在生态危害系数（E_r^i）和 7 种重金属的潜在生态风险指数（RI）进行评价，计算结果见表 5.22 和表 5.23。

表 5.22   呼伦湖沉积物中重金属的潜在生态危害系数和风险指数（一）

采样点	E_r^i							RI
	Cu	Zn	Pb	Cr	Cd	Hg	As	
A10	1.31	0.31	2.88	0.50	23.10	7.40	3.00	38.51
B9	4.55	1.22	5.00	1.62	45.90	9.79	3.34	71.42
D7	4.83	1.16	5.87	1.57	37.80	5.92	3.84	60.98
D11	4.68	1.08	2.48	1.48	21.00	7.26	3.62	41.60
E8	3.63	0.68	2.90	1.00	21.30	16.12	5.21	50.84
F5	4.38	0.97	7.51	1.39	22.20	4.94	5.39	46.77
F9	3.23	0.60	4.29	1.09	20.40	3.17	3.06	35.83
G2	5.32	1.02	5.51	1.60	44.40	3.23	1.57	62.66
G8	5.21	0.90	4.48	1.40	5.40	5.47	1.44	24.30
H5	4.14	1.02	3.80	1.07	22.50	5.97	1.14	39.65
I2	2.40	0.59	4.95	0.79	17.10	4.84	0.66	31.33
均值	3.97	0.87	4.51	1.23	25.55	6.74	2.93	45.81

注：以现代工业化前正常颗粒沉积物中重金属含量的最高背景值为参照。

表5.23 呼伦湖沉积物中重金属的潜在生态危害系数和风险指数（二）

采样点	E_r^i							RI
	Cu	Zn	Pb	Cr	Cd	Hg	As	
A10	1.13	0.25	2.06	0.33	57.75	7.40	5.00	73.92
B9	3.90	0.98	3.57	1.08	114.75	9.79	5.56	139.63
D7	4.14	0.93	4.19	1.04	94.50	5.92	6.40	117.13
D11	4.01	0.86	1.77	0.99	52.50	7.26	6.04	73.43
E8	3.12	0.54	2.07	0.67	53.25	16.12	8.69	84.45
F5	3.76	0.78	5.36	0.92	55.50	4.94	8.98	80.24
F9	2.77	0.48	3.08	0.73	51.00	3.17	5.09	66.30
G2	4.56	0.82	3.94	1.07	111.00	3.23	2.62	127.24
G8	4.47	0.72	3.20	0.94	13.50	5.47	2.40	30.69
H5	3.55	0.82	2.72	0.72	56.25	5.97	1.90	71.92
I2	2.06	0.47	3.54	0.53	42.75	4.84	1.10	55.29
均值	3.40	0.69	3.22	0.82	63.89	6.74	4.89	83.66

注： 以 GB 15618—1995 一级自然背景值为参照。

由表5.22可知，以现代工业化前正常颗粒沉积物中重金属含量的最高背景值为参照，单种重金属的 E_r^i 的平均值皆小于40，属于轻微污染水平，潜在生态危害尤其以 Cd 的污染程度较为严重，其 E_r^i 的平均值25.55，而 B9 和 G2 点 Cd 的 E_r^i 值分别为45.90和44.40，属于中等污染水平。以7种重金属的潜在生态风险指数来评价，其指数值变化范围为24.30～71.42，皆处于低生态风险状态。

以 GB 15618—1995 一级自然背景值为参照，富集顺序为：Cd＞Zn＞Cu＞As＞Pb＞Cr＞Hg；单种重金属的潜在生态危害同样是 Cd 污染程度最为严重，其 E_r^i 平均值为63.89，达到中等污染水平，特别是 B9、D7 和 G2 点 Cd 的 E_r^i 值已超过80，处于较强的生态危害水平，而其他重金属的 E_r^i 值均远远小于40。从生态危害指数方面看，呼伦湖沉积物各采样点的 RI 值均小于150，处于低风险程度；各采样点危害程度顺序 B9＞G2＞D7＞E8＞F5＞A10＞D11＞H5＞F9＞I2＞G8。

5.3.4 地累积指数法

分别以中国陆壳地球化学背景值和河套地区土壤重金属背景值为参照，采用地累积指数法，对乌梁素海2009年冬季和夏季两次沉积物采样数据进行评价。按地累积指数的计算公式式（5.5）和表5.13的分级标准，乌梁素海各采样点表层沉积物地累积指数（I_{geo}）和地累积指数分级见表5.24～表5.27。

表5.24 乌梁素海表层沉积物重金属的地累积指数和地累积指数分级1（夏季）

采样点	I_{geo}							分级						
	Cu	Zn	Pb	Cr	Cd	Hg	As	Cu	Zn	Pb	Cr	Cd	Hg	As
J13	−1.96	−1.44	−2.20	−1.19	0.77	1.65	3.47	0	0	0	0	1	2	4
K12	−1.24	−0.96	−1.64	−1.44	1.32	1.34	4.05	0	0	0	0	2	2	5

采样点	I_{geo}							分级						
	Cu	Zn	Pb	Cr	Cd	Hg	As	Cu	Zn	Pb	Cr	Cd	Hg	As
L11	−1.43	−0.67	−0.85	−1.03	0.70	2.00	4.05	0	0	0	0	1	2	5
M12	−1.28	−0.78	−1.61	−1.31	0.57	1.69	3.95	0	0	0	0	1	2	4
N13	−1.12	−0.58	−2.23	−1.72	0.13	1.32	2.52	0	0	0	0	1	2	3
P9	−1.74	−0.95	−2.63	−1.28	−0.46	0.94	2.86	0	0	0	0	0	1	3
P11	−1.99	−1.26	−3.23	−1.40	−0.04	0.58	2.68	0	0	0	0	0	1	3
Q8	−1.74	−1.37	−3.20	−1.75	0.76	0.94	2.30	0	0	0	0	1	1	3
W2	−2.08	−1.11	−2.20	−1.32	0.96	1.46	2.29	0	0	0	0	1	2	3

注：以中国陆壳重金属地球化学背景值为参照。

表 5.25　乌梁素海表层沉积物重金属的地累积指数和地累积指数分级 2（冬季）

采样点	I_{geo}							分级						
	Cu	Zn	Pb	Cr	Cd	Hg	As	Cu	Zn	Pb	Cr	Cd	Hg	As
J13	−0.85	−0.98	−5.01	−0.97	2.08	−1.81	2.67	0	0	0	0	3	0	3
K12	−0.76	−0.69	0.25	−0.56	1.13	−4.35	2.26	0	0	1	0	2	0	3
L11	−0.95	−0.19	0.14	−0.79	2.74	−3.52	1.96	0	0	1	0	3	0	2
M12	−0.54	−0.68	0.21	−0.52	2.76	−3.14	3.65	0	0	1	0	3	0	4
N13	−0.90	−0.88	−0.07	−0.98	2.79	−3.46	1.35	0	0	0	0	3	0	2
P9	−1.04	−1.04	0.00	−0.87	3.17	−3.81	0.99	0	0	1	0	4	0	1
P11	−1.59	−1.38	−0.41	−1.20	2.74	−3.47	0.29	0	0	0	0	3	0	1
Q8	−0.63	−0.73	0.17	−0.61	1.13	−3.45	1.68	0	0	1	0	2	0	2
W2	−0.52	−0.72	0.26	−0.44	2.79	−2.00	1.79	0	0	1	0	3	0	2

注：以中国陆壳重金属地球化学背景值为参照。

表 5.26　乌梁素海表层沉积物重金属的地累积指数和地累积指数分级 3（夏季）

采样点	I_{geo}							分级						
	Cu	Zn	Pb	Cr	Cd	Hg	As	Cu	Zn	Pb	Cr	Cd	Hg	As
J13	−1.34	−1.09	−2.73	−1.16	−2.45	3.65	0.69	0	0	0	0	0	4	1
K12	−0.62	−0.61	−2.17	−1.41	−1.89	3.34	1.27	0	0	0	0	0	4	2
L11	−0.81	−0.32	−1.38	−1.00	−2.51	4.00	1.27	0	0	0	0	0	4	2
M12	−0.66	−0.42	−2.14	−1.28	−2.65	3.69	1.17	0	0	0	0	0	4	2
N13	−0.50	−0.23	−2.77	−1.69	−3.09	3.32	−0.26	0	0	0	0	0	4	0
P9	−1.13	−0.59	−3.16	−1.25	−3.67	2.94	0.08	0	0	0	0	0	3	1
P11	−1.37	−0.91	−3.77	−1.37	−3.26	2.58	−0.10	0	0	0	0	0	3	0
Q8	−1.12	−1.02	−3.74	−1.72	−2.45	2.94	−0.48	0	0	0	0	0	3	0
W2	−1.46	−0.75	−2.73	−1.30	−2.26	3.46	−0.49	0	0	0	0	0	4	0

注：以河套地区土壤重金属背景值为参照。

表 5.27 乌梁素海表层沉积物重金属的地累积指数和地累积指数分级 4 （冬季）

采样点	I_{geo}							分级						
	Cu	Zn	Pb	Cr	Cd	Hg	As	Cu	Zn	Pb	Cr	Cd	Hg	As
J13	−0.23	−0.63	−5.54	−0.94	−1.13	0.19	−0.11	0	0	0	0	0	1	0
K12	−0.14	−0.34	−0.28	−0.53	−2.09	−2.35	−0.52	0	0	0	0	0	0	0
L11	−0.33	0.16	−0.39	−0.76	−0.48	−1.52	−0.82	0	1	0	0	0	0	0
M12	0.07	−0.33	−0.32	−0.49	−0.45	−1.14	0.87	0	0	0	0	0	0	1
N13	−0.28	−0.52	−0.61	−0.95	−1.46	−1.43		0	0	0	0	0	0	0
P9	−0.43	−0.69	−0.53	−0.84	−0.05	−1.81	−1.79	0	0	0	0	0	0	0
P11	−0.97	−1.03	−0.94	−1.17	−0.48	−1.47	−2.49	0	0	0	0	0	0	0
Q8	−0.02	−0.37	−0.36	−0.58	−2.09	−1.45	−1.10	0	0	0	0	0	0	0
W2	0.09	−0.36	−0.27	−0.41	−0.42	0.00	−0.99	1	0	0	0	0	1	0

注：以河套地区土壤重金属背景值为参照。

以中国陆壳重金属地球化学背景值为参照对乌梁素海沉积物的评价结果（表 5.24 和表 5.25）表明：夏季 Hg 和 As 为主要的污染物，尤其是 As，其 I_{geo} 为 2.29 ～4.05，污染级别 3～5 级，大多数采样点为 3 级，属中～强污染程度，K12 和 L11 点属强～极强污染程度；Hg 的 I_{geo} 为 0.58～2.00，污染级别 1～2 级，除 P9、P11 和 Q8 属无～中污染程度，其余采样点均属中污染程度；Cu、Zn、Pb 和 Cr 的 I_{geo} 都小于 0，污染级别为 0 级；Cd 的污染级别 0～2 级，大多数采样点为 1 级，属无～中污染程度。冬季 Cd 和 As 为主要的污染物，Cd 的 I_{geo} 为 1.13～3.17，污染级别 2～4 级，60％的采样点为 3 级，属中～强污染程度，仅 P9 点属强污染程度；As 的 I_{geo} 为 0.29～3.65，污染级别 1～4 级，东北湖区的采样点大都为 3 级，属中～强污染程度，西南湖区的采样点属无～中污染程度，仅 M12 点处于强污染状态；Cu、Zn、Cr 和 Hg 的 I_{geo} 都小于 0，污染级别为 0 级；Pb 的污染级别 0～1 级，有 60％的采样点属无～中污染程度。

以河套地区土壤金属背景值为参照对乌梁素海沉积物的评价结果（表 5.26 和表 5.27）表明：夏季 Hg 的污染最为严重，其 I_{geo} 为 2.58～4.00，有 70％的采样点为 4 级，属强污染程度；As 的污染级别为 3～5 级，50％的采样点无污染，K12、L11 和 M12 点属中等污染程度；Cu、Zn、Pb、Cr 和 Cd 的 I_{geo} 都小于 0，污染级别为 0 级。冬季 90％的采样点这七种重金属大都处于无污染状态，J13 点的 Hg、L11 点的 Zn、M12 点的 As 及 W2 点的 Cu 和 Hg 均属无～中污染程度。

以中国陆壳地球化学背景值和 GB 15618—1995 一级自然背景值为参照，采用地累积指数法，对呼伦湖 2008 年冬季沉积物采样数据进行评价。按地累积指数的计算公式式 (5.5) 和表 5.13 的分级标准，呼伦湖各采样点表层沉积物地累积指数（I_{geo}）和地累积指数分级见表 5.28 和表 5.29。

表 5.28   呼伦湖沉积物地累积指数和地累积指数分级 1

采样点	I_{geo}							分级						
	Cu	Zn	Pb	Cr	Cd	Hg	As	Cu	Zn	Pb	Cr	Cd	Hg	As
A10	−2.85	−2.37	−0.64	−2.65	2.23	−2.68	1.96	0	0	0	0	3	0	2
B9	−1.06	−0.40	0.15	−0.96	3.21	−2.52	2.36	0	0	1	0	4	0	3
D7	−0.98	−0.48	0.38	−1.01	2.92	−2.32	1.64	0	0	1	0	3	0	2
D11	−1.02	−0.58	−0.86	−1.09	2.08	−2.41	1.93	0	0	0	0	3	0	2
E8	−1.39	−1.26	−0.63	−1.65	2.12	−1.88	3.08	0	0	0	0	3	0	4
F5	−1.12	−0.73	0.74	−1.18	2.16	−1.83	1.38	0	0	1	0	3	0	2
F9	−1.56	−1.42	−0.07	−1.53	2.03	−2.68	0.74	0	0	0	0	3	0	1
G2	−0.84	−0.66	0.29	−0.97	3.16	−3.61	0.77	0	0	1	0	4	0	1
G8	−0.87	−0.85	−0.01	−1.17	0.12	−3.74	1.53	0	0	0	0	1	0	2
H5	−1.20	−0.66	−0.24	−1.55	2.19	−4.07	1.65	0	0	0	0	3	0	2
I2	−1.98	−1.45	0.14	−1.99	1.80	−4.86	1.35	0	0	1	0	2	0	2

注：以中国陆壳重金属地球化学背景值为参照。

表 5.29   呼伦湖沉积物地累积指数和地累积指数分级 2

采样点	I_{geo}							分级						
	Cu	Zn	Pb	Cr	Cd	Hg	As	Cu	Zn	Pb	Cr	Cd	Hg	As
A10	−2.73	−2.59	−1.87	−3.16	0.38	−3.58	−1.02	0	0	0	0	1	0	0
B9	−0.94	−0.62	−1.07	−1.47	1.36	−3.43	−0.62	0	0	0	0	2	0	0
D7	−0.86	−0.70	−0.84	−1.52	1.07	−3.23	−1.34	0	0	0	0	2	0	0
D11	−0.90	−0.80	−2.08	−1.60	0.22	−3.31	−1.05	0	0	0	0	1	0	0
E8	−1.27	−1.47	−1.86	−2.16	0.26	−2.79	0.10	0	0	0	0	1	0	1
F5	−1.00	−0.95	−0.48	−1.70	0.30	−2.74	−1.60	0	0	0	0	1	0	0
F9	−1.44	−1.64	−1.29	−2.04	0.18	−3.56	−2.24	0	0	0	0	1	0	0
G2	−0.72	−0.88	−0.93	−1.49	1.30	−4.52	−2.21	0	0	0	0	2	0	0
G8	−0.75	−1.07	−1.23	−1.68	−1.74	−4.64	−1.45	0	0	0	0	0	0	0
H5	−1.08	−0.88	−1.46	−2.07	0.34	−4.98	−1.33	0	0	0	0	1	0	0
I2	−1.87	−1.67	−1.08	−2.51	−0.05	−5.77	−1.63	0	0	0	0	0	0	0

注：以 GB 15618—1995 一级自然背景值为参照。

由表 5.28 可知，以中国陆壳重金属化学背景值为参照，Hg、Cu、Cr 和 Zn 的 I_{geo} 都小于 0，污染级别为 0 级；Cd 的 I_{geo} 为 0.12～3.21，污染级别 1～4 级，大多数采样点为 3 级，属中～强污染程度；As 的 I_{geo} 为 0.74～3.08，污染级别 1～4 级，大多数采样点为 2 级，属中等污染程度，只有 E8 点属强污染程度；Pb 的 I_{geo} 为 −0.86～0.74，污染级别 0～1 级，属无～中或无污染程度。从金属元素本身看污染程度的大小顺序为 Cd＞As＞Pb ＞Zn＞Cu＞Hg，从采样点看 B9 点和 E8 点的污染最为严重，其原因可能与围网捕鱼丢弃的废旧电池有关。以 GB 15618—1995 一级自然背景值为参照，七种重金属中 Cd 的污染最为严重，但污染级别大都为 1～2 级，属于无～中污染程度；除 E8 点的 As 污染级别为 1 外，其他各采样点的重金属均属于无污染程度。

5.3.5　评价方法比较

利用三种评价方法对内蒙古高原湖泊——乌梁素海和呼伦湖沉积物重金属污染现状进行评价的结果基本相同。对乌梁素海而言，全湖重金属污染处于中等水平，夏季以 Hg 和 As 的污染最为严重，冬季 Cd 成为主要污染物。就呼伦湖而言全湖沉积物重金属处于低污染状态，单种重金属元素中尤其以 Cd 的污染较为严重。

综合污染指数评价法具有一定的合理性，但其最关键、最核心的问题是污染程度及级别的合理划分以及准确、科学的确定评价标准，而这必须与区域自身的背景特性和环境状况紧密结合，才能使评价结果更符合当地的客观实际。

地累积指数法主要根据重金属的总含量进行评价，只可以一般地了解重金属的污染程度，难以区分沉积物中重金属的自然来源和人为来源，难以反映沉积物中重金属的化学活性和生物可利用性，因此该法不能有效地评价重金属的迁移特性和可能的潜在生态危害。同时，制定污染等级的标准是全球沉积页岩的平均含量，只侧重单一金属，既未引入生物有效性和相对贡献比例，又没有充分考虑金属形态分布和地理空间异质性的影响。

相对而言，潜在生态危害指数法在测定沉积物中重金属浓度，评价水域中重金属的潜在生态危害等方面，具有简便、快速且较为准确的特点。体现了对化学分析（包括形态分布）、数据加和、生物毒性以及指数灵敏度的要求，指标涵盖了环境化学、生物毒理学和生态学内容，同时顾及了背景值的地域分异性。然而，此法也存在某些不足，如确定毒性加权系数带有主观性，没有考虑可能存在的拮抗作用，评价指标也没有充分体现水化学参数（pH 值、E_h、碱度及配位体）等对毒性的影响。因此，需要与综合污染指数法和地累积指数法相互补充和借鉴，以求进一步的完善。

参 考 文 献

［1］　陈守莉，王平祖，秦明周，等 . 太湖流域典型湖泊沉积物中重金属污染的分布特征 ［J］. 江苏农业学报，2007，23（2）：124 - 130.

［2］　Matti Leppäranta，Pekka Kosloff. The Structure and Thickness of Lake Pääjärvi Ice ［J］. Geophysica，2000，36（1 - 2）：233 - 248.

［3］　王静雅 . 成都市湖塘沉积物重金属元素环境地球化学研究及城市污染史初析 ［D］. 成都：成都理工大学，2005.

［4］　黄先飞，秦樊鑫，胡继伟，等 . 红枫湖沉积物中重金属污染特征与生态危害风险评价 ［J］. 环境科学研究，2008，21（2）：18 - 23.

［5］　Hankason Lars. An Ecological Risk Index for Aquatic Pollution Control：A Sedimentological Approach ［J］. Water Researeh，1980，14：975 - 1001.

［6］　弓晓锋，陈春丽，周文斌，等 . 鄱阳湖底泥重金属污染现状评价 ［J］. 环境科学，2006，27（4）：732 - 736.

［7］　陈静生，周家义 . 中国水环境重金属研究 ［M］. 北京：中国环境科学出版社，1992：168 - 170.

［8］　Mu1ler G. Index of Geoaccumulation in Sediments of Rhine River ［J］. Geological Journal，1969，2：108 - 118.

［9］　郁亚娟，黄宏，王晓栋，等 . 淮河沉积物中重金属的测定和污染评价 ［J］. 环境科学研究，

2003, 16 (6): 26 - 28.

[10] Weeks, W F, Lee O S. Observation on the Physical Properties of Sea Ice at Hopedale, Labrador [J]. Arctic, 1958, 11 (3): 135 - 155.

[11] Nakawo, M, Sinha N K. Growth Rate and Salinity Profile of First-sea Ice in the High Arctic [J]. Journal of Glaciology, 1981, 27 (96): 315 - 330.

[12] Makshtas, A P. 1984. The Heat Balance of Arctic Ice in Winter. Leningrad: Gidrometeoizdat (English Translation, International Glaciological Society, Cambridge, U. K. , 1991).

[13] Maykut, G A. The Surface Heat and Mass Balance. In The Geophysics of Sea Ice (N. Untersteiner, Ed.). New York: Plenum Press, 1986: 395 - 463.

第6章
典型湖泊水文模拟——以呼伦湖为例

6.1 呼伦湖水文特征

6.1.1 流域水系

呼伦湖水系是额尔古纳河水系的组成部分,包括呼伦湖、贝尔湖、克鲁伦河、乌尔逊河、哈拉哈河、沙尔勒金河、达兰鄂罗木河、乌兰泡和新达赉湖(新开湖)。1000km以上的河流有3条,20~100km的河流有13条,20km以下的河流共64条,全流域河流总长2374.9km,流域面积(国内)37214km²。

呼伦湖,湖面呈不规则斜长方形,长轴为西南至东北向。湖水由克鲁伦河和乌尔逊河分别自西南和东南注入。湖北岸由新开河(达兰鄂罗木河)与海拉尔河沟通。湖长93km,最大宽度51km,平均宽度25km,湖周长447km,较高水位可达545.33m,面积2339km²,平均水深5.7m。

克鲁伦河位于呼伦湖西南部,是呼伦湖主要的补给水源之一,多年平均径流4.6亿m³(1963—2009年统计)。克鲁伦河发源于蒙古人民共和国肯特山东麓,自西向东流,于新巴尔虎右旗克尔伦苏木西北乌兰恩格尔进入我国,向东南流入呼伦湖。河全长1264km,我国境内206km,流域面积9.2万km²,我国境内流域面积3167km²(产流区和90%流域面积在蒙古人民共和国),流域平均宽度73km。流域范围为:东经103°~107°,北纬46°30′~48°30′,流域呈狭长形,河道蜿蜒曲折,河宽40~90m,沿途多牛轭湖及沼泽。

哈拉哈河是贝尔湖的主要水源,也是达赉湖主要水源之一,发源于兴安盟阿尔山市大兴安岭北侧五道沟东南山顶,中游段流经蒙古人民共和国,下游段为中蒙界河,由东向西至额布都格附近,河道分为两支:一支向西北流入乌尔逊河,称为沙尔勒金河;一支向西南流入贝尔湖。哈拉哈河流域面积5112km²,我国境内流域面积4023km²,河全长233km。

乌尔逊河位于呼伦湖东南部,是呼伦湖主要补给水源之一,多年平均径流量为6.11×10⁸m³(1961—2009年统计)。乌尔逊河发源于贝尔湖,东流至乌尔逊河分场注入呼伦湖,它是呼伦湖与贝尔湖的连接通道。乌尔逊河河长223km,流域平均宽度47km。流域为狭长形,形状系数为0.21,河宽在丰水期为60~70m,水深2~3m,比降1/3000~1/4000,枯水期河宽30~50m,水深仅1.0m左右,河流弯曲系数2.03。

贝尔湖水面面积约690km²,湖长40km,宽20km,位于中蒙边界,大部分在蒙古人民共和国境内,仅西北部的40km²属于中国所有。湖水为淡水,一般深度在9m左右,湖心最深处可达50m。

乌兰诺尔又称乌兰泡,位于呼伦湖与贝尔湖之间,呼伦湖南83km处。补给水源为乌尔逊河,丰水期泡面长15~17km,南北宽205km,面积75km²左右,枯水期成为沼泽,是水域、草原、湿地等多种景观齐全的保护区。

达兰鄂罗木河位于呼伦湖东北部，全长 25km。在未修新开河之前，是呼伦湖至额尔古纳河的泄水通道。河道浅平，两岸除山地外，均为沼泽地，水大时汪洋一片，是当时呼伦湖的唯一出口。后来呼伦湖受地壳运动，湖面缩小，湖水不能外泄，海拉尔河水大时，一部分水通过达兰鄂罗木河流入呼伦湖。

新开河 1963 年呼伦湖水位上涨至 545.6m 时，达兰鄂罗木河两岸扎赉诺尔煤矿矿井的水文地质条件严重恶化，为降低湖水位，制止湖水位上涨，在矿区东侧修建人工河，称为新开河。新开河南起呼伦湖东部沙子山附近，从东侧绕越扎赉诺尔矿区和车站，穿越滨州铁路，西北至黑山头脚下流入达兰鄂罗木河道并汇入海拉尔河。新开河全长 15.8km，包括进口闸、渠道、出口挡洪闸、滨州铁路桥四部分。新开河于 1966 年 6 月 15 日兴建，至 1971 年 9 月 8 日竣工。工程运行至现在，渠底产生淤积，进口、出口闸启闭设施局部损坏。

新达赉湖又名新开湖。1962 年呼伦湖水位达到 545.28m，在风浪作用下，湖东岸双子山一带决口，形成一个面积达 147km^2（22 万亩）的新达赉湖。新达赉湖位于湖东岸新巴尔虎左旗境内，迹部胡郎图苏木（甘珠花）东北约 9km 处，西距呼伦湖 5km。新开湖水位、水质、渔业资源等均受呼伦湖的制约和影响，颇像子母湖。新开湖底多生水草，湖水温凉，水质肥沃，是鱼类栖息、产卵的理想水域。20 世纪 60 年代末水位开始下降，水面逐渐缩小，80 年代已经完全干枯。1984 年 4 月末起呼伦湖水位上涨，湖水沿河口故道东流，重新注入新开湖，不到 10d，湖水漫溢 20km，水面不断扩大。1985—1987 年，湖水仍不断流向新达赉湖，但速度比较缓慢，尚未达到 1962 年的规模。由于近年来连续干旱，新开湖已经开始干涸。

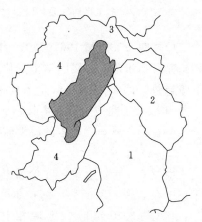

图 6.1 呼伦湖水系子流域划分图
1—乌尔逊河流域；2—新开湖流域；
3—新开河流域；4—呼伦湖周边流域

6.1.2 流域划分

使用 SRTM（Shuttle Radar Topography Mission）的 DEM 数据，采用阿尔伯斯双标准纬线多圆锥投影（Albers Equal Area Conic）系统，双标准纬线选取北纬 40°与北纬 50°，中央经线选取东经 115°，基于 ArcGIS9.2 的 ArcSWAT 模型对呼伦湖流域进行了计算，并划分了水系各子流域（如图 6.1 所示）。呼伦湖流域范围广，东西跨度大，整个流域包括七个子流域，全流域面积为 2.02×10^5 km^2，而我国部分为 3.9×10^5 km^2，所占比例为 19.3%，蒙古人民共和国占 80.7%。现主要针对我国境内 1~4 小流域作重点分析。

6.1.3 气候特征

1. 基本概念

距平是指气候要素值与多年平均值的偏差，可以表示为：实测值－同期历史均值。高于平均为正距平，低于平均为负距平。

距百分率表示为（实测值－同期历史均值）/同期历史均值，距百分率就是对距平进行了标准化处理。

累计距平值（The cumulative sum technique）法已经被证实为一种检验实测数据系列平均值发生突变的有效工具。其表达式为

$$S_i = \sum_{i=1}^{i}(x_i - \overline{x}) \qquad (6.1)$$

式中：x_i 为实测值；$\overline{x}$ 为系列的平均值。

当观测值大于长系列平均值时，斜率为正，反之，斜率为负，持续的正、负斜率用来鉴别系列平均值的中间突变。

累积距平曲线呈上升趋势表示距平值增加，呈下降趋势则表示距平值减小。从曲线明显的上下起伏可以判断其长期显著的演变趋势及持续性变化，还可初步确定系列资料可能存在的突变点个数。

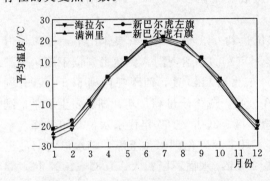

图 6.2　多年平均气温年内变化情况

2. 温度

通过对呼伦湖周边的海拉尔、满洲里、新巴尔虎右旗、新巴尔虎左旗四个气象站1961—2010 年的气象数据分析（图 6.2），可以看出流域多年平均最高气温出现在 7月，为 28℃，平均最低气温出现在 1 月，为 -30℃，年平均气温为 -5～3℃。四个地区比较而言，海拉尔平均温度最低，即冬季最寒冷，夏季最凉爽，而新巴尔虎右旗恰恰相反。

计算四个气象站 1961—2010 年各月平均温度累积距平值，如图 6.3 所示。可以看出，各站逐月累积距平曲线的斜率变化趋势近乎一致，在 1961—1980 年间，累积曲线总体呈下降趋势，即年均温度低于系列均值，在 1980—2000 年，温度升高，但幅度不大，而2000 年以后，曲线呈迅速增长趋势，说明平均气温在增高，尤其明显的是 4—9 月，说明全年中春季、夏季、秋季的温度较以前有所升高。

3. 相对湿度

由图 6.4 可以看出，呼伦湖流域最大湿度出现在每年的 1 月和 12 月，可达 78%，最小湿度在 5 月，为 41%。海拉尔区全年湿度最大，新巴尔虎右旗最小。

1961—2010 年四个区域相对湿度的年均值分别为 66.97%、62.49%、63.12%、59.96%，其变化趋势基本一致。在 1965—1982 年间，曲线斜率持续为正，较为湿润，在1983—1987 年间曲线斜率发生了两次转变，之后，斜率有正有负，规律性不明显，直到2003 年开始，持续为负，低于系列均值，表明气候较之前相对较干燥。

4. 日照

由图 6.5 可以看出，该流域多年平均日照时数为 26000～32000h，新巴尔虎右旗最大，6 月可达 3200h，海拉尔最小。结合图 6.5（b）和图 6.5（c），新巴尔虎右旗累积距平曲线在 0 附近波动，变化幅度很小，说明日照时数没有明显变化。满洲里自 1980 年后开始呈微弱的下降，但是斜率很小，在 1997 年后开始急剧上升，说明日照时数明显增加。新巴尔虎左旗与海拉尔累积曲线变化趋势一致，均为先升后降，说明日照时数有所减少。

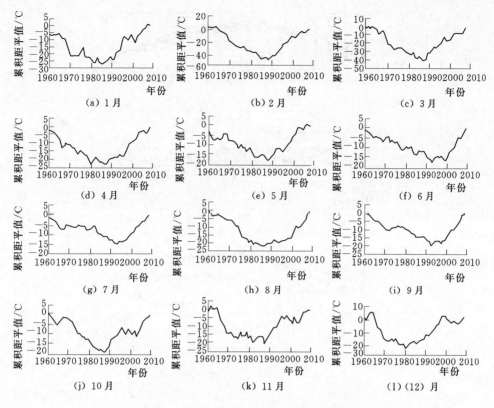

图 6.3 海拉尔各月平均温度累积距平曲线

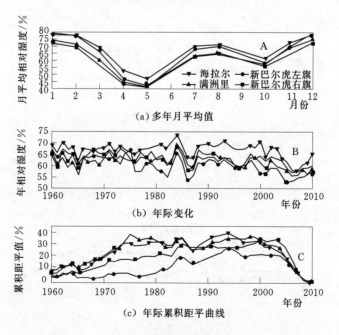

图 6.4 相对湿度变化情况

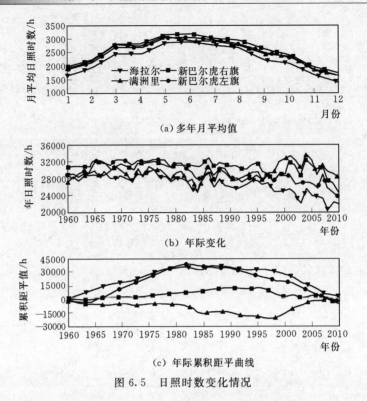

（a）多年月平均值

（b）年际变化

（c）年际累积距平曲线

图 6.5 日照时数变化情况

5. 风速

由图 6.6 可以看出，该流域的风速在 4 月、5 月达到最大，其次为 10 月，即春季、

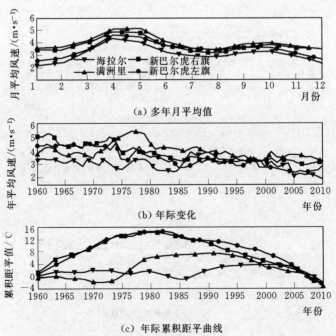

（a）多年月平均值

（b）年际变化

（c）年际累积距平曲线

图 6.6 风速变化情况

秋季。四个区域中,满洲里的全年风速最大,海拉尔最小。海拉尔与新巴尔虎左旗累积曲线变化趋势一致,在1980年前斜率为正,之后持续为负,说明风速较之前明显减小。满洲里与新巴尔虎右旗的斜率变化恰恰相反,总体来看,在20世纪70年代和90年代中期均发生了突变,但2000年后,四个地方的风速较之前均有所减小。

6. 降雨量

总体上,海拉尔年降雨量最大,且分布较为均匀。其次为满洲里,新巴尔虎右旗与新巴尔虎左旗最小,但是在分布上,三者存在着一致性,特别是雨量较多的年份,例如图中阴影年份,如图6.7所示。

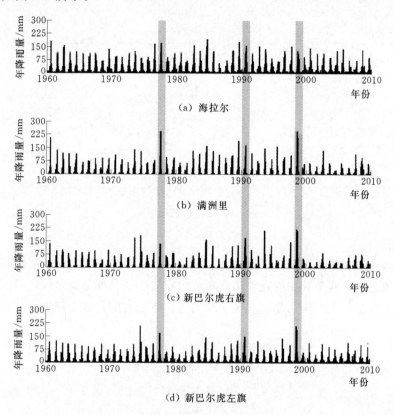

图6.7　年降雨量变化情况

总体来看,各站降雨累积距平曲线的变化趋势近似(图6.8),20世纪70年代中期,累积曲线的斜率由负转正,降雨较之前增加,90年代末期,曲线开始呈持续下降趋势,说明降雨急剧减少。结合图6.7也可看出,2000年后,四个区域的降水均有明显的降低,尤其明显的是新巴尔虎右旗与新巴尔虎左旗。

综上所述,呼伦湖周边流域在1960—2010年气候发生了波动,20世纪70年代中期后,温度较之前降低,相对湿度发生较明显波动,但总体上升高,海拉尔、新巴尔虎左旗的风速明显降低,四个地区的降雨虽然有波动,但是总体较之前增加,90年代后期,温度升高,相对湿度降低,风速较之前明显减小,降雨累积曲线呈直线下降,说明降雨急剧减少。可见,流域气候呈干旱-湿润-干旱的变化过程。

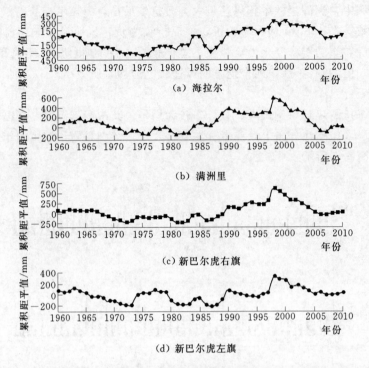

图 6.8　降雨量累积曲线

6.1.4　地貌

　　呼伦湖地区属于呼伦贝尔高平原地区中的呼伦贝尔西北部低山丘陵区和呼伦贝尔高平原区，在地貌上主要属于其中的克鲁伦石质低山丘陵小区和呼伦贝尔沙质湖盆小区，东面少数地区属于呼伦贝尔沙质高平原小区，北面有少数地区则分属于额尔古纳石质丘陵与谷地小区。

　　呼伦湖区处于其中的湖积冲积平原、湖滨平原和冲积平原、沙地沙岗、河谷漫滩及高平原几种类型。呼伦湖的湖盆，呈东北西南向的不规则的斜长方形。湖盆在西侧临近陡崖处坡度较大，北、西、南三面较平浅。湖盆西北部展布着一条东北—西南向的低矮山脉，名达赉诺尔低山，一般海拔1011m。这些山体都由中生代的中酸性火山岩，如安山岩、凝灰岩、石英斑岩、粗面岩等组成。其次，湖的南部，隔着湖滨平原有一部分低山丘陵，多为玄武岩构成。在低山丘陵间除了有入湖的宽浅冲沟，还有一些封闭的洼地，洼地中或保留有小的湖泊，或干涸无水。湖的北端、南端和东面环湖一带，都有较广阔的湖滨平原。在乌尔逊河两岸，特别是其东面至阿木古郎与新开湖西沿线之间，有海拉尔河冲积形成的平原。湖滨平原是克鲁伦河、乌尔逊河、海拉尔河、在古代冲积形成，而后又受到湖水淹没、改造的一部分较平坦地区。湖滨平原和冲积平原，与沼泽湿地、沙地沙岗等地貌类型相互穿插。在湖的南端，湖盆与平原之间有沼泽湿地，东南有沙地，湖盆东部与乌尔逊河之间有沙岗。在湖的北端，湖盆与湖滨平原之间也有一片沙地沙岗，而乌尔逊河以东，冲积平原与古河道形成的条带状沼泽湿地几乎是呈相间平行排列。入湖河流克鲁伦河、乌尔逊河、达兰额罗木和古海拉尔河的入湖旧道呼伦沟，沿河都有宽阔的漫滩沼地。呼伦湖东侧有两条沙丘带，一条在呼伦湖东岸，岩湖岸线呈南北向分布，为湖滨沙丘；另一条在乌尔逊河以东，阿木古郎、甘珠花庙以北，沿广阔的沼泽湿地东缘大体呈南北向发展。湖东部仍保存相当一部分高平原形态，往东延伸直达大兴安岭边缘，非常宽广。在湖北端也有高平原的残余，突起在湖滨平原之上。

6.2 呼伦湖水量平衡分析

6.2.1 水平衡模型

水量平衡研究的主要原则是质量平衡原理，即在任意一时间段内，流入与流出任意体积的水量之差等于体积内储水量的变化。

基本方程为

$$\Delta V = I_{in} - I_{out} \tag{6.2}$$

式中：ΔV 为湖泊体积（年、月）变化量；I_{in} 为任意形式的入湖水量，通常包括湖面降雨量，河流、湖周流域的地面径流以及地下水流入量；I_{out} 为任意形式的出湖水量，包括湖面蒸发量、泄水量、地下水流出量。

湖泊体积的变化也可通过湖泊面积 ΔA 计算水位的升降，即

$$\Delta H = \frac{\Delta V}{\Delta A} = \frac{I_{in} - I_{out}}{\Delta A} \tag{6.3}$$

水平衡模型是完整水文系统的物理表示，其误差主要来源于水平衡项的量化上。降雨是重要输入项，通常根据湖泊周边的气象站、水文站的观测数据计算湖面降雨量。众多的研究表明蒸发是水量损失中最大的一项，也是难于确定的一项，原因主要是缺乏湖面的气象数据，一般采用湖周气象站观测气象因子利用能量平衡法、质量传输法、Penman 公式法计算。缺少径流数据的流域，可根据流域特征利用降雨-径流模型获得。最难于确定的为地下水与湖水的交换量。对于地下水的处理，通常有两种方法：第一，将该项占其他水平衡项的百分数进行计算；第二，通过其他地质信息判断出地下水与湖水交换量足够小时，通常忽略该项。在缺乏地下水观测资料的情况下，可通过其他方法量化地下水与湖水交换量。

湖泊水量平衡方程表示为

$$\frac{\Delta V}{\Delta t} = A(h)(P - E) + Q_{in} + Q_{out} \tag{6.4}$$

式中：Δt 为时间步长，天、月、年；$\Delta V = \Delta V_{t+1} - \Delta V_t$ 为湖泊库容变化量，m^3；A 为湖泊水面面积，m^2，是水位 h 的函数；P 为湖面降雨量，mm；E 为湖面蒸发量，mm；Q_{in} 为入湖水量，m^3；Q_{out} 为出湖水量，m^3。

呼伦湖处于国家自然保护区内，工矿企业较少，人口稀疏，井水抽取量可忽略不计，将湖泊渗漏量与侧向流入、出量全部归结到地下水与湖水的交换量中，实际水文过程如图 6.9 所示，水量平衡方程为

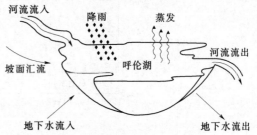

图 6.9 呼伦湖水量平衡模型

159

$$\frac{\Delta V}{\Delta t}=A(h)(P-E)+Q_{rin}+Q_{overland}+Q_{gin}-Q_{rout}-Q_{gout}$$

$$=A(h)(P-E)+Q_{rin}-Q_{rout}+\beta \tag{6.5}$$

式中：Q_{rin}、Q_{rout}为河流入湖、出湖水量；Q_{gin}、Q_{gout}为地下水入湖、出湖水量；$Q_{overland}$为湖周坡面汇流。

其中坡面汇流及湖泊与地下水的交换量为未知项，这里归为一项，用模型余项 β 表示，则有

$$\beta=Q_{overland}+Q_{gin}-Q_{gout}=\frac{\Delta V}{\Delta t}-A(h)(P-E)-Q_{rin}+Q_{rout} \tag{6.6}$$

6.2.2 水平衡计算

克鲁伦河入湖口处阿拉坦莫勒水文站及乌尔逊河上的坤都冷水文站逐日流量累加得到月、年径流量。甘珠花水文站仅有 1961—1971 年年径流数据，而无月数据，因此计算中仍使用坤都冷站的月径流量数据。

新开河流量没有实测数据，目前有两种关于流量的记载：第一种，当水位超过 544.8m 时，按照闸门设计流量泄流，即 40.7m³/s，多年平均泄水 1.44×10^8 m³，1971—1979 年共泄水 17.28×10^8 m³；第二种，自 1971 年 9 月至 1979 年 9 月通过新开河泄水，共 17.5×10^8 m³，1980 年 5 月至 1984 年通过新开河补水，共 3.5×10^8 m³。由于缺少新开河流量，因此，未知项中除了水平衡式式（6.5）中的余项 β 以外还包括了新开河流量。忽略所有未知项，水平衡式表示为

$$V_{i+1}=V_i(h_i)+A_i(h_i)(P_i-E_i)+Q_{rini}-Q_{routi} \tag{6.7}$$

以月为单位，初始水位为 1962 年 12 月观测水位，推算 1963—1980 年逐月水位，并将其与达赉湖试验站观测值比较（图 6.10）。两者的变化趋势基本一致，但是在 1971—1979 年间，推算值高于实测值，而 1980 年 4 月后恰恰相反。这与新开河 1971—1979 年泄水，1980—1984 年补水的记载相一致，所以，两者之间的差距可能是新开河的流量造成的。

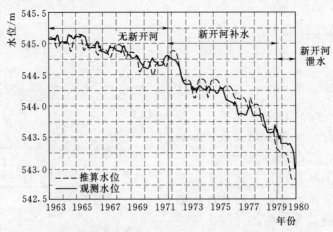

图 6.10 水平衡推算水位与实测水位
（忽略湖周坡面汇流、地下水与湖水交换及新开河流量）

1963—1970 年，4—7 月推算水位低于实测值，而其他时间则高于实测值。此段时间内，仅有余项为未知项，则根据实测水位利用式（6.6）计算余项。从图 6.11 可以看出，余项变化具有一定的规律性，类似波状，周期性强，在 7 月前呈正值，5 月达到最大，8 月达到负值最大，11 月到次年 2 月均呈较小负值，并且与其他水平衡项没有明显的趋势变化关系。由于湖泊周边流域全部为草原，利用 Penman 公式分别计算 1960—2010 年湖周四个气象站所在草原的逐日蒸散发量，取其平均值与逐日降雨量比较（图 6.12）。全年内蒸发高于降雨，在 11 月至次年 4 月，降雨量几乎为零，且主要以降雪的形式存在，5 月、10 月，降雨虽然有所增加，但是其量值仍然很小，难以形成坡面汇流。6—9 月，虽然降雨与蒸发的差距达到了最大，但是当短时间内降雨强度超过了土壤的下渗速率时，则形成坡面汇流。所以，11 月至次年 5 月，余项仅为地下水与湖泊水的交换量，6—9 月还包括了坡面汇流。

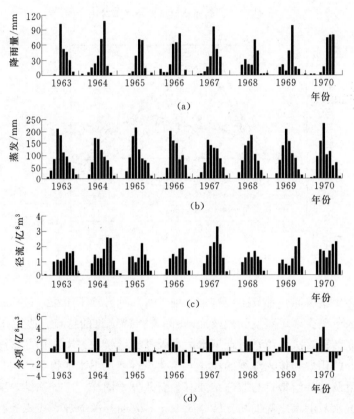

图 6.11 逐月水平衡项

计算 1963—1970 年间各水平衡项的多年月平均值，结果如图 6.13 所示。库容差自 3 月开始呈正值，直到 6 月结束，水位从 4 月开始增加，7 月达最大，之后逐渐降低。蒸发强度自 3 月开始增加，5 月达到最大，期间湖泊共损失水量为 5.9 亿 m^3，与此同时，降雨、径流分别为 1 亿 m^3、2 亿 m^3，远小于湖泊蒸发损失量，那么导致库容差为正的原因可能与余项有关，在 3—5 月，余项仅为地下水与湖泊的交换量，其来源可能是 11 月至次年 3 月，历时 5 个月的累积降雪随着温度的回升，逐渐开始融化并渗入土壤，形成了地下

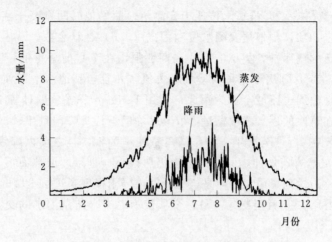

图 6.12　湖周草原蒸发与降雨对比

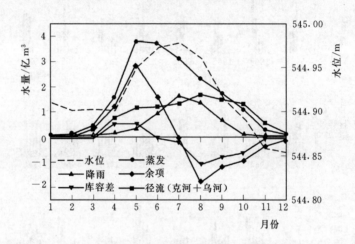

图 6.13　年内水平衡项变化

浅层径流，加之土壤解冻，部分土壤水进入地下水，抬升地下水位，进而补给湖泊。

由于研究区干旱少雨、蒸发强烈及冻结-冻融期持续长的特点，决定了地下水补给的特殊性。在非冻结期，次降雨量对地下水的有效补给通常很有限，而在冻融期，由于冻结期冻土层内水分的积累和地表降雪的积累，使得冻融期地下水能得到一次集中补给。冻融期地下水补给量及其补给特点与非冻结期有显著差异，同样，土壤冻结与融化过程中水分运移机理、土壤水与潜水之间的相互转化关系也有着明显的差异，表现为冻结引起地下水向上补给土壤水，地下水位下降；土壤融化引起土壤水下渗补给地下水，地下水位升高。

在以上理论基础上进行相关辅助推算，计算历年湖周汇流区在 11 月至次年 3 月期间的总降雪量，并与余项做相关性分析，其相关系数可达 82%，余项占累计降雪量的 76%～81%，这说明库容在 4 月、5 月增加的原因推断是可信的。

湖泊水位在 6 月、7 月先后达到最大，是由于湖泊对地下水补充的滞后性造成的。降雨、径流先后在 7 月、8 月达到峰值，总和分别为 2 亿 m^3、3.0 亿 m^3，而湖面蒸发量分别为 2.7 亿 m^3、2.31 亿 m^3，在直接入湖水量大于蒸发的情况下，库容差与余项均呈负值，则说明湖泊补给周边草原。

6.2.3 水位推算

余项的变化具有一定的周期性，将 1963—1970 年各月的多年平均值作为常数代入水量平衡式（6.5），以 1980 年的 12 月为计算起点，推算 1981—2010 年间逐月水位，新开河按照第一种记载方式计算流量，将计算结果与已有研究做对比（图 6.14），各月余项 β 的取值见表 6.1。

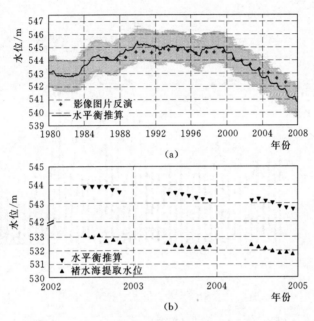

图 6.14　水平衡推算水位与已有研究结果对比

表 6.1　　　　　　　　　　　逐 月 余 项 平 均 值

月份	1	2	3	4	5	6	7	8	9	10	11	12
余项/亿 m³	−0.18	−0.06	0.38	1.54	2.34	1.74	−0.19	−1.94	−1.37	−1.24	−0.39	−0.06
标准差	±0.11	±0.11	±0.3	±0.46	±0.51	±0.33	±0.46	±0.53	±0.6	±0.47	±0.44	±0.21

由图 6.14（a）中看出，呼伦湖水位 1981—1990 年期间呈缓慢上升趋势，水位从 543m 升至 545m，之后则保持平稳变化状态，而自 1999 年开始急剧下降，到 2008 年已降至 540.85m，标准差为 1.14m。水平衡推算水位与文献 [1] 中利用影像图片解译水面面积及水位-面积-库容关系得出的水位变化趋势一致，但也存在一定差距，最大为 0.65m，其原因是影像获取当天水位与月平均水位存在差距。另外，水位-面积-库容关系的精确程度也直接关系拟合结果的好坏。

图 6.14（b）中，褚永海利用 3 年（2002—2004 年）Jason-1 测高数据，根据简单的数据编辑准则，提取呼伦湖水域 5—11 月平均水位信息，与本文推算的水位变化趋势较为接近，但是数值差距较大，最大可达 11.54m，这与计算模型、各种参数及参照基准面的选择有着直接的关系。

6.2.4　水位升降原因分析

1960—2010 年，水位、径流、降雨三者的变化趋势存在着一致性（图 6.15），可分 3 个阶段：①1960—1980 年，水位从 545.2m 到 544.8m 呈缓慢下降，降雨和径流分别在 263.02mm、10.267 亿 m³ 附近上下波动，但幅度不大；②1981—2000 年，水位保持在 544.4m，降雨、径流波动幅度较大，平均值分别为 263.59mm、13.94 亿 m³；③2001—2010 年，均呈急剧下降趋势，平均水位降至 542.2m，降雨、径流减小到 199.16mm、3.32 亿 m³。

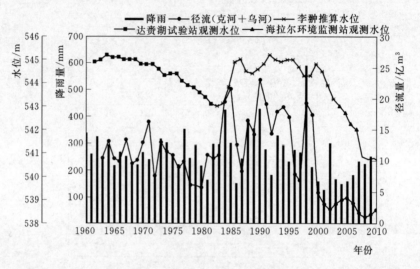

图 6.15　湖泊水位、降雨、径流量变化

根据已有的湖区气候变化研究结果及降雨、径流 1960—2010 年的变化情况，提取出三种气候特征，分析降雨、径流的水文频率，见表 6.2，分别计算时段内降雨、蒸发、径流的多年逐月平均值，构建全年气候及径流特征。

表 6.2　　　　　　　　　　　　水 文 气 候 特 征

气候类型	代表时段	降雨/mm	蒸发/mm	径流/亿 m³	发生频率/%
平均气候	1963—1977 年	246.59	869.14	11.07	50
极湿气候	1982—1999 年	328.27	710.60	15.20	20
极干气候	2000—2008 年	158.06	942.79	3.00	10

为了确定 1999 年后水位突然急剧降低的原因，利用水量平衡方程，分析 2000—2005 年间气候特征之间转变，以及单一水平衡项变化对水位的影响程度（图 6.16）。结果显示，极干气候下单一的降雨或蒸发不足以引起水位的剧烈变化。然而，极干气候下的径流导致水位降低的幅度占由平均气候转化为极干气候水位变化幅度的 90%。因此，可以断定，1999 年后水位急剧降低的主要原因为河流（克鲁伦河、乌尔逊河）径流量的锐减。

克鲁伦河与乌尔逊河流量的减少可能存在上游河道截留用水，这是原因之一，另外一个原因就是由于 20 世纪 90 年代末气候开始呈暖干化，降雨减少、蒸发增加，导致流域地下水位下降，对于河流的补给作用减弱，加之上游来水较之前已有减少，径流量明显降低。当湖泊水位发生剧烈变化时，首先要确定是自然因素还是人为因素造成的。即使两者均存在，也要先摸清各自对于水量减少的贡献程度。如果是大自然本身的变化，例如气候的周期性变化，湖泊对其具有自身的调节能力，最终能够恢复其平衡状态，人类不要盲目的介入其中，否则会打乱水文系统内部的机制，起到相反的作用。所以，只有真正摸清流域水文过程，而不要盲目的采取措施，例如修建输水工程，才能提出切实可行的保护措施。

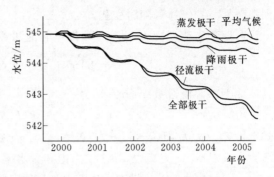

图 6.16 气候特征之间转变对水位的影响程度

6.3 HydroGeoSphere 模型研究

6.3.1 物理过程

HydroGeoSphere 模型（简称 HGS 模型）以水文系统组成项地表水、地下水以及两者之间的相互关系为基础，充分考虑了水文循环的主要过程。模型在每个时间步长内，同时计算地表水、地下水及溶质运移方程的解，并给出水量、质量平衡关系（图 6.17），其中的各项计算方程如下。

地表水：
$$P = (Q_{S2} - Q_{S1}) - Q_{GS} + I + ET_S + \frac{\Delta S_S}{\Delta t} \tag{6.8}$$

地下水：
$$I = (Q_{G2} - Q_{G1}) + Q_{GS} + ET_G + Q_G^W + \frac{\Delta S_G}{\Delta t} \tag{6.9}$$

整合以上两个方程式，得出水文系统总水量平衡关系为
$$P = (Q_{S2} - Q_{S1}) + (Q_{G2} - Q_{G1}) + (ET_S + ET_G) + (Q_S^W + Q_G^W) + (\Delta S_S + \Delta S_G)\Delta t \tag{6.10}$$

式中：P 为净降雨量（实际降雨量－截留量）；Q_{S1} 和 Q_{S2} 为地表水入流、出流量；Q_{GS} 为地表水、地下水交换量；I 为净下渗量；ET_S 为地表水系统的蒸散发量；Q_S^W 为地表水抽取量；ΔS_S 为时间步长 Δt 内的地表水储量；Q_{G1}、Q_{G2} 为地下水流入、流出量；ET_G 为地下水系统的蒸散发量；Q_G^W 为地下水抽取量；ΔS_G 为时间步长 Δt 内的地下水储量。

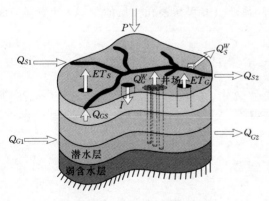

图 6.17 区域水文循环

为了分析的整体性，HGS 模型应用质量守恒定律耦合地表水、溶质运移方程与三维非饱和地下水、溶质运移方程，较以前仅依赖于单独地表水、地下水之间联系的模型更为准确。

6.3.1.1 地下水

1. 多孔介质

模型中多孔介质的假设条件，流体不可压缩；介质、断裂不可变形；系统处于

恒温条件下；气体可随时变化。

利用理查德（Richard）方程描述非饱和多孔介质中水流动态变化，有

$$-\nabla(q)+\sum \Gamma_{ex} \pm Q=w_m \frac{\partial}{\partial t}(S_w \theta_s) \tag{6.11}$$

地下水渗流通量 q（m/s）为

$$q=-kk_r \nabla(\psi+z) \tag{6.12}$$

式中：$\nabla=(\partial/\partial x, \partial/\partial y, \partial/\partial z)$；$k_r=k_r(S_w)$ 为饱和度为 S_w 的介质中的相对渗透率；ψ 为压力水头，m；z 为高程，m；θ_s 为饱和含水率（无量纲），假设等于孔隙度；Q 为源汇项，$m^{-3} \cdot m^{-3} \cdot s^{-1}$；$\Gamma_{ex}$ 为模型中地下水与其他区域水量的交换速率，$m^3/(m^3 \cdot T)$。

渗透系数 K 表示如下

$$K=\frac{\rho g}{\mu}k \tag{6.13}$$

式中：g 为重力加速度，m/s^2；μ 为水的黏度，$kg/(m \cdot s)$；k 为介质的渗透张量，m；ρ 为水的密度，kg/m^3。

饱和度 S_w 表示为

$$S_w=\frac{\theta}{\theta_s} \tag{6.14}$$

通常用 Van Genuchten 方程来表示相对渗透率（k_r）、饱和度（S_w）、压力水头（ψ）之间的关系。

饱和度
$$S_w=\begin{cases} S_{wr}+(1-S_{wr})[1+|\alpha\psi|^\beta]^{-\nu} & (\psi<0) \\ 1 & (\psi>0) \end{cases} \tag{6.15}$$

相对渗透率
$$k_r=S_e^{(l_p)}[1-(1-S_e^{1/\nu})^\nu]^2 \quad (\nu=1-\frac{1}{\beta}, \beta>1) \tag{6.16}$$

式中：α 为空气负压，1/m；β（无量纲）孔隙大小分布指数；l_p 为孔隙连通性参数；S_e 为有效含水量；$S_e=(S_w-S_{wr})/(1-S_{wr})$；$S_{wr}$ 为残余含水量（无量纲）。

2. 断层

HGS 模型将断层表示为两个平行平面之间的缝隙，并假设断层宽度剖面上的水头均匀一致。非饱和断层内的水流方程来源于饱和流断层方程与多孔介质的 Richard 方程。断层内二维水流方程表示为

$$-\overline{\overline{\nabla}}(w_f q_f)-w_f \Gamma_f=w_f \frac{\partial S_{wf}}{\partial t} \tag{6.17}$$

其中
$$q_f=-K_f k_{rf} \overline{\overline{\nabla}}(\psi_f+z_f) \tag{6.18}$$

式中：$\overline{\nabla}$ 为断层平面的二维梯度算子；k_{rf} 为相对渗透系数（无量纲）；ψ_f 与 z_f 为断层内的压力与水头高程（无量纲）；K_f 为断层饱和水力传导系数 K_f [m/s]。

$$K_f=\frac{\rho g w_f^2}{12\mu} \tag{6.19}$$

断层内的非饱和水流仍然要遵守连续性原理。目前，该方面的实验室研究结果较少。为了捕获其本质特征只能使用一些理论研究的成果，Wang 与 Narasinhan、Rasmussrn 与

Evans 构造了表面分布孔隙的单个断层内压力、饱和度及相对渗透性之间的关系；Pruess 与 Tsang 考虑了断层表面两相流体的问题，将断层表面分解为一些元素，并且给每个赋予空间关联的缝隙。其中，相对渗透性与饱和度、压力水头之间的关系仍然可以使用 Van Genuchten 模型来描述。

3. 井

对于一维贯穿整个含水层、具有较强储水能力的抽水井，用下式描述

$$-\overline{\nabla}(\pi r_s^2 q_w) \pm Q_w \delta(l-l') - P_w \Gamma_w = \pi \frac{\partial}{\partial t}\left[\left(\frac{r_c^2}{L_s} + r_s^2 S_{ww}\right)\psi_w\right] \tag{6.20}$$

其中

$$q_w = -K_w k_{rw} \nabla(\psi_w + z_w) \tag{6.21}$$

式中：$\overline{\nabla}$ 为沿井方向的一维梯度算子；r_s 为观测井的半径；r_c 为抽水井的半径；L_s 为总观测长度；P_w 为湿润周长；k_{rw} 为相对渗透性；S_{ww} 为饱和度；ψ_w 为观测井的压力水头；z_w 为观测井的高程水头；Q_w 为观测井位置 l' 处的单位长度补水、排泄速率；$\delta(l-l')$ 为狄拉克函数；K_w 为井的水力传导系数。

K_w 通过 Hagen - Poiseuille 公式获得，即

$$K_w = \frac{r_c^2 \rho g}{8\mu} \tag{6.22}$$

式（6.22）中右边项代表了井孔的储水系数，可以分为两部分：一部分水量来自于流体的压缩性；另一部分是由于抽水井水位变化造成的。虽然可以假设前者足够小以致忽略，但是它仍是组成的一部分，类似于 Sudicky 的理论。

6.3.1.2 地表水

1. 地表径流

基于质量守恒原理，使用二维圣维南方程描述非稳定地表水流，即

$$\frac{\partial \phi_o h_o}{\partial t} + \frac{\partial(\overline{v}_{xo}d_o)}{\partial x} + \frac{\partial(\overline{v}_{yo}d_o)}{\partial y} + d_o \Gamma_o \pm Q_o = 0 \tag{6.23}$$

$$\frac{\partial(\overline{v_{xo}}d_o)}{\partial t} + \frac{\partial(\overline{v}_{xo}^2 d_o)}{\partial y} + \frac{\partial(\overline{v}_{xo}\overline{v}_{yo}d_o)}{\partial x} + gd_o \frac{\partial d_o}{\partial x} = gd_o(S_{ox} - S_{fx}) \tag{6.24}$$

$$\frac{\partial(\overline{v_{yo}}d_o)}{\partial t} + \frac{\partial(\overline{v}_{yo}^2 d_o)}{\partial y} + \frac{\partial(\overline{v}_{xo}\overline{v}_{yo}d_o)}{\partial x} + gd_o \frac{\partial d_o}{\partial x} = gd_o(S_{oy} - S_{fy}) \tag{6.25}$$

其中

$$h_o = z_o + d_o$$

式中：d_o 为水流深度，m；z_o 为河床（地表）高程，m；h_o 为水体高程，m；$\overline{v}_{xo}$ 与 $\overline{v}_{yo}$ 为 x、y 方向的平均流速，m/s；Q_o 为源汇项单位面积体积流速，m/s；ϕ_o 为地表孔隙度，水体高程在地表和洼地顶端之间时，ϕ_o 在 0 和 1 之间变化。S_{ox}、S_{oy}、S_{fx}、S_{fy} 为无量纲变量，分别为 x、y 方向的河床、摩擦梯度，这些梯度可以用 Manning、Chezy 和 Darcy-Weisbach 方程近似表示。

用 Manning 公式表示 S_{fx}、S_{fy} 为

$$S_{fx} = \frac{\overline{v}_{xo}\overline{v}_{so}n_x^2}{d_o^{4/3}} \tag{6.26}$$

$$S_{fy} = \frac{\overline{v}_{yo}\overline{v}_{so}n_y^2}{d_o^{4/3}} \tag{6.27}$$

其中
$$\overline{v}_{so} = \sqrt{v_{xo}^2 + v_{yo}^2}$$

式中：$\overline{v}_{so}$ 为沿最大坡度方向 S 的平均流速，m/s；n_x、n_y 为 x、y 方向的粗糙系数。

用 Chezy 公式表示 S_{fx}、S_{fy} 为

$$S_{fx} = \frac{1}{C_x^2} \frac{\overline{v}_{xo} \overline{v}_{so}}{d_o} \tag{6.28}$$

$$S_{fy} = \frac{1}{C_y^2} \frac{\overline{v}_{yo} \overline{v}_{so}}{d_o} \tag{6.29}$$

式中：C_x、C_y 为 x、y 方向的 Chezy 系数，$m^{1/2}/s$

用 Darcy-Weisbach 公式表示 S_{fx}、S_{fy} 为

$$S_{fx} = \frac{f_x}{8g} \frac{\overline{v}_{xo} \overline{v}_{so}}{d_o} \tag{6.30}$$

$$S_{fy} = \frac{f_y}{8g} \frac{\overline{v}_{yo} \overline{v}_{so}}{d_o} \tag{6.31}$$

忽略动量方程式（6.24）、式（6.25）左边前三项，S_{fx}、S_{fy} 由式（6.26）～式（6.29）或式（6.30）、式（6.31）计算，推导出下式

$$\overline{v}_{ox} = -K_{ox} \frac{\partial h_o}{\partial x} \tag{6.32}$$

$$\overline{v}_{oy} = -K_{oy} \frac{\partial h_o}{\partial y} \tag{6.33}$$

式中：k_{ox}、k_{oy} 为地表传导性（m/s），其取值主要依赖于 S_{fx}、S_{fy} 的计算公式。

用 Manning 公式计算 K_{ox}、K_{oy} 为

$$K_{ox} = \frac{d_o^{2/3}}{n_x} \frac{1}{(\partial h_o/\partial s)^{1/2}} \tag{6.34}$$

$$K_{oy} = \frac{d_o^{2/3}}{n_y} \frac{1}{(\partial h_o/\partial s)^{1/2}} \tag{6.35}$$

式中：s 为最大坡度方向。

用 Chezy 公式计算 K_{ox}、K_{oy} 为

$$K_{ox} = C_x d_o^{1/2} \frac{1}{(\partial h_o/\partial s)^{1/2}} \tag{6.36}$$

$$K_{oy} = C_y d_o^{1/2} \frac{1}{(\partial h_o/\partial s)^{1/2}} \tag{6.37}$$

用 Darcy-Weisbach 公式计算 K_{ox}、K_{oy} 为

$$K_{ox} = \sqrt{\frac{8g}{f_x}} \frac{1}{(\partial h_o/\partial s)^{1/2}} \tag{6.38}$$

$$K_{oy} = \sqrt{\frac{8g}{f_y}} \frac{1}{(\partial h_o/\partial s)^{1/2}} \tag{6.39}$$

将式（6.32）和式（6.33）代入连续性方程式（6.23），地表水扩散波方程为

$$\frac{\partial \varphi_o h_o}{\partial t} - \frac{\partial}{\partial x}\left(d_o K_{ox} \frac{\partial h_o}{\partial x}\right) - \frac{\partial}{\partial y}\left(d_o K_{oy} \frac{\partial h_o}{\partial y}\right) + d_o \Gamma_o \pm Q_o = 0 \tag{6.40}$$

其中 k_{ox}、k_{oy} 由式（6.34）、式（6.35）或式（6.36）、式（6.37）或式（6.38）、式

（6.39）计算。

2. 洼地储水量与削减储水量

洼地储水量（Depression Storage，Rill Storage）：由于地表的坑洼、沟槽等洼地引起地表水体储存量的滞留，即地表降水产流之前必须先填满的储存量，以洼地储水高度 h_d 来表示。

削减储水量（storage Exclusion，Obstruction storage）：由于地表植被、地形、建筑物等障碍物引起储存量的削减，同样还会引起摩擦阻力增加与能量的耗散，以削减储存高度 h_0 来表示。

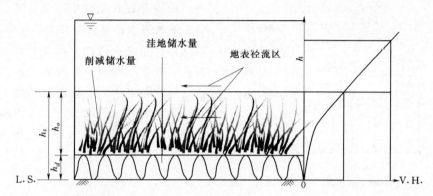

图 6.18　洼地储水量与削减储水量概念模型

L. S.—地表高程；h_d—洼地储水量高程；h_o—削减储水量高程；h_s 地表水最大高度，$h_s = h_d + h_o$；

V. H.—从地表开始确定的体积高度，等价于没有洼地及削减作用下的水体积

模型计算过程中假设洼地储水量与削减储水量均有一个最大的水位高程，地表水深在此高程与零之间变化（图 6.18），随水位高度变化的地表水覆盖面积符合抛物线变化规律，表示为体积高度。曲线的斜率为孔隙度，地表面为零，达到 H_s 为 1。虽然抛物线变化从地表到最大高度进行了连续积分，但是线性或者其他函数在牛顿以及改进的 Picard 线性迭代中也是支持的。洼地储量与削减储量的高度可以通过曲线的几何形状来确定。当洼地储量的高度为（L. S. $+ h_d$）时，低于此高度，模型计算过程中平流项为零。当地表水高程高于洼地储水量高程时，地表才会有侧向流产生。另外，传导系数 K_{ox} 与 K_{oy} 随着因子 k_{r_o} 减小，直到水位降低到削减储水高度。削减储水高度在 0 到 h_0 内变化，因子 k_{r_o} 从 0 到 1 之间变化。

3. 河道

明渠水流可表示为

$$-\nabla(Aq_c) + Q_c\delta(l - l') - \Gamma_c = \frac{\partial A}{\partial t} \tag{6.41}$$

式中：∇ 为沿河道方向 l 的一维梯度算子；Q_c 河道 l' 位置的相对流量，m^3/s；$\delta(l - l')$ 为狄拉克函数；l 为河道长度，m；A 为河道横断面面积，m^2。

根据渠道中水流的状态确定 q_c（m/s）的计算公式。假设为紊流，则

$$q_c = -K_c k_{r_o} \nabla(\psi_c + z_c) \tag{6.42}$$

其中
$$K_c = \frac{\rho g \psi_c^2}{3\mu} \qquad (6.43)$$

式中：k_{rc} 为渠道的相对渗透性；ψ_c 为流体深度；z_c 为渠道高程，m；K_c 为渠道的传导性（m/s）。

流体密度是其浓度 C_c 的函数，$\rho = \rho(C_c)$。

6.3.2　地表水-地下水数学模型的耦合

HGS 模型提供两种地表水、地下水耦合方式。第一种称为普通耦合方式，它是假设两个连续体之间的水头连续，能够达到瞬时平衡，应用叠加的方式隐含的计算水流通量。

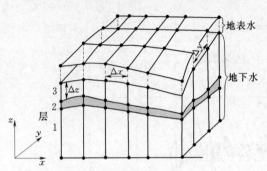

图 6.19　地表水、地下水系统空间离散及连接方式

另一种耦合方式是双重节点方式。它将平面二维地表水模型叠置在地下水模型顶部，节点具有完全一致的空间坐标，即耦合模型表层的节点同时具有地表水和地下水属性，每个地表水节点与相应的地下水节点进行水力联系（图 6.19）。这种耦合方式没有假设两个系统间的水头连续性，而是通过达西关系来描述两者间的水流交换：

$$d_o \Gamma_o = \frac{k_r k_{zz}}{l_{exkch}} (h - h_o) \qquad (6.44)$$

式中：Γ_o 为正表示水流从地下流向地表；h_o 为地表水头；h 为地下水头；k_r 为交换量的相对渗透率；k_{zz} 为下层介质的垂直饱和水利传导系数；l_{exch} 为耦合长度。

当水流从地下水流向地表，k_r 与多孔介质中的相对渗透性是相同的，而当水流从地表流向地下时，由地表水深占总削减储水高度（H_s）的百分数确定：

$$k_r = \begin{cases} S_{exch}^{2(1-S_{exch})} & (d_o < H_s) \\ 1 & (d_o > H_s) \end{cases} \qquad (6.45)$$

其中
$$S_{exch} = \frac{d_o}{H_s}$$

6.3.3　边界条件

1. 地下水

地下水的边界条件包括第一类（狄拉克）边界条件，即定水头边界条件，包括下渗量或交换量、源汇项、渗透面，边界条件可随时间变化。当使用 HGS 模型耦合地表水、地下水流时，在计算地下水流时不需要面交换量边界条件。

2. 地表水

地表水边界条件包括第一类（狄拉克）边界条件，即定水位边界条件，包括降雨、源汇项、蒸发、零深度梯度，以及非线性临界深度条件。

零深度梯度及临界深度边界条件是用于模拟山坡低处的边界条件。零深度梯度边界条件是迫使水位的坡度等于地表坡度，其排泄量用 Manning 公式表示为

$$Q_o = \frac{1}{n_i} d_o^{5/3} \sqrt{s_o} \qquad (6.46)$$

Chezy 方程表示为

$$Q_o = C_i d_o^{3/2} \sqrt{s_o} \tag{6.47}$$

Darcy-Weisbach 方程表示为

$$Q_o = \sqrt{\frac{8g}{f_i}} d_o^{3/2} \sqrt{s_o} \tag{6.48}$$

式中：Q_o 为单位宽度的流量；i 为零深度梯度流量的方向（$i=x$ 为 x 方向，$i=y$ 为 y 方向）；n_i 为 i 方向的 Manning 粗糙系数；f_i 为 i 方向的摩擦系数；s_o 为零深度梯度边界的地表坡度。

临界深度边界条件是迫使边界处的深度等于临界深度。单位宽度的流量为

$$Q_o = \sqrt{g d_o^3} \tag{6.49}$$

3. 截留与蒸散发

截留是指一部分雨水滞留在植物的叶、枝杈、茎或者城市内建筑结构上的过程。截留过程使用桶模型进行描述，即当降雨超过了截留储水量时，蒸发的范围延伸到了地表。截留储水量在 0 与截留储水容量 S_{int}^{Max} 之间变化，S_{int}^{Max} 与作物种类及生长过程有关，用下式表示

$$S_{int}^{Max} = c_{int} \text{LAI} \tag{6.50}$$

式中：LAI 为叶面指数；c_{int} 为冠层储水参数。在呼伦湖流域，LAI 代表牧草春季、夏季、秋季的叶面覆盖状况。

潜在蒸发是控制整个蒸散发过程的重要参数，它是在水分充足的条件下作物蒸腾、地表、地下水蒸发的总量。潜在蒸发量使用前文介绍的 Penman 公式法计算。

作物的蒸散发主要发生在根系区，可能高于或者低于地下水位。蒸散发的速率用下面的关系描述

$$T_P = f_1(\text{LAI}) f_2(\theta) \text{RDF}(E_P - E_{can}) \tag{6.51}$$

其中

$$f_1(\text{LAI}) = \max\{0, \min[1, (C_2 + C_1 \text{LAI})]\} \tag{6.52}$$

$$\text{RDF} = \frac{\int_{C_1}^{C_2} rF(z)\mathrm{d}z}{\int_0^{L_r} rF(z)\mathrm{d}z} \tag{6.53}$$

$$f_2(\theta) = \begin{cases} 0 & (0 \leqslant \theta \leqslant \theta_{wp}) \\ f_3 & (\theta_{wp} \leqslant \theta \leqslant \theta_{fc}) \\ 1 & (\theta_{fc} \leqslant \theta \leqslant \theta_0) \\ f_4 & (\theta_0 \leqslant \theta \leqslant \theta_{an}) \\ 0 & (\theta_{an} \leqslant \theta) \end{cases} \tag{6.54}$$

$$f_3 = 1 - \left[\frac{\theta_{fc} - \theta}{\theta_{fc} - \theta_{wp}}\right]^{C_3} \tag{6.55}$$

$$f_4 = 1 - \left[\frac{\theta_{an} - \theta}{\theta_{an} - \theta_0}\right]^{C_3} \tag{6.56}$$

式中：f_1（LAI）为叶面指数的函数（无量纲）；f_2（θ）为节点水分含量的函数（无量纲），RDF 为根系变化分布函数；C_1、C_2、C_3 为无量纲的拟合参数；L_r 为根系的有效长度，m；z 为土壤表面下的深度坐标，m；θ_{fc} 为田间持水量；θ_{wp} 为凋萎含水量；θ_0 为有氧

条件下的含水量；θ_{an} 为厌氧条件下的含水量；$rF(z)$ 为根系输水函数，通常随着深度呈对数变化。

f_1 通过线性的方式将蒸散发（T_p）与叶面指数（LAI）联系起来。f_2 将蒸散发与根系所处水分状态联系起来，是 Kristensen 与 Jensen 函数的延伸，深入地分析了根系的蒸散发过程。当土壤水分低于凋萎含水量时，蒸散发强度为 0，随着土壤水分的增加，当含水量达到田间持水量时，蒸散发也达到最大，此状态会一直保持，直到含水量低于有氧条件下含水量临界值时，蒸散发则逐渐减少，直至厌氧条件下为 0。当土壤中有效水分低于厌氧条件下含水量临界值时，根系由于通气不足而死亡。

HGS 模型提供了以下两种蒸发计算模式。

第一种是假设潜在蒸发量 E_p 没有完全被作物冠层蒸发 E_{can} 和蒸腾 T_p 所消耗尽的情况下，土壤表层及以下才能够发生蒸发，表示为

$$E_s = \alpha^* (E_p - E_{can} - T_p) \text{EDF} \tag{6.57}$$

第二种模型是假设蒸发与蒸腾作用同时发生，表示为

$$E_s = \alpha^* (E_p - E_{can})[1 - f_1(\text{LAI})] \text{EDF} \tag{6.58}$$

其中

$$\alpha^* = \begin{cases} \dfrac{\theta - \theta_{e2}}{\theta_{e1} - \theta_{e2}} & (\theta_{e2} < \theta < \theta_{e1}) \\ 1 & (\theta > \theta_{e1}) \\ 0 & (\theta < \theta_{e2}) \end{cases} \tag{6.59}$$

式中：α^* 为湿度因子；θ_{e1} 为能量限制阶段的水分含量上限；θ_{e2} 为水分含量下限，低于该值，蒸发为 0；EDF 为地表和地下的蒸发分布函数。

式（6.58）描述了土壤中水分的可利用性，对于地表，当水深高于或者等于洼地储水高度时，α^* 为 1，相反，当水流沿地表面流动时，α^* 为 0。对于 EDF 的定义有两种。对于第一个模型，由于随着地表下深度的增加，土壤中的能量逐渐减少，蒸发能力也随之减小。因此，EDF 可以表示为地表下深度的函数。对于第二个模型，蒸发能力从地表向下到规定的深度（B_{soil}）都能满足。

6.4　基于 HydroGeoSphere 的地表水–地下水耦合模拟

6.4.1　模拟区的选择

基于呼伦湖流域的划分结果，结合资料的种类及系统性，选择湖周边的子流域（1、2、3、4）（图 6.1）为 HydroGeoSphere 的模拟区域（图 6.20），面积为 16974.92km²，周长为 1064km。模拟区域大部分位于自然保护区内，没有人口密集的城乡以及大型工矿企业，目前仍处于未开发状态。

6.4.2　数据准备

6.4.2.1　DEM 数据

将分辨率为 90m 的 DEM 数据进行纠正处理，以使地表水流根据重力作用沿河道流动。研究区地表高程如图 6.20 所示，最高为湖左上方丘陵区 878.25m，最低为湖底 537m。

6.4.2.2 地质概况

1974 年、1975 年，黑龙江省水文地质工程水文地质队对呼伦湖周边的流域进行了勘察测量，模拟区地质剖面及钻孔分布如图 6.21 所示，并分别编制了水文地质综合测量报告书及区域水文地质普查报告。

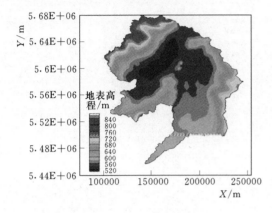

图 6.20 模拟区地表高程

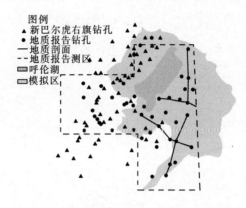

图 6.21 模拟区地质剖面及钻孔分布图

1. 地层

测区出露地层有古生界和新生界。其中以新生界为主，中生界次之。由于构造运动和冰川作用，致使前第四系多被掩伏。

测区内前第四系均呈北东-西南向分布，基本符合区域构造规律。古生界石炭-二叠系和中生界上侏罗统上兴安岭火山岩组和燕山期花岗岩构成测区基底。

2. 水文地质

测区属寒温带干旱草原气候，蒸发量大于降雨量，雨期集中，决定本区潜水的主要补给源为大气降水，但补给量不大。

测区大部分地区为高平原所占据，地形平缓，蒸发作用强烈，地下水交替作用较差，不断蒸发浓缩，促进地下水的矿化作用。

呼伦湖东部边缘地形平坦，向呼伦湖方向倾斜。含水层主要为砂、砂砾石孔隙潜水和砂岩、砾岩及泥质砂岩孔隙承压水。潜水主要赋存于全新统湖积细砂和含黏土较多的上、下更新统冰水堆积、砂砾石中。地下水补给、径流、排泄途径较短，径流较通畅，主要接受东部丘陵区火山岩裂隙潜水补给，局部接受湖水补给。地下水主要向西北流动，部分泄于呼伦湖中。

6.4.2.3 水文地质参数

模拟区内水文地质条件比较复杂，主要的水文地质参数有水力传导系数 K、给水度 φ，弹性储水系数 S_s，以及非饱和带的 Van Genuchten 参数。

1. 水力传导系数 K

根据当地水文地质勘查报告及抽水

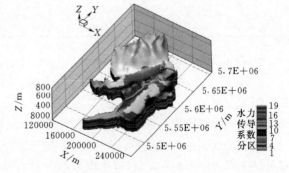

图 6.22 水力传导系数三维分区图

173

试验结果，将模拟区内的水文地质参数进行分区，分别为表层、浅层、弱透水层、深层含水层，其深度范围为 2～5m、18～20m、100～120m、280～300m。水力传导系数分区如图 6.22 与图 6.23 所示，所采用的初值见表 6.3。

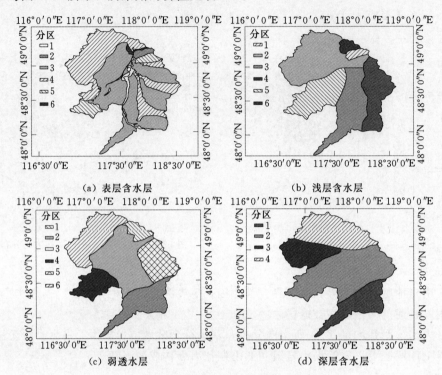

图 6.23　水力传导系数分区图

表 6.3　　　　　　　　　　　　模拟区各含水层水力传导系数初值

区号	表层	浅层	弱透水层	深层
1	1.07	3.5	2.25	3.6
2	0.68	5.91	1.18	1.2
3	0.49	3.74	5.96	0.59
4	1.12	6.36	3.21	0.11
5	2.0	2.1	1.9	0.51
6	2.8	4.1	3.1	

2. Van Genuchten 参数的确定

2009 年 8 月，对呼伦湖周边流域的土壤、河流湖泊、植被、水井进行了野外踏勘采样，详细介绍如下。

(1) 土样点布设。通过全面考虑该流域的土壤类型、成土母质、地形、天然植被等情况，采用全球定位系统定位，均匀布设采样点 85 个，其中个别点采样因操作困难而放弃，最终共采样 80 个（图 6.24），土壤采集剖面如图 6.25 所示。

(2) 实验包括以下 4 方面：

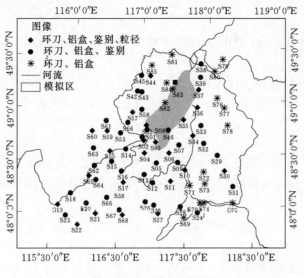

图 6.24　土样点布设图

图 6.25　土壤采集剖面

1）土壤物理参数的测定。主要采用烘干法、环刀法测量土壤含水量及容重，进而计算孔隙度。

土壤含水量、容重测定及孔隙度计算。

土壤含水量也常称重量含水量，是指水与干土粒的质量比或重量比，即

$$\theta_m = \frac{W_w - W_d}{W_d - W} \times 100\% \tag{6.60}$$

式中：θ_m 为质量含水量，%；W_w 为湿土＋铝盒重量，g；W_d 为干土＋铝盒重量，g；W 为铝盒重量，g。

土壤容重是指土壤在自然情况下，单位体积内所具有的干土重量，包括土壤孔隙在内，通常以（g/cm³）表示。通过土壤容重测定可以大致估计土壤有机质含量多少、质地状况以及土壤结构好坏。

$$\rho = \frac{(W - G) \times 100}{V(100 + \theta_m)} \tag{6.61}$$

式中：ρ 为土壤容重，g/cm³；W 为环刀＋湿土重，g；G 为环刀重，g；V 为环刀容积，cm³；θ_m 为土壤含水量。

土壤孔隙度是指单位体积内土壤孔隙所占的百分数，土壤孔隙的数量与大小，密切影响着土壤透水、透气与蓄水保墒能力，它可由土壤容重、土壤密度计算而得：

$$f = \left(\frac{1 - \rho}{\mu}\right) \times 100\% \tag{6.62}$$

式中：f 为孔隙度；ρ 为土壤容重，g/cm³；μ 为土壤密度，2.65g/cm³。

2）土壤鉴别。根据土壤颜色、土壤结构、松紧度等特征采用目视手测的方法来鉴定土壤质地。

3）粒径分析。选取 0～20cm 的表层土，将样品放置实验室阴凉处自然风干、踢出杂质、粉碎，用电子天平称取 100g 土样，经过研磨后过 100 目筛，得到大于 2mm、1～2mm、小于 1mm 的土壤重量。取 1mm 以下的土样，用型号为 Rise－2008 的激光粒度仪进行粒径分析，得出土样中沙粒、粉砂粒、黏粒的含量。

4）Van Genuchten 参数的计算。

根据以上实验得到的表层土壤质地、孔隙度及含水量，将表层土壤根据深度分为三层，采用 Rosetta 软件（图 6.26）确定残余水饱和度以及 Van Genuchten 参数，见表 6.4。

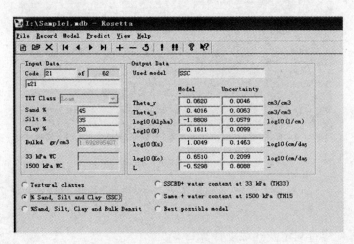

图 6.26　软件 Rosetta 运行界面

表 6.4　　　　　　　　　　　　表层土壤水文地质参数

土层	深度范围	ϕ	$S_s/\mathrm{m^{-1}}$	$S_{ur}/\mathrm{m^{-1}}$	$\alpha/\mathrm{m^{-1}}$	β
1	0.8～1	0.427	2.5×10^{-5}	0.0553	2.57	1.73
2	0.5～0.8	0.422	2.5×10^{-5}	0.0546	1.84	1.814
3	0～0.5	0.433	2.5×10^{-5}	0.0523	1.69	1.597

注： ϕ—地表孔隙度；S_s—储水系数；S_{ur}—残余含水率；α—空气负压；β—孔隙大小的分布指数。

浅层、弱透水层及深层水文地质参数根据其质地选择经验参数，见表 6.5。

表 6.5

水文地质参数经验值

土层质地	ϕ	$S_s/10^{-4}\mathrm{m}^{-1}$	S_{wr}/m^{-1}	α/m^{-1}	β
黏砂土	0.4~0.7	6~10	0.049	3.475	1.746
粗砂	0.8~1.5	0.4~0.8	0.03	29.4	3.281
砾石	1.5~3.2	0.2~0.4	0.005	493.0	2.19
中砂	0.8~2.0	0.6~1.0	0.053	3.524	3.177
黏土	0.25~0.35	0.25~0.35	0.098	1.49	1.25

6.4.2.4　土地利用

《呼伦湖水资源配置及水环境治理工程环境影响报告书》中的评价范围包括呼伦湖区、工程区、饮水水源区际湖泊排水承纳区。其中，呼伦湖区主要涉及直接接受补水影响的呼伦湖国家级自然保护区水域及周边湿地。

根据遥感影像解译结果，呼伦湖区评价区可划分为水域、草地、沼泽湿地（不包括水域），林地、耕地、难利用地、其他用地（居民及工矿用地）。

（1）湖泊。呼伦湖区总水域面积约为 2100km²，占呼伦湖评价区总面积的 28.38%，其中湖泊面积占水域面积约 95.5%，说明呼伦湖评价区内水域主要以湖泊形式为主。

（2）草地。呼伦湖评价区草地面积 4213km²，约占呼伦湖评价区总面积的 56.93%。其中覆盖度居 50%~70%（高覆盖草原）的草地面积为 824.37km²，占呼伦湖评价区总面积的 11.14%。

（3）湿地。呼伦湖评价区湿地面积为 745.13km²，占该评价区总面积的 10.07%，如果把水域面积也作为湿地进行统计，呼伦湖区湿地面积将占评价区总面积的 38.45%。由于评价区内水域面积较大，在湖泊、河流的四周及部分地势低洼的积水地区形成繁衍的天然场所，尤其是国家一级和二级保护的珍禽栖息在此，是保护区的核心区域所在。

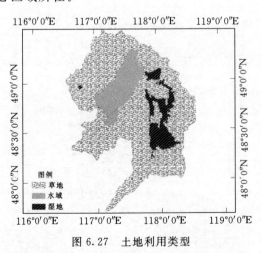

图 6.27　土地利用类型

（4）耕地。耕地面积为 14.55km²，占评价区总面积的 0.2%。由于该评价区内的人口密度低（每平方公里仅 0.8 人），并且其经济运营方式主要以牧业和渔业为主，所以呼伦湖评价区内的耕地多为人居地（屯）、庭院及周边所种植的一些夏秋蔬菜。

（5）林地。林地面积为 12.80km²，占评价区面积的 0.17%，是呼伦湖评价区内土地利用的最小部分。由于区内土地主要是天然草地，林地仅分布于人居地（村屯）庭院周边附近。

（6）居民地。居民地为 31.55km²，占呼伦湖评价区总面积的 0.43%。居民用地主要指城乡的居民住宅地、工矿、交通等用地。

由于区内人密度较稀，居民住宅地用量相对较少。

（7）难利用地。难利用地主要是滩地、沙地（以呼伦湖周消落带裸露的沙地为主）和盐碱地（新达赉湖干涸后形成的盐碱地占大部分），滩地、沙地面积为 144km²，盐碱地区为 138.97km²，两者合计占评价区总面积的 3.83%。

根据以上已有遥感解译及自然保护区内各类型土地所占比例，将模拟区内的土地利用类型分为三类，分别为草地、水域、湿地（图 6.27），各自面积为 13418.81km²、2114.23km²、1441.88km²，占模拟区百分比分别为 79%、12.5% 和 8.5%。

Manning 粗糙系数反映地表对于水流的阻碍作用，表 6.6 中列出了不同土地利用类型的取值。

表 6.6　　　　　　　　　　　不同土地利用类型的粗糙系数　　　　　　　　　单位：s/m⅓

参数	n_x	n_y	初值	识别结果
水体	0.04	0.04	0.045	0.05
	0.0548	0.0548		
	0.04	0.04		
	0.03	0.03		
	0.025~0.025	0.025~0.025		
湿地	0.05	0.05	0.05	0.05
	0.5	0.5		
	0.05	0.05		
草地	0.07	0.07	0.07	0.07

6.4.2.5　井

水文地质报告中调查水井共 34 眼，其中 14 眼位于研究区内。2009 年、2010 年 8 月，重新对研究区内的井点水位进行了调查，其中大部分井点已经被废弃（图 6.28）。

6.4.2.6　降雨

采用泰森多边形插值法将 4 个气象站的点降雨量转化成模拟区面降雨量（图 6.29）。

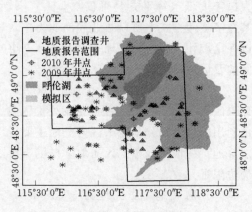

图 6.28　井点分布图

图 6.29　泰森多边形

6.4.2.7　蒸发

模型中所使用的参数列于表 6.7 和表 6.8 中，均来自于已有的相关文献中。不同时间段内的参数根据作物的生长状态调整大小。

表 6.7　蒸散发参数初值及识别值

参数	C_{int}	C_1	C_2	C_3	L_r	B_{soil}	θ_{fc}	θ_{wp}
初值	0.05	0.30	0.20	20	4	2	0.32φ	0.2φ
识别值	0.05	0.32	0.2	30	3	3	0.32φ	0.2φ
参数	θ_o	θ_{an}	θ_{e1}	θ_{e2}	RDF		EDF	
初值	0.76φ	0.9φ	0.32φ	0.2φ	立方随深度递减		立方随深度递减	
识别值	0.76φ	0.9φ	0.32φ	0.2φ	立方随深度递减		立方随深度递减	

注　φ 为孔隙度。

表 6.8　叶面指数（LAI）的季节变化初值及识别值

土地利用类型	数值	4 月	5—9 月	10 月
草地	初值	2	2.5	2
	识别值	3	3.5	3
水域	初值	0	0	0
	识别值	0	0	0
湿地	初值	1	1.4	1
	识别值	1	1.5	1

6.4.3　边界条件概化

模拟区地下水系统的顶部边界为地表，底部边界为花岗岩和变质岩含水岩组，其透水性差，处理成隔水底板。侧向边界共有两种，一种为河口边界，即 Γ_1、Γ_2、Γ_3、Γ_4，河流通过该边界流入、流出模拟区。边界 Γ_1，即达兰鄂罗木河在 1964 年被填堵，使得呼伦湖与海拉尔河、额尔古纳河失去了地表水利联系，新开河于 1971 年才开始修建，此期间没有水流的记载，所以这里地表水边界条件选择为临界

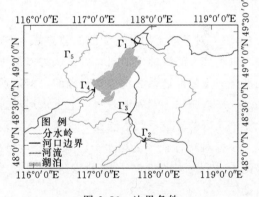

图 6.30　边界条件

深度条件，地下水概化为定水头边界，Γ_3 为乌兰泡，仍然无资料记载，这里处理为定水头边界条件，Γ_2、Γ_4 为乌尔逊河与克鲁伦河，为已知流量边界条件，另一种为流域分水岭，即 Γ_5，概化为零通量边界（图 6.30）。

6.4.4　离散

6.4.4.1　空间离散

根据水文地质报告中地质剖面信息，将模拟区在垂向上剖分 15 层，最上一层为地表，

底层为隔水底板。平面上采用三角嵌套式网格，为了能够尽量详细地刻画河流渗透面以及地表水、地下水交换特征，对河流周边网格进行细分处理，最小边长为 100m，至少使用 4 个节点离散河流侧边界。远离河流、地势平坦的区域，最大网格边长可达 4000m。每层网格有 62800 个节点，由三角形有限元连接侧边界（如图 6.31 与图 6.32 所示）。

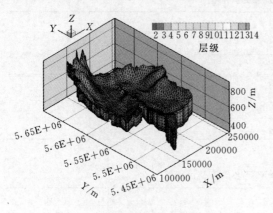

图 6.31 模拟区空间离散图

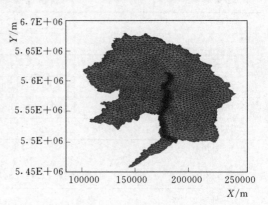

图 6.32 模拟区表面网格

6.4.4.2 时间离散

呼伦湖流域处于高原寒旱区，冻结-冻融期相对较长，通常从每年的 11 月初开始到次年 4 月中旬结束，持续时间长达 6 个月。前面水平衡分析的结果表明，每年从 3 月开始，湖周边流域积累 5 个月的降雪随着温度的回升，逐渐融化并深入地下，以浅层地下水流的形式补给湖泊，使得湖泊水位升高。经过计算，补给湖泊的地下水量与 11 月至次年 3 月累积降雪量存在关系，平均量值较大，是不能被忽略的，所以研究选择模拟时段为 4—10 月。

6.4.4.3 对于冻土融雪过程的处理方法

由于冻土的渗透性很弱，可以认为多年冻土对大量水的迁移来讲是不透水层。因而，模型将冻土的渗透系数调小是合理的，但是所选研究时段内的 4—5 月正是流域内冻土解冻过程，这与冻土期间地表水、地下水运动过程存在一定的差距。所以，仅依靠调整水文地质单元内的渗透系数不能充分反映其水文过程的变化。

根据融化过程中土壤水分运移特征，将冰封期累积降雪的 78% 加入到 4 月、5 月的降雨中，同时，将此时土壤的渗透系数适当调整低于非冻结期数值，其他时间不做改变。

6.4.5 模型的识别与验证

根据地表-地下水文系统信息的获取程度分两个阶段识别流域水文模型。由于模拟内的地下水观测孔少且分布不均匀，通过插值获取的初始条件势必会对模型的初期模拟结果产生较大影响，所以首先利用稳定流模型获取非稳定流的初始条件。

6.4.5.1 稳定流模型

稳定流模型的建立目的就是获取流域内长期的水量平衡关系，即获得长期地表水深、地下水位作为后续非稳定流模型的初始条件。

收集资料显示，1965—1970 年，呼伦湖流域内除了新开河外没有大型的水利枢纽工程，而新开河仍在建设中，并未投入使用，故此时流域水文系统基本未受到人为干扰，仍处于原始状态，所以选择此时段流域长期平均降雨量、地下水头、流量构建稳定流模型。湖泊周边流域处于极干情况，地下初始水头设置为 1×10^{-4}。Goderniaux 认为即使所取流域初始水头与实际完全不符，对地表水流速的影响在几天内消失，地下水头可能需要两年的时间，由于模拟结果对于耦合长度的敏感性较差，所以取值为常数 0.01m。时间步长取为日，采用可调时间步长，使地下水头及地表水深在一个时间步长内变化幅度不超过 0.5m 和 0.01m。

图 6.33 所示为模拟的地下水头，其水位线的形状与地表高程一致，湖泊左侧丘陵区的水头远高于右侧的湖滨平原，说明丘陵区对于湖泊的补给作用强于湖滨平原。通过与实际调查井水位进行对比（图 6.34），可以看出两者的一致性较好，但是个别井点的差距也较大，最大可达 3m。这是由于井点某一年的实测值对于地下水系统长期平均状态的代表性较差。但是，如果假设地下水变化周期为几十年的尺度，那么处于地下较深的井点的观测水位也是能够反映地下水位的变化情况。将模拟的地表水深与实际情况对比（图 6.35），可

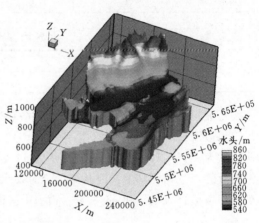

图 6.33 稳定流模型地下水头

以看出，模拟结果清晰地显示了呼伦湖、新开河以及乌尔逊河，与实际情况较吻合，虽然不能很好地重现乌尔逊河入湖口处的水深。类似于大多数模型，在流域内河流及地形起伏特征的详尽刻画与计算耗时之间很难达到平衡，最大网格边长设为 4000m，即使对河流周边处的网格进行细分处理后，最小边长也有 100m，而乌尔逊河丰水期的宽度仅为 60～

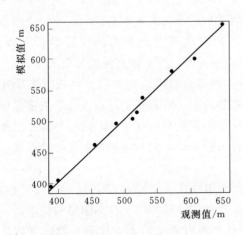

图 6.34 稳定流模型模拟井水位
与地质报告观测值对比

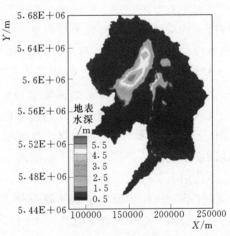

图 6.35 稳定流模型模拟地表水深

70m，枯水期的河宽仅 30～50m，所以水平方向的模拟就存在一定的问题，非稳定流模型也一样。

鉴于稳定流模拟的地下水头及河网与实际比较吻合，表明稳定流模型能够捕获模拟区内的地表水-地下水的水文特征，可以作为非稳定流的初始条件（表 6.9 和表 6.10）。

表 6.9　　　　　　　　　　　　　各 区 降 雨 识 别 结 果

识别结果	海拉尔	满洲里	新巴尔虎右旗	新巴尔虎左旗
面积/km²	1083.7	3680.27	6419.5	5621.89
降雨/mm	301.3	261.2	245.3	253.5

表 6.10　　　　　　　　　边 界 流 量 识 别 结 果　　　　　　　　单位：m³/s

边界	Γ_2	Γ_4
流量	25.85	30.45

稳定流模型能够提供流域水文系统内各种来水、用水量之间的平衡关系。对于本书所选的湖泊周边流域，在 4—10 月，将降雨的识别结果乘以各区的控制面积可得模拟区内长期平均降雨量为 $42.9 \times 10^8 m^3$，而蒸散发量为 $56 \times 10^8 m^3$，其中湖面蒸发量为 $27.8 \times 10^8 m^3$，占蒸散发量的 49.6%。乌尔逊河及克鲁伦河来水分别为 $7.8 \times 10^8 m^3$、$5.3 \times 10^8 m^3$，分别占模拟区总均衡量的 18.2% 和 12.35%。模型中假设模拟区与周边区域没有地下水交换，即水量为 0。

6.4.5.2　非稳定流模型

1. 参数识别

参数的最初识别已经在稳定流模型中完成，即利用长期平均水平衡因素作为非稳定流模型的初始条件。

通常使用三类数据进行参数的识别，分别为平均降雨量、地下水头的分布、水文站观测的河流流量。

在水文模型研究中，平均径流量的识别是了解流域水文过程中的第一步，主要是因为它可以检验模拟结果与实际是否相符。其他的识别项包括观测的地下水位，定性一些的比如地下水位线的形状及方向。另外就是观测与模拟河流排泄量较大的位置是否一致。HGS 模型的一个突出的特点就是可以自行计算出流域河网，而不像其他模型要事先设定。

模型的识别通常要涉及到调整水力传导系数，例如，如果地下水位整体偏于实际情况，说明水利传导系数设定的过低或过高，需要将其调整，特别是接近地表处。当模拟结果整体上接近实际时，仍可能存在个别水文站流量的模拟值与实际不符，这时不需要大规模地调整水利传导系数，而是小范围调整，这样容易带来误差的是植物蒸散发参数以及不同土地利用类型的粗糙系数。

采用稳定流模型所确定的初始条件，利用 2009 年降雨、水面蒸发量数据进行模拟。通过对比发现，地质报告调查井点水位的模拟值偏高于实际观测值，且乌尔逊河流量的模拟值低于实际观测值 [图 6.36（a）]，因此调低水文地质单元的水力传导系数，并将乌尔逊河所在区域的蒸发量由 800mm 改为 750mm，模拟结果见图 6.36（b）。可以看出，乌尔逊河流量有所增加，特别是 7—10 月，吻合较好，但是在 4—6 月间模拟值与实测值的差距较大。这可能是冻土融化期，仅靠调整的水利传导系数不能够充分的反映流域水量交换。因此，在 4 月、5 月的降雨中加入上一年 11 月到次年 3 月期间累积降雪量的 78%，重新进行模拟。从图 6.36（c）中可看出，4—7 月的模拟值与实际的差距有所减小，但是 7—10 月的流量却稍高于实际值，说明 4 月、5 月加入的水量所起的作用不仅仅局限于冻土融化期，而是延长到整个模拟期间，但是逐渐减弱，其原因是所采取的处理方法仅在数量上满足融雪期湖泊水位的变化特征，但由于模型内部没有描述此期间地下水补排特征的物理方程，使得土壤内部水分变化的过程与实际不完全相符。

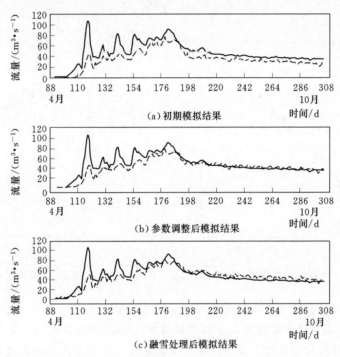

图 6.36　乌尔逊河流量模拟值与实测值对比
——实测值；---模拟值

蒸发参数在所列文献中的范围内进行调整，敏感性从强到弱的排序为根系区及蒸发深度 L_r 与 B_{soil}，冠层储水参数 C_{int}，蒸腾拟合参数 C_3，叶面指数 LAI，蒸散发量随着根系及蒸发深度的增加呈立方数减小。

总体上对于呼伦湖这样大的流域来说，模拟结果与实际的吻合程度已经达到精度的要求。所以，将此时的参数作为非稳定流的识别参数确定下来（表 6.4～表 6.6）。

2. 模型验证

由于数据收集的限制，选择 2010 年 4—10 月来验证 HGS 模型的模拟能力。使用稳定流模型确定的初始条件，仅改变模型中边界条件降雨量的输入，其他参数不变。

距地表 5m 以内的井点水位的测量存在着很大的不确定性，例如，测量、读数以及观测点高程误差等。当个别井点不准确时，通过其他多个井点水位建立的地下水位线也就不可能反映实际情况，因为地下水波动的幅度很小，所以利用较精确的井点水位识别的参数较其他识别目标更可靠。对比 2010 年地下水头的模拟值与实测值（图 6.37），虽然个别井的模拟值与实际值的差距可达 4m，但是总体上两者的吻合程度较高。同时，模拟结果能够较准确地重现乌尔逊河流量过程（图 6.38），说明模型能够捕捉到流域水文过程季节性变化的主要特征，而细节难以准确描述，其原因有两个：①可能是由于研究面积较大，而水文、气象站点较少，虽然区内的河网简单，但存在着众多的季节性河流，这些河流的流量均没有实测数据，模型很难捕捉到其变化特征，特别是暴雨发生时，更不能用其识别参数；②模拟过程中仅改变了降雨的输入，而未改变其他参数，特别是蒸散发参数，这就增加了模拟的误差。

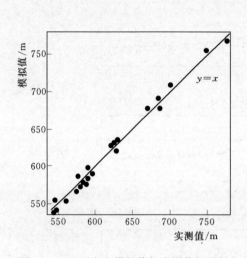

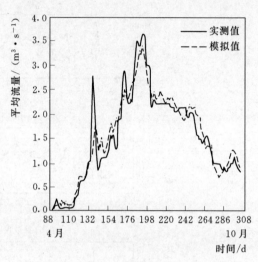

图 6.37　地下水头模拟值与实测值相关性　　　图 6.38　模拟与实测流量过程线对比

　　通过定性的比较获取地下水补给的河网位置也是验证模型参数识别效果的一种途径。例如，图 6.39 所示为地下水与地表水的交换通量，即水量离开或渗入地下水。地表水的下渗与这里的交换通量存在着一定的区别，下渗水量可以通过蒸发按原路返回到地表水和大气中。当模型中的水量离开地下水系统进入到地表水系统时，模型计算过程的特征与地表径流完全相同。可以看出，乌尔逊河在整个模拟期间均获得地下水的补给。相比较而言，4 月，呼伦湖与周边的流域地下水排泄的速率非常小，此时正处于春季冻土解冻时期，部分融雪水量补充到地下水中。进入 6 月，湖泊处的地下水排泄较 4 月增加，说明部分地下水补充到湖泊，与前面水量平衡分析的结果相符合，湖周边流域的地下水排泄的范围也有所扩大，这是由于蒸发作用的加剧，更多的水量离开地下水系统。8 月，湖泊及周边流域的地下水排泄均有所减少，这可能是冻土融雪水退去，虽然蒸发较 5 月、6 月减弱，而降雨却达到了全年最大，对于地下水的补充作用增强。10 月，湖泊周边流域的地下水排泄范围有所扩大，而湖泊几乎没有很大的变化，其主要原因是此时的风速达到了全年的第二个极值，蒸发作用随之增加，使得地下水排泄较大。

　　总体上，HGS 模型能够较为准确地反映流域水文过程，对于地表水、地下水的季节性分配也与实际情况相符，可为流域水资源管理者提供合理的水量分配建议，进而采取正确的措施。

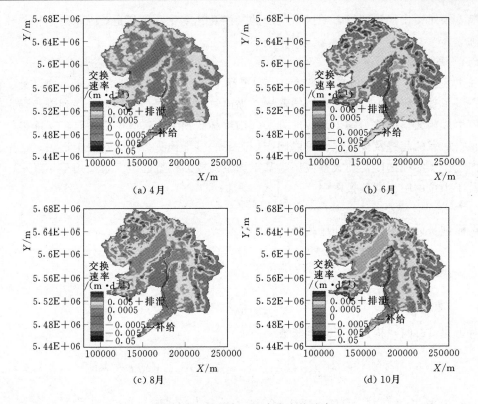

图 6.39 地下水、地表水交换速率

6.5 未来气候下流域水文特征预测

气候作为一种重要的自然资源，同时作为自然环境的重要组成部分，不同程度地影响着全球各地区社会经济的方方面面，如主要农作物及畜牧业的生产、主要江河流域的水资源供给、沿海经济开发区的发展、人类居住环境与人类健康以及能源需求等，受到国际社会的广泛关注。IPCC（政府间气候变化专门委员会）第四次评估报告结果显示，过去100年（1906—2005年）地球地表平均温度升高 0.74℃，与1980—1999年相比，21世纪全球平均地表温度可能会升高 1.1～6.4℃。气候变化对降雨、蒸发、径流等造成直接的影响，引起水分循环的变化，使得水资源在时间、空间上进行重新分配。近几十年来，国内外学者通过若干大型研究计划开展了全球气候变化影响的相关研究。

6.5.1 未来20年气候预测

目前，在短期气候预测方面所做的大部分工作基本上是由统计模式或全球环流模式来完成的，同时还有很多统计、动力预报相结合的方法。这3类预测方法在不同地区、不同季节预报技巧都有所不同，没有绝对优势。我国短期气候预测多年来一直是采用多种因子的综合分析和多种方法的综合应用。统计学方法做气候预测隐含着一个基本假设，即气候系统的未来状况类似于过去和现在。如果预测期间的气候状况发生改变就破坏了这种基本假设，就有可能导致预测失败。这也是短期气候预测水平不稳定的主要原因。与统计方法相比，数值模式的预测方法不仅有明确坚实的物理基础，而且具有客观、定量的优点，是气候预测方法的一个新的发展，但运行代价高，且受到模式分辨率的限制，预测的结果比较粗糙，很难突出局地特征，对区域尺度的气候及其变化，尤其是对降水的模拟与预报不够准确。

6.5.1.1 均生函数

20世纪90年代初，依据气候时间序列蕴涵不同时间尺度振荡的特征，魏凤英、曹鸿兴等拓展了数理统计中算术平均值的概念，提出了一种根据预报量自身序列进行预报建模的均值生成函数，简称为均生函数的方法。均生函数预测方法有两个优点：①能很好地拟合出预报对象的趋势及极值；②可以制作长时间的多步预测。因为这两个优点，均生函数方法作气候预测在国内得到大量应用。基于均生函数的模型已经大量应用于年降水、年径流以及年水位的中长期预报序中。

1. 均生函数模型

设样本量为 n 的一个时间序列为

$$x(t) = x(1), x(2), x(3), \cdots, x(n) \tag{6.63}$$

$x(t)$ 的平均值为

$$\overline{x(t)} = \frac{1}{n} \sum_{i=1}^{n} x(i) \tag{6.64}$$

对于式（6.64）构造以下均生函数

$$\overline{x_i(t)} = \frac{1}{n} \sum_{j=0}^{n_l-1} x(i+l_j) \quad (i = 1, 2, \cdots, l; 1 \leqslant l \leqslant m) \tag{6.65}$$

式中：n_l 为满足 $n_l \leqslant \left[\dfrac{n}{l}\right]$ 的最大整数；m 为不超过 $\dfrac{n}{2}$ 的最大整数 $m = \left[\dfrac{n}{2}\right]$。

根据式（6.65）生成 m 个均生函数，可以得到一个下三角矩阵：

$$\boldsymbol{H} = \begin{bmatrix} \overline{x_1(1)} & & & \\ \overline{x_2(1)} & \overline{x_2(2)} & & \\ \vdots & \vdots & & \\ \overline{x_L(1)} & \overline{x_L(2)} & \cdots & \overline{x_L(L)} \end{bmatrix}$$

称 $\boldsymbol{H}$ 为 l 阶均生矩阵，$L = l_{max} = \left[\dfrac{n}{2}\right]$。对 $\overline{x_L(i)}$ 做周期外延，即

$$f_l(t) = \overline{x_t}\left[t - l \text{ int}\left(\frac{t-1}{l}\right)\right] \quad (l = 1, 2, \cdots, L; t = 1, 2, \cdots, n) \tag{6.66}$$

由此构造出均生函数的外延矩阵如下

$$\boldsymbol{F} = \begin{bmatrix} \overline{x_1(1)} & \overline{x_1(1)} & \overline{x_1(1)} & \overline{x_1(1)} & \overline{x_1(1)} & \cdots & \overline{x_x(1)} \\ \overline{x_2(1)} & \overline{x_2(2)} & \overline{x_2(1)} & \overline{x_2(2)} & \overline{x_2(1)} & \cdots & \overline{x_2(i_2)} \\ \vdots & \vdots & \vdots & \vdots & \vdots & \cdots & \vdots \\ \overline{x_L(1)} & \overline{x_L(2)} & \cdots & \overline{x_L(L)} & \overline{x_L(1)} & \cdots & \overline{x_L(i_L)} \end{bmatrix}$$

为了建立更好的预报效果模型，除了将原序列派生的均生函数作为预报因子备选外，还需对原序列作差分变换并计算相应的均生函数。

（1）一阶差分序列。对原序列式（6.63），令

$$\Delta x(t) = x(t+1) - x(t) \quad (t = 1, 2, \cdots, n-1) \tag{6.67}$$

可得以下一阶差分序列

$$x^{(1)}(t) = \Delta x(1), \Delta x^2, \cdots, \Delta(n-1) \tag{6.68}$$

（2）二阶差分序列。对于式（6.67），令

$$\Delta x^{(2)}(t) = \Delta x(t+1) - \Delta x(t) \quad (t = 1, 2, \cdots, n-1) \tag{6.69}$$

可得以下二阶差分序列

$$x^{(2)}(t) = \Delta^2 x(1), \Delta x^2(2), \cdots, \Delta^2(n-2) \tag{6.70}$$

将原序列 $x(t)$ 的均生函数记为 $\overline{x_1^0}$，将一阶差分序列 $x^{(1)}(t)$ 和二阶差分序列 $x^{(2)}(t)$ 的均生函数分别记为 $\overline{x_1^{(1)}}(t)$ 和 $\overline{x_l^{(2)}}(t)$，利用式（6.71）可得它们的延拓序列 $f_1^{(0)}(t)$、$f_1^{(1)}(t)$、$f_1^{(2)}(t)$。

（3）累加延拓序列。在原序列起始值和一阶差分序列均生函数延拓序列的基础上，进一步建立以下累加延拓序列

$$f_l^{(3)}(t) = x(l) + \sum_{i=1}^{t-1} f_l^{(1)}(i+1) \quad (t = 2, 3, \cdots, n; l = 1, 2, \cdots, m) \tag{6.71}$$

这样，从原序列可派生出 $4m$ 个均生函数延拓序列 $f_l^{(0)}(t)$、$f_l^{(1)}(t)$、$f_l^{(2)}(t)$、$f_l^{(3)}(t)$ 作为自变量供选择，原序列 $x(t)$ 作为预报对象，利用 MATLAB 中的逐步回归，筛选出一个最优回归，这时有 p 个（$p \leqslant 4m$）入选序列，得到回归方程，即

$$x(t) = \varphi_0 + \sum_{p=0}^{4m} \varphi_i f^j{}_i(t) + \varepsilon_t \quad (j = 0, 1, 2, 3) \tag{6.72}$$

若要做 Q 步回归，对 p 个序列各周期延拓，将外延得的值代入式（6.72）中，即得 Q 步预测。

$$x(t+q) = \varphi_0 + \sum_{p=0}^{4m} \varphi_i f^j{}_i(t+q) + \varepsilon_t \quad (q = 1, 2, \cdots, Q) \tag{6.73}$$

对于多步预测，本书利用时间序列模型进行预测过程中随着时间推移不断用新信息取代旧信息的数据处理方法：首先用时序变量 $\{x(1), x(2), \cdots, x(k)\}$ 建模，做 $x(k+1)$ 值预测；其次，删去序列的第一值 $x(1)$，把 $(k+1)$ 时刻的预测值 $x(k+1)$ 补充到序列的最末；再用 $\{x(2), x(3), \cdots, x(k+1)\}$ 序列建模，做 $(k+1)$ 时刻的变量 $x(k+2)$ 值预测；如此相继进行下去，就可实现时序变量新旧信息替换的多步预测。

2. 预测结果验证

本书选用新巴尔虎右旗 1961—2010 年 8 月降雨量、蒸发量数据来验证均生函数的适用性。

第一种方式：用 1961—2000 年 40 年的降雨量、蒸发量数据建模，预测 2001—2010 年变化情况。

第二种方式：用 1971—2010 年数据建模，反推 1961—1970 年降雨量、蒸发量数据。

对比预测与实测的距平值及距平百分率，结果如图 6.40 和图 6.41 所示。以 1961—2000 年段数据建模，预测的 2001—2010 年降雨量、蒸发量与实际观测值变化趋势基本一致，但是量值差距较大，尤其明显的是蒸发量。然而，用 1971—2010 年数据建模反推 1961—2000 年的降雨量、蒸发量与实测值的变化趋势、量值吻合的都较好。图 6.41 中的实测值与预测的降雨量、蒸发量的距平百分率也存在着类似的表现。表 6.11 中的距平符

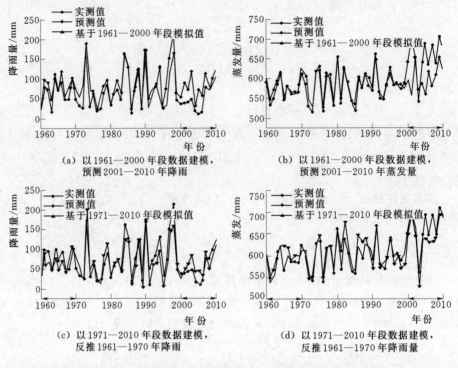

图 6.40 降雨量、蒸发量观测值与均生函数拟合、预测值对比图

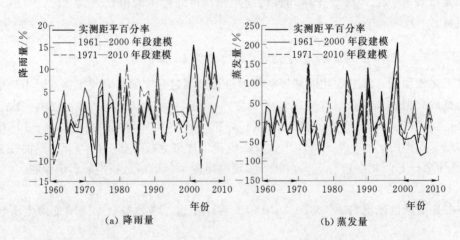

图 6.41 降雨量、蒸发量实测值与均生函数拟合、预测值的距平百分率对比曲线

合率均高于 60%，且基于 1971—2010 年数据的预测结果的趋势判断和距平符合率均高于基于 1961—2000 年段数据建模的预测结果。这说明使用 1971—2010 年数据建模的预测结果更符合实际，其原因主要是气候代表性的强弱问题。据前面 1960—2010 年呼伦湖流域气候变化特征分析的结果可知，1999 年后，流域气候出现短期的突变，如果建模数据不包括该时间段的数据，模型的代表性就会降低，预测结果的准确性也就受到了影响，而 1961—1970 年的降雨量虽然也存在低于系列均值的情况，但是变化幅度不大，对于预测结果的影响较小。

表 6.11 均生函数预测结果检验

			2000	2001	2002	2003	2004	2005	2006	2007	2008	P
降雨量基于1961—2000年段预报	降雨量	M	−33.8	−31.0	−29.4	−23.8	−52.7	61.3	−55.8	6.8	3.5	
		S	−25.4	13.2	−5.9	42	−43.9	−2.3	−21.1	37	0.0	
		T	√	×	√	×	√	×	√	√	√	66.7%
	蒸发量	M	43.4	95.6	54.4	−47.8	44.2	87.1	39.0	83.8	41.3	
		S	13.59	−22.6	−4.19	−11.4	3.7	18.9	12.8	−0.5	25.0	
		T	√	×	×	√	√	√	√	√	√	66.7%

			1960	1961	1962	1963	1964	1965	1966	1967	1968	P
降雨量基于1971—2010年段预报	降雨量	M	35.9	27.9	21.5	−22.6	29.4	0.9	21.6	−22.3	−22.7	
		S	59.5	−4.6	1.5	−21.2	5.4	−19.4	2.0	−24.7	−10.2	
		T	√	×	√	√	√	×	√	√	√	77.8%
	蒸发量	M	4.2	−55.7	−39.8	−7.9	16.2	42.0	10.1	23.6	−23.8	
		S	9.1	−69.4	−52.1	0.2	12.7	13.5	9.8	23.3	−7.6	
		T	√	√	√	×	√	√	√	√	√	88.9%

注：M 为实测距平值，S 为预报距平值，T 为趋势判断，P 为距平符合率。

6.5.1.2 区域气候模式

PRECIS（Providing Regional Climates for Impacts Studies）是英国气象局 Hadley 气候预测与研究中心基于 GCM–HadCM3P 发展的区域气候模拟系统。该系统包含了政府间气候变化委员会（IPCC）2000 年设计的《排放情景特别报告》（SRES）情景下的气候情景数据库、RCM 本身和运行 RCM 所需的数据库。PRECIS 的水平分辨率为 50km，垂直方向分为 19 层，最上层达到 0.15hPa。垂直方向最下面四层采用地形追随 σ 坐标系（$\sigma=$气压/地表气压），最上面三层采用 P 坐标系，中间采用两者的混合坐标系。侧边界采用松弛边界条件，缓冲区大小采用四个格点。陆面过程应用的是 MOSES（Met Office Surface Exchange Scheme）方案，土壤模式使用四层方案来计算地表面的热量和水分交换、土壤中热量和水文的传输过程，还考虑了土壤水分相变以及水和冰对土壤热力和动力特征的影响。采用了新的辐射方案，包括六个短波段和八个长波段。大尺度降水过程用云中液态水（冰）含量、云量的预报方案及降水诊断方程来描述，关于 PRECIS 详细介绍请参阅相关文献。

呼伦湖周边流域基本上能够覆盖四个 PRECIS 区域气候模型（RCM）的网格节点（图 6.42），且英国 Hadely 气候中心为此研究提供了 A1B 情景（中等排放情形：经济增长非常快，全球人口数量峰值在 21 世纪中叶，新的和更高效的技术被迅速引

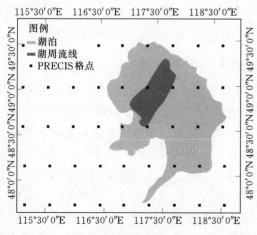

图 6.42 呼伦湖周边流域的 PRECIS 网格分布

进，各种能源之间相平衡）下 2000—2050 年的逐日 PRECIS 数据（图 6.43）。所以，首先验证 PRECIS 模拟数据的精度。这里数据验证的时间段为 2000—2008 年的 4—10 月，目的是为了与前面均生函数模拟结果验证时间保持一致，以便进行对比。另外，4—10月内，降雨量较为丰富，对其精度影响较小。首先，由于 PRECIS 的网格为 50km×50km，采用距离平方反比法对其进行插值。其次，根据四个气象站点的坐标，提取逐日降雨量，累加得到月值。最后，将该数据与气象站的实际观测值进行对比，结果如图 6.44 所示。

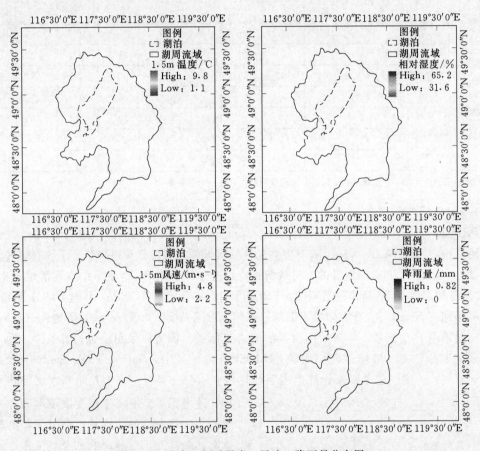

图 6.43　温度、相对湿度、风速、降雨量分布图

由图 6.44 看出，PRECIS 数据能够反映降雨量年内的主要变化趋势，但是量值上与实测值差距较大，尤其明显的是海拉尔与新巴尔虎右旗。通过与均生函数预测结果对比，也表明了 PRECIS 数据与实际气候状况不是非常一致。主要原因有：首先，区域气候模式中设定的未来气候情景、气候系统本身以及模式三者存在不确定性，在分析模拟结果时需要综合考虑多方面因素；其次，短期气候预测的对象多为一些平均变量，如平均温度、平均降水等，较少涉及具体的天气信息，限制了其优越性的体现；再次，虽然 PRECIS 模型的分辨率已经降为 50km×50km，但是所选研究区仍然过大，另外，由于小尺度的气候要素比如降雨主要由地形、小尺度降雨过程等原因所决定，简单在网格点值之间进行内插并

不能客观、合理地获得区域气候要素值。

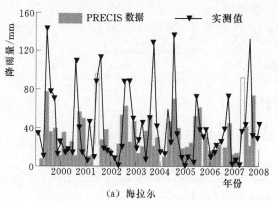

（a）海拉尔

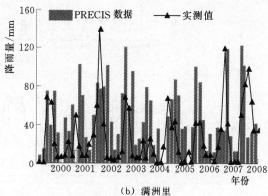

（b）满洲里

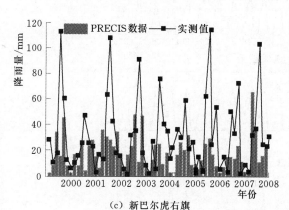

（c）新巴尔虎右旗

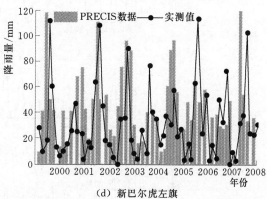

（d）新巴尔虎左旗

图 6.44　PRECIS 降雨数据与气象站实际观测值对比

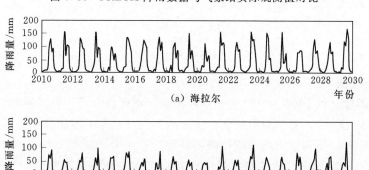

（a）海拉尔

（b）满洲里

（c）新巴尔虎右旗

图 6.45（一）　均生函数预测逐月降雨量、蒸发量

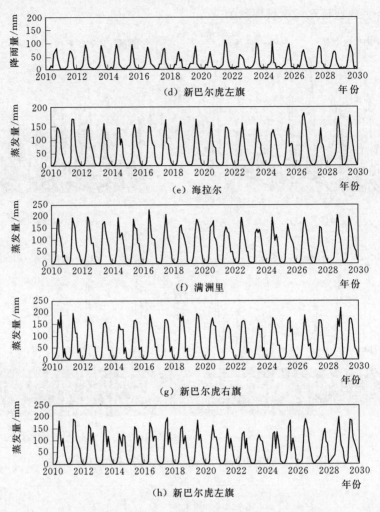

图 6.45（二） 均生函数预测逐月降雨量、蒸发量

6.5.1.3 气候预测

利用均生函数，以 1961—2010 年逐月降雨量、水面蒸发量建模，预测 2011—2030 年月值（如图 6.45 所示），累加即得年值。这里只预测月量而不预测日量是因为日降雨量很小且随机性比较大，预测结果的准确性值得怀疑。

2011—2030 年，四个区域的降雨量变化趋势较为一致，海拉尔降雨量最大，其他三个地区比较接近，2022 年、2024 年降雨量充沛，蒸发量较小，流域比较湿润，相反，2027 年、2029 年降雨量稀少，蒸发强烈，流域较为干旱，各年份具体降雨量、水面蒸发量见表 6.12。

根据均生函数的预测获得未来 20 年内流域干湿状况，在 PRECIS 模拟结果中提取干旱年 2027 年、湿润年 2024 年的逐日降雨量、相对湿度、风速、温度、日照数据，利用 Penman 公式计算水面蒸发量，见图 6.46、图 6.47 及表 6.13。总体上，PRECIS 预测的降雨量高于均生函数的结果。

表 6.12　　均生函数预测 2022 年、2024 年、2027 年、2029 年降雨量、水面蒸发量

站　点	降雨量/mm				水面蒸发量/mm			
	2022 年	2024 年	2027 年	2029 年	2022 年	2024 年	2027 年	2029 年
海拉尔	445	429.56	270.59	253.92	600.4	610.37	752.37	728.17
满洲里	380.3	358.51	151.47	148.16	800.52	813.12	964.01	885.22
新巴尔虎右旗	352.96	335.55	173.52	193.59	740.12	721.41	874.83	896.33
新巴尔虎左旗	329.8	326.11	132.95	164.71	800.89	815.86	963.31	953.17

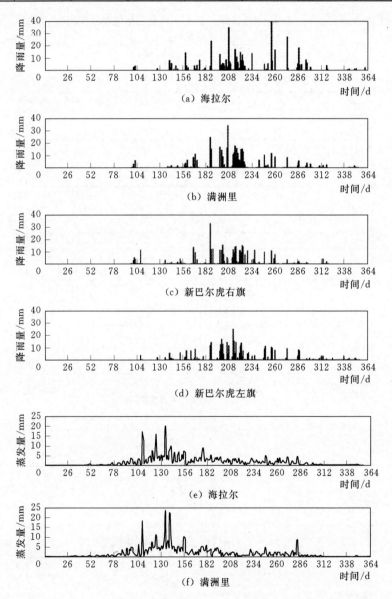

图 6.46（一）　　2024 年逐日降雨量、蒸发量变化情况（PRECIS 数据）

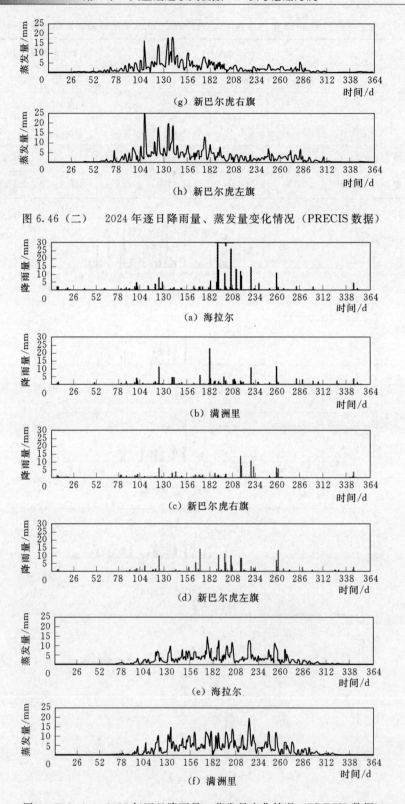

（g）新巴尔虎右旗

（h）新巴尔虎左旗

图 6.46（二） 2024 年逐日降雨量、蒸发量变化情况（PRECIS 数据）

（a）海拉尔

（b）满洲里

（c）新巴尔虎右旗

（d）新巴尔虎左旗

（e）海拉尔

（f）满洲里

图 6.47（一） 2027 年逐日降雨量、蒸发量变化情况（PRECIS 数据）

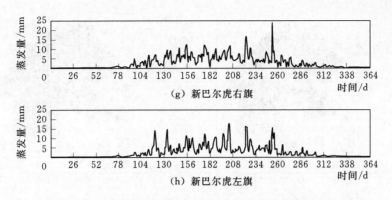

图 6.47（二）　2027 年逐日降雨量、蒸发量变化情况（PRECIS 数据）

表 6.13　　　　　　　PRECIS 模式预测气象站 2024 年、2027 年降雨量、蒸发量

站　　点	降雨量/mm		蒸发量/mm	
	2024 年	2027 年	2024 年	2027 年
海拉尔	493.2	294.66	583.21	874.26
满洲里	389.34	214.47	768.35	989.25
新巴尔虎右旗	365.79	235.82	669.78	888.65
新巴尔虎左旗	379.32	210.23	745.32	997.42

6.5.2　未来气候下流域水文特征

　　利用稳定流模型确定的流域长期平均水平衡要素作为初始条件，采用非稳定流模型识别的参数，将均生函数预测的 2022 年、2024 年、2027 年、2029 年月降雨量、水面蒸发量的日均值作为边界条件代入 HGS 模型，获得湖周边流域地表水、地下水的分布特征。通过比较发现，2022 年、2024 年的降雨量、蒸发量均较接近，模拟的地表水深及饱和度也十分的接近，2027 年、2029 年也存在类似的现象。所以，这里只取 2024 年、2027 年的地表水深、土壤饱和度、乌尔逊河径流量的预测值进行比较分析（图 6.48～图 6.50 及表 6.14）。

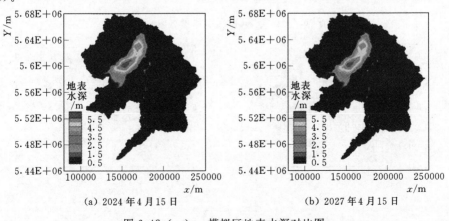

（a）2024 年 4 月 15 日　　　　　　　（b）2027 年 4 月 15 日

图 6.48（一）　模拟区地表水深对比图

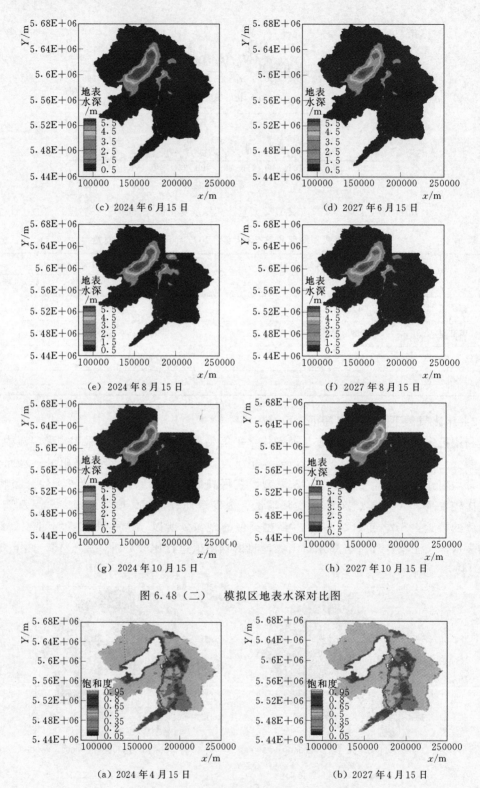

（c）2024 年 6 月 15 日　　　　　　（d）2027 年 6 月 15 日

（e）2024 年 8 月 15 日　　　　　　（f）2027 年 8 月 15 日

（g）2024 年 10 月 15 日　　　　　　（h）2027 年 10 月 15 日

图 6.48（二）　模拟区地表水深对比图

（a）2024 年 4 月 15 日　　　　　　（b）2027 年 4 月 15 日

图 6.49（一）　模拟区土壤饱和度对比图

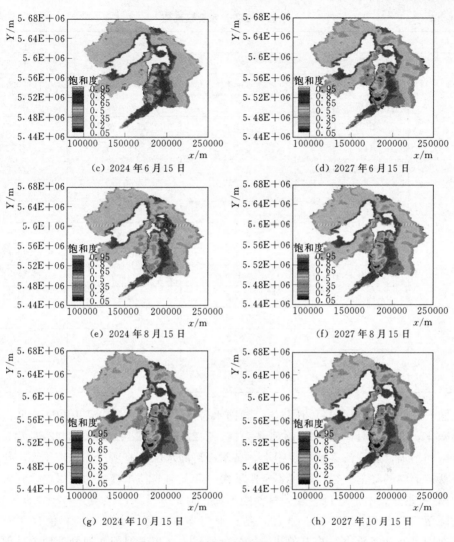

(c) 2024 年 6 月 15 日　　　　　　　(d) 2027 年 6 月 15 日

(e) 2024 年 8 月 15 日　　　　　　　(f) 2027 年 8 月 15 日

(g) 2024 年 10 月 15 日　　　　　　(h) 2027 年 10 月 15 日

图 6.49（二）　模拟区土壤饱和度对比图

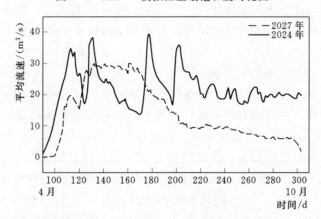

图 6.50　2024 年及 2027 年乌尔逊河流量

表 6.14   水位、面积、库容预测值

年份	日期	水位/m	面积/km²	库容/亿 m³
2022	4 月 15 日	542.3	1932.85	66.25
	6 月 15 日	542.8	1982.15	76.05
	8 月 15 日	542.2	1925.78	64.33
	10 月 15 日	541.9	1900.12	58.58
2024	4 月 15 日	542.5	1954.74	70.15
	6 月 15 日	542.7	1971.81	74.07
	8 月 15 日	542.4	1946.4	68.2
	10 月 15 日	542.1	1919.53	62.4
2027	4 月 15 日	539.4	1521.92	25.36
	6 月 15 日	539.8	1621.75	31.64
	8 月 15 日	539.6	1572.04	28.45
	10 月 15 日	539.3	1516.12	24.21
2029	4 月 15 日	539.6	1572.04	28.45
	6 月 15 日	540.1	1678.39	36.62
	8 月 15 日	540.0	1667.66	34.95
	10 月 15 日	539.9	1656.74	33.29

从图 6.48 可以看出，自 4 月开始，湖泊水位逐渐增加，新开河几乎没有水，乌尔逊河开始融化，进入 6 月湖泊水位达到最大值，2024 年升至 542.7m，2027 年为 539.8m，随着降雨的增加，新开河逐渐出现积水，乌尔逊河的水深也有所增加，8 月后，湖泊水位逐渐降低，此时的降雨、径流达到了全年最大，新开河与乌尔逊河的水深也达到最大，进入 10 月，湖泊水位有所降低，较 8 月差距不大，但是新开河已经消失，2024 年、2027 年水位均降至 542.1m 和 539.3m。虽然，新开河与乌尔逊河的水位与实际值存在一定的差距，其原因是新开河较小，并未对其进行细分处理，乌尔逊河即使细分处理了，但是也并不能完全刻画河流与地下水之间的相互作用，但是模拟结果却显示其季节性的变化趋势，说明模型的初始条件与参数比较贴合实际，更说明了所用模型强大的适用性及模拟能力。

比较图 6.49 中 2024 年与 2027 年 4—10 月的土壤饱和度的差距，可以看出，4 月饱和度最大，这是由于融雪补给土壤水分，随后饱和度逐渐变小，土壤水分损失的主要原因就是水分通过植物的蒸腾作用及土壤表面的蒸发过程散失到大气中，6 月与 8 月的差距非常明显，这说明即使 8 月降雨有所增加，但是难以弥补蒸发增加所导致的水分损失量，8 月与 10 月的差距不是很明显，可能是 8 月太阳辐射强烈，而 10 月风速增加，这两者所造成的蒸散发量的增加量比较接近，进而使得土壤饱和度的变化比较小。2027 年整个年份的饱和度都明显低于 2024 年，这直接反映了气候对于土壤水分的影响作用。

通过图 6.50 可以看出，2027 年乌尔逊河的流量总体上小于 2024 年，在丰水期过后流量逐渐减小，而 2024 年则有多个峰值，丰水期后流量仍保持在 20m³/s 左右，年径流量分别为 2.3 亿 m³ 和 8.4 亿 m³。

由于以上预测采用降雨的日均值作为边界条件输入，为了摸清日降雨变化对于模拟结果的影响程度，将从 PRECIS 数据提取的 2024 年、2027 年的逐日降雨、水面蒸发作为边界条件输入模型，选择与以上相同时间的模拟结果进行比较。结果表明，湖泊水位及周边流域饱和度变化规律一致，由于 PRECIS 降雨数据高于均生函数预测结果，所以模拟结果总体上偏高。2024 年 6 月最高水位达到 543.2m，2027 年最低水位为 541.3m，其他时间变化幅度均小于 0.5m，湖周边流域土壤饱和度的变化幅度也不大。这是由于瞬时的日降雨变化形成季节性河流，而流域内水文站点少，捕捉不到此部分水量变化情况，加之流域地下水、土壤水对于降雨响应的滞后性，最终导致模拟结果与日均值的降雨输入差别不大。

查阅历史记载的水位，在 1962 年，湖泊水位达到了 545.3m，湖面面积 2335km²，为近百年来的最高水位，蓄水量达到了 138 亿 m³，致使湖东岸双山子一带决口，造成了面积为 146km² 的新开湖。通过对两条入湖河流径流量及降雨资料的分析，以及对于呼伦湖水位的野外观测结果可知，呼伦湖历史最低水位出现 2008 年、2009 年，为 540.1m，面积为 1678.4km²，容积为 36.6 亿 m³，此时的湖泊水环境基本已成中度富营养化水平。综合比较可以得出结论，未来 20 年内，较湿润年份内，呼伦湖水位最高升至 543.2m，与历史最高水位仍有一定差距，新开河只会因为降雨而在夏季出现积水现象，进入秋季则消失，总体上，湖泊水位的升高不会造成任何灾难，相反，水量的增加可以缓解湖泊萎缩的势态，改善水环境，增加湖泊草原土壤水分，有利于植被的生长，减缓了周边草原退化、沙化的进程，对湖泊及草原生态系统的恢复起到了积极的作用；相反，干旱年份内，湖泊水位降至 539.3m，较目前观测的最低水位还要低 0.8m，其水环境的营养化水平可能会更糟糕，周边的草原由于降雨的减少，土壤水分损失严重，植物生长受到限制，加之湖泊水位的下降，对周边草原的补给作用减弱，加剧了草原的退化、沙化进程，同时，自然保护区内的生态环境也会受到损害，例如野生动物，特别是鸟类的种类及栖息时间都会受到影响，这都会对当地牧民的生活及旅游业造成一定的影响。

参 考 文 献

[1] 孙标 . 基于空间信息技术的呼伦湖水量动态演化研究 [D] . 呼和浩特：内蒙古农业大学，2010.

[2] Crapper, P F, Fleming, P M, Kalma J D. Prediction of Lake Levels Using Water Balance Models [J] . Environmental Software, 1996, 11 (4)：251 – 258.

[3] Ufoegbune G C, Yusuf H O, Eruola A O, et al. Estimation of Water Balance of Oyan Lake in the North West Region of Abeokuta, Nigeria [J] . British Journal of Environment & Climate Change, 2011, 1 (1)：13 – 27.

[4] Elias D, Lerotheos Z. Quantifying the Rainfall-water Level Fluctuation Process in a Geologically Complex Lake Catchment [J] . Environmental Monitoring and Assessment, 2006, 119 (1)：491 – 506.

[5] Shanahan T M, Overpeck J T, Sharp W E, et al. Simulating the Response of a Closed-basin Lake to Recent Climate Changes in Tropical West Africa (Lake Bosumtwi, Ghana) [J] . Hydrological Processes, 2007, 21 (13)：1678 – 1691.

[6] Sturrock A M, Winter T C, Rosenberry D O. Energy Budget Evporation from Williams Lake-a Closed Lake in North Central Minnsota [J] . Water Resources Research, 1992, 28 (6)：1605 – 1617.

[7] Singh V P, Xu C Y. Evaluation and Generalization of 13 Mass-transfer Equations for Determining

Free Water Evaporation [J] . Hydrological Processes, 1997, 11 (3): 311－323.

[8] Abtew W, Obeysekera J, Iricanin N. Pan Evaporation and Potential Evapotranspiration Trends in South Florida [J] . Hydrological Processes, 2011, 25 (6): 958－969.

[9] Wale A, Rientjes T H M, Gieske A S M, et al. Ungauged Catchment Contributions to Lake Tana's Water Balance [J] . Hydrological Processes, 2009, 23 (26): 3682－3693.

[10] Kebede S, Travi Y, Alemayehu T, et al. Water Balance of Lake Tana and Its Sensitivity to Fluctuations in Rainfall, Blue Nile Basin, Ethiopia [J] . Journal of Hydrology, 2006, 316 (1－4): 233－247.

[11] Kumambala P G, Ervine A. Water Balance Model of Lake Malawi and Its Sensitivity to Climate Change [J] . The Open Hydrology Journal, 2010, 4: 152－162.

[12] Troin M, Vallet-Coulomb C, Sylvestre F, et al. Hydrological Modelling of a Closed Lake (Laguna Mar Chiquita, Argentina) in the Context of 20th Century Climatic Changes [J] . Journal of Hydrology, 2010, 393 (3－4): 233－244.

[13] Calanca P, Smith P, Holzkamper A, et al. Reference Evaporation and Its Application in Agrometeorology [J] . Agrarforschung Schweiz, 2011, 2 (4): 176－183.

[14] 尚松浩, 雷志栋, 杨诗秀, 等. 冻融期地下水位变化情况下土壤水分运动的初步研究 [J] . 农业工程学报, 1999, 15 (2): 64－68.

[15] 郭占荣, 韩双平, 荆恩春. 西北内陆盆地冻结-冻融期的地下水补给与损耗 [J] . 水科学进展, 2005, 16 (3): 321－325.

[16] 荆继红, 韩双平, 王新忠, 等. 冻结-冻融过程中水分运移机理 [J] . 地球学报, 2007, 28 (1): 50－54.

[17] 褚永海, 李建成, 姜卫平, 等. 利用 Jason-1 数据监测呼伦湖水位变化 [J] . 大地测量与地球动力学, 2005, 25 (4): 11－16.

[18] 刘春蓁. 气候变异与气候变化对水循环影响研究综述 [J] . 水文, 2003, 23 (4): 1－7.

[19] Berkowitz B, J Bear, C Braester. Continuum Models for Contaminant Transport in Fractured Porous Formations [J] . Water Resour Research, 1988, 24 (8): 1225－1236.

[20] Wang J S Y, T N Narasimhan. Hydrologic Mechanisms Governing Fluid Flow in a Partially Saturated, Fractured, Porous Medium [J] . Water Resour Research, 1985, 21 (12): 1861－1874.

[21] Pruess K, Y W Tsang. Two-phase Relative Permeability and Capillary Pressure of Rough-walled Rock Fractures [J] . Water Resour Research, 1990, 26 (9): 1915－1926.

[22] Therrien R, Sudicky E A. Well Bore Boundary Conditions for Variably Saturated Flow Modeling [J] . Advances in Water Resources, 2000, 24 (2): 195－201.

[23] Sudicky E A, Unger, A J A, Lacombe S. A noniterative Technique for the Direct Implementation of Well Bore Boundary Conditions in Three-dimensional Heterogeneous Formations [J] . Water Resources Research, 1995, 31 (2): 411－415.

[24] 曾献奎. 基于 HydroGeoSphere 的凌海市大、小凌河扇地地下水-地表水耦合数值模拟研究 [D] . 吉林: 吉林大学, 2009.

[25] R Therrien, E A Sudicky. Three-dimensional Analysis of Variably-saturated Flow and Solute Transport in Discretely-fractured Porous Media [J] . Jounral of Contaminant Hydrology, 1996, 23: 1－44.

[26] Kristensen K J, Jensen S E. A Model for Estimating Actual Evapotranspiration from Potential Evapotranspiration [J] . Nordic Hydrology 1975, 6: 170－188.

[27] Youngs E G. Simulation of Field Water Use and Crop Yield: R. A. Feddes, P. J. Kowalik and H. Zaradny. PUDOC, Wageningen, 1979, 189pp., Dfl. 30.00 [J] . Journal of Hydrology, 1980, 45 (1－2): 160－161.

［28］ Dickinson R E，Henderson-Sellers A，Rosenzweig C，et al. Evapotranspiration Models with Canopy Resistance for Use in Climate Models，a Review ［J］. Agricultural and Forest Meteorology，1991，54（2－4）：373－388.

［29］ 王金叶，康尔泗，金博文. 黑河上游林区冻土的水文功能 ［J］. 西北林学院学报，2001，16（增刊）：30－34.

［30］ Goderniaux P，Brouyere S，Fowler H J，et al. Large Scale Surface-subsurface Hydrological Model to Assess Climate Change Impacts on Groundwater Reserves ［J］. Journal of Hydrology，2009，373（1－2）.

［31］ Colautti D. Modelling the Effects of Climate Change on the Surface and Subsurface Hydrology of the Grand River Watershed ［D］. Waterloo，Ontario，Canada：University of Waterloo，2010.

［32］ Li Q，Unger A J A，Sudicky E A，et al. Simulating the Multi-seasonal Response of a Large-scale Watershed with a 3D Physically-based Hydrologic Model ［J］. Journal of Hydrology，2008，357（3－4）：317－336.

［33］ 王芳栋. PRECIS 和 RegCM3 对中国区域气候的长期模拟比较 ［D］：北京：中国农业科学院，2010.

［34］ 王国庆，张建云，刘九夫，等. 气候变化对水文水资源影响研究综述 ［J］. 中国水利，2008（2）：47－51.

［35］ 刘洪波，张大林，王斌. 区域气候模拟研究及其应用进展 ［J］. 气候与环境研究，2006，11（5）：649－668.

［36］ 曹鸿兴，魏凤英. 多步预测的降雨时序模型 ［J］. 应用气象学报，1993，4（2）：198－204.

［37］ 黄燕，张静怡，顾鹤南. 基于均生函数模型的香屯站年最高水位模拟与预测 ［J］. 南水北调与水利科技，2010，8（1）：72－74.

［38］ 邓慧平，吴正方，唐来华. 气候变化对水文和水资源影响研究综述 ［J］. 地理学报，1996，51（增刊）：161－170.